QIZHONG JISHU

高等学校教材

普通高等教育"十一五"国家级规划教材

U0240383

起重技术 第2版

编著 崔碧海 主审 王清训

参编（以姓氏笔画为序）

邓晓岚　刘广根　张广志
但长丰　陈前银　范小平
罗　宾　赵长荣　郭庆元
秦海强　高　杰　黄伟江
曾　强

重庆大学出版社

内 容 提 要

本书是高等院校土木工程专业的教材,总结了我国广大建设者们近几十年经验,查阅了各方面的书籍、文献编著而成。本书系统介绍了目前常用吊装工艺方法的基本理论和工艺方法,并联合国内多年从事起重工作的专家撰写了数个重大工程的实例。主要内容包括:起重机械的分类,基本参数及载荷处理,索、吊具及牵引装置的计算与选择,自行式起重机的技术使用,桅杆式起重机设计与校核,其他起重机介绍,常用起重工艺、其他吊装方法简介、典型设备(构件)的吊装,工程实例,吊装方法的选择与方案编制等。

本书经过必要的内容删减后也可用作专科教材,同时可供有关工程技术人员和工程管理人员参考、阅读。

图书在版编目(CIP)数据

起重技术/崔碧海编著.—2 版.—重庆:
重庆大学出版社,2017.6
ISBN 978-7-5689-0320-2

Ⅰ.①起… Ⅱ.①崔… Ⅲ.①起重机械—高等学校—
教材 Ⅳ.①TH21

中国版本图书馆 CIP 数据核字(2016)第 308852 号

普通高等教育"十一五"国家级规划教材
起重技术
(第2版)

编 著 崔碧海
主 审 王清训

责任编辑:王 婷 钟祖才 版式设计:王 婷
责任校对:贾 梅 责任印制:赵 晟

*

重庆大学出版社出版发行
出版人:易树平
社址:重庆市沙坪坝区大学城西路 21 号
邮编:401331
电话:(023) 88617190 88617185(中小学)
传真:(023) 88617186 88617166
网址:http://www.cqup.com.cn
邮箱:fxk@ cqup.com.cn(营销中心)
全国新华书店经销
重庆学林建达印务有限公司印刷

*

开本:787mm×1092mm 1/16 印张:17 字数:403 千
2017 年 6 月第 2 版 2017 年 6 月第 7 次印刷
印数:9 001—12 000
ISBN 978-7-5689-0320-2 定价:36.00 元

第 2 版前言

　　《起重技术》教材第 1 版自 2006 年出版至今,经 5 次印刷,已有 10 年,得到了社会的认可。随着技术的发展和规范的修订,有必要对《起重技术》教材第 1 版进行相应的修订。

　　在进行起重技术发展现状调研的基础上,经与部分长期从事起重技术教学的教师和长期从事起重工作的现场技术人员的多次讨论,第 2 版对第 1 版主要进行了如下修订:将目前使用量较大的一些吊装工艺方法抽象出来,归并到第 6 章,以便于读者学习掌握,其主要内容包括平移工艺、利用建筑物进行吊装工艺、中心对称法吊装工艺、滑移法吊装工艺、扳立旋转法吊装工艺等;针对目前吊装难度较大的大跨度设备或结构、高耸设备或结构、大面积结构、大体积结构等,以一些典型工程为例,增加了典型设备(结构)的吊装方法,归并到第 8 章,在介绍这些典型设备或结构的吊装方法的同时,重点强调了对第 6 章介绍的内容的应用,以起到前后呼应的效果。

　　与本书第 1 版一样,修订工作同样得到了工程建设一线广大技术人员的大力支持,中国机械工业机械工程有限公司总经理、教授级高级工程师高杰,以及副总经理兼总工程师、教授级高级工程师陈前银两位同志合作撰写了 8.2 节、8.3 节;重庆工业设备安装集团有限公司副总工程师、高级工程师郭庆元,设计室主任、高级工程师范小平两位同志合作撰写了 8.4 节,重庆建工工业有限公司总工程师、教授级高级工程师曾强同志撰写了 8.5 节。

　　由于章节的调整,第 1 版中的第 10 章在本版中调整为第 9 章,则参加编写的同志所编写的内容作相应调整,即中国机械工业建设第一安装公司原总工程师但长丰(教授级高级工程师)撰写 9.1 节,中国机械工业建设第一安装公司总工程师罗宾(高级工程师)撰写 9.2 节,广东省工业设备安装公司张广志(高级工程师)撰写 9.3 节,上海四安金属结构有限公司总工程师秦海强(高级工程师)撰写 9.4 节,广东省工业设备安装公司总工程师黄伟江(教授级高级工程师)、邓晓岚(高级工程师)撰写 9.5 节,重庆工业设备安装集团有限公司郭庆元(高级工程师)撰写 9.6 节,上海市安装工程有限公司副总工程师刘广根(高级工程师)撰写 9.7 节,重庆大学土木工程学院赵长荣讲师编写第 4.3 节。

　　由于作者水平所限,书中不足之处,敬请广大读者指正,深表感谢。

编　者

2016 年 5 月

目　录

0

绪 论

0.1 起重技术在土木工程中的作用与地位

起重技术是土木工程中的重要施工技术之一,尤其在建筑工程、安装工程和桥梁工程中,它更是影响工程安全、质量、进度和施工成本的关键技术。

0.1.1 在建筑工程中

目前,建筑工程正向超高层、大跨度、钢结构方向发展,起重技术是这些结构施工不可缺少的施工技术。例如,国家大剧院的"蛋壳"结构由 148 榀弧形梁和中间重 700 t 的环梁组成(如图 0.1 所示),如何安全、快捷、经济有序地吊装中间重 700 t 的环梁和 148 榀弧形梁,就成为整个工程施工成败的关键。诸如此类结构在我国数不胜数,其中最典型的有奥运主场馆"鸟巢"结构、中央电视台新址塔楼结构、上海金贸大厦、广州新白云机场候机楼和机库等。随着国家经济建设的发展,相信此类结构在将来会越来越多。

0.1.2 在安装工程中

"起重技术"是安装工程中的三大关键技术之一,在安装工程中占有特殊的地位。随着我国工业建设的发展和安装工程的"四化"(标准化、工厂化、大型化、集成化),吊装的重量直线上升,难度越来越大,对安全、进度、成本的要求进一步提高。如图 0.2 所示为某化工厂的反应塔设备,其自身高约 80 m,直径约 3 m,吊装重量约 3 000 kN(300 t)。随着我国工业建设的高速发展,各类重型设备越来越多,对起重技术的要求也越来越高。

图 0.1　国家大剧院"蛋壳"结构

图 0.2　某化工厂反应塔设备吊装

0.1.3　在桥梁工程中

　　"起重技术"在桥梁工程施工中,占有不可或缺的地位,尤其是近来发展的一些新型结构桥梁,如双肋钢管混凝土拱桥等,其吊装的工作量和难度都比较高。如图 0.3 所示为上海卢埔大桥的吊装,由于大桥桥面是用吊杆悬吊在钢管混凝土拱肋上的,所以钢管混凝土拱肋的吊装就成为大桥施工的关键工序。

　　重型结构和设备的吊装工艺复杂,技术难度大,安全要求高,耗用的人力、物力和时间直接影响整个工程的成本和进度。因此,采用先进、合理的吊装工艺、正确地选用起重机、有针对性地制订安全技术措施、最大限度地缩短吊装工作的工期,是工程建设界共同关注的关键问题,也是吊装工作者们不断探索的问题。

图 0.3 上海卢埔大桥钢管混凝土拱肋吊装

0.2 起重技术目前在国内外的发展状况

0.2.1 起重技术目前在国际上的发展

现代起重技术在国际上发展较快。概括地说,其发展的趋势主要体现在起重机械大型化,起重工艺方法联合化,控制、操作技术智能化等方面。

(1)起重机械大型化

为了提高一次吊装的重量,目前国际上(尤其是西方发达国家),都在大力发展大型起重机。据有关资料显示,目前自行式起重机的额定起重量最大达到 2 000 t,自升式龙门桅杆式起重机达到高 100 m、额定起重量 1 000 t。相信随着起重机设计理论的发展和材料、制造工艺、控制技术等技术的发展,还会有更大型的起重机问世。

(2)起重工艺方法联合化

起重机械大型化受到起重机设计理论、材料、制造工艺、道路承载能力、使用率、运行和维护成本等一系列因素的限制,不可能无限增大,利用多台较小起重机联合吊装大型设备或结构是起重技术发展的重要方向。如图 0.4 所示,即是采用 12 台自行式起重机联合吊装一大型结构。

利用多台起重机联合吊装大型设备或结构,可以最大限度地降低施工成本,加快工程进度,但吊装工艺复杂,对各起重机之间的相互协调要求较高,仅靠人工指挥协调,很难达到要求。所以目前国际上在发展多台起重机联合吊装的同时,还在大力发展智能化控制、操作技术。

(3)控制、操作技术智能化

控制、操作技术智能化对起重技术的发展具有重要意义。采用计算机对起重机的受力状态(如倾覆力矩、应力与变形等)进行监控,可以让起重机操作人员充分掌握起重机的工作状态,进行正确的操作;采用计算机对起重工程的全部工艺过程进行控制、操作,可以准确地协调

图 0.4　12 台自行式起重机联合吊装—大型结构

各起重机相互之间的关系,协调起重机、辅助装置与设备之间的工艺动作,以便整个吊装工艺过程能严格按预先设计的工艺步骤进行,减小失误的概率。对于多吊点的设备或构件,尤其是大型结构,采用计算机对其受力状态、变形等进行监控,可以防止设备、构件、大型结构在吊装过程中因变形而破坏。例如,在图 0.4 中,12 台起重机联合整体吊装大型结构,这 12 台起重机之间的协调必须依靠计算机进行。否则,吊装中一旦出现各台起重机"不同步",其中数台起重机的载荷可能达不到设计载荷,而另外的起重机必定严重超载,轻则损坏起重机,严重的将导致起重机倾覆,引发重大安全事故。图 0.4 中的大型结构具有 12 个吊点,吊装中的受力状态与工作时的受力状态截然不同,它在吊装过程中是否会因变形而破坏? 采用计算机对其进行监控,可以及早发现事故的苗头,以便采取相应的技术措施。

0.2.2　我国起重技术的发展

　　我国起重技术有着悠久的发展历史,如长城、故宫的修建,以及历代故都钟楼的巨大铸钟和上百吨的雕像等的运输与吊装,都凝聚着我国劳动人民的智慧。但是,我国的现代起重技术起步较晚,仅几十年时间。在短短的几十年时间里,我国的现代起重技术得到了长足的发展。在起重机方面,20 世纪 70 年代我国普遍采用独脚式桅杆、卷扬机和几吨、十几吨的小型自行式起重机,今天却已拥有目前亚洲最大的 1 250 t 的自行式起重机(如图 0.5 所示)、1 000 t 的自升式龙门桅杆式起重机、2 000 t 的大型浮式起重机以及其他一系列的起重机械。在吊装工艺和方法方面,广大建设者们创造了许多优秀的整体吊装工艺方法,完成了大量的吊装工程。控制、操作技术智能化也开始在我国应用,如采用多台液压提升装置联合吊装大型结构,对多台液压提升装置之间的协调,就采用了计算机控制技术。

　　几十年来,我国起重工作者们因地制宜地创造、完善的吊装方法种类很多,对于整体设备或结构吊装方法可以概括地归纳为:对称吊装法、滑移法、旋转法、气(液)压顶升法、超高空斜拉索吊运法、多台起重机联合吊装、平移法等几大类。本书将在后面的章节中加以介绍。

图 0.5 1 250 t 自行式起重机

0.3 起重工程的特点

起重工程具有以下鲜明的特点:

①风险较大。体现在两个方面:首先是起重施工的精度难以达到计算模型的精度,造成实际吊装与理论计算不完全一致,出现误差;其次是一旦发生事故,轻则造成财产的重大损失,重则危及人员的生命安全。因此,"安全"是首要点。在确定方案时,需从多方面进行安全论证,尤其要对工艺细节进行仔细研究。当安全与其他指标发生冲突时,应以安全为主。

②重型设备或结构一般是一套装置、一幢建筑结构或桥梁结构的核心或主体,它们的吊装施工往往处在一个工程的关键线路上,它的成败常常决定整个工程的成败。因此,重型设备或结构的吊装施工受到工程建设各个方面的关注,一般需要施工单位的总工程师签字批准才能进行。

③对同一吊装项目,可采用的方案一般不是唯一的。在选择方案时,除首先保证安全外,对其"进度""质量""成本"等指标的协调必须综合考虑。

④起重工程工艺复杂,技术难度高,需要的起重机械多,对起重技术人员的依赖程度较高。一个施工单位的吊装水平,在一定程度上反映了该施工单位的实力和施工水平。

⑤对工程管理人员的综合素质和单位管理体制的规范性要求较高。能否成功地从事重型设备或结构的吊装,在一定程度上反映了该施工单位的管理水平。

0.4 学习本课程的目的、要求和方法

0.4.1 本课程与其他课程的联系

本课程的理论基础有数学、力学、钢结构、机械学、金属材料学、焊接技术等。

0.4.2 学习本课程的目的

起重工程是土木工程施工中的一个重要的工艺过程,也是难度较大、工艺要求较复杂、具有相当危险性的工艺过程。通过学习本课程,要求学生掌握这一工艺过程的基本理论、基本知识。通过一定的实践锻炼,使学生能够根据施工现场的实际情况设计合理的吊装方案,能够进行特殊起重机的设计与校核。

0.4.3 学习本课程的要求

①起重工程是具有相当危险性的工艺过程,要求学生培养严谨的工作作风和实事求是的科学态度,树立安全第一的观念。

②起重工程的工艺过程较复杂,涉及的基础理论和实践经验较多,要求学生首先要学好理论知识,学会各相关知识的融会贯通,在此基础上理论联系实际,提高分析和解决问题的能力。

0.4.4 学习本课程的方法

起重工程的一个重要特点是根据现场条件、设备或构件的技术要求去设计吊装方案,选择或设计起重机。由于现场条件不同,设备或构件的重量、几何尺寸、安装位置、力学特性、技术要求等均可能不同,所采取的吊装工艺也不同。所以从事多年吊装工作的同志说,他们一生很难做到两个完全相同的吊装工程,这就要求学生在学习本课程时做到:

①学好理论基础知识,特别是力学知识。

②认真分析所学的基本工艺过程中的每一个细节,增强自己的分析能力。

③尽可能多地学习别人的方案,分析其优缺点,以便借鉴。

④尽可能多地参观实际吊装工程,增加自己的实感。

1

起重机械的分类、基本参数及载荷处理

1.1　起重机械的分类及使用特点

1.1.1　起重机械的分类

目前工程中常将起重机械分为轻小起重机械和起重机两大类,如图 1.1 所示。

1.1.2　土木工程中常用起重机的使用特点

土木工程中常用起重机械主要有轻小起重机械、塔式起重机、桥式起重机、门式起重机、自行式起重机、浮式起重机、缆索式起重机、桅杆式起重机等。它们各有其独特的使用特点,在选择起重机时应充分考虑其特点,才能使其发挥最大效能。

1)塔式起重机

塔式起重机又分压杆式和水平臂架加小车式,其主要特点如下:
①使用前需安装,使用后需拆除,因此不适合单件物体的吊装。
②起重机位置固定,或仅能在一定范围内(轨道铺设范围)移动。
③起升高度高,如加上附着杆,则更高。
④幅度利用率高,可吊装体积较大的物体。
⑤起重量小。
鉴于上述特点,塔式起重机主要适用于某一固定范围内,数量多但重量小的场合,如一般

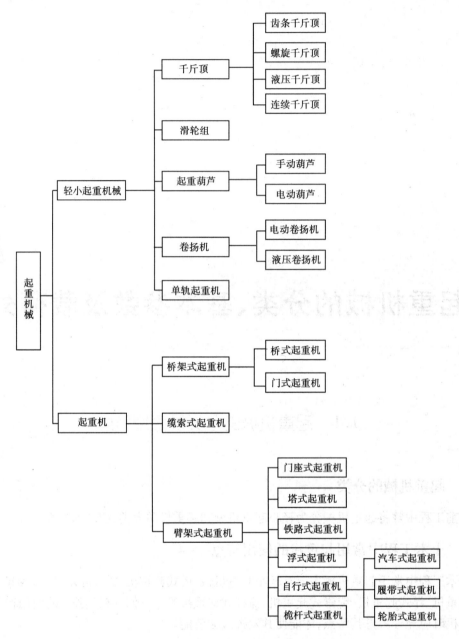

图 1.1　起重机械的分类

建筑工地。在安装工地,则主要用于锅炉、管道等的组装。

2)桥式起重机

桥式起重机安装在车间内,起升高度和跨度固定,起重量不随起升高度和跨度变化,适合车间内的设备、构件的吊装。

3)门式起重机

门式起重机一般安装在露天场地,其起升高度和跨度固定,起重量不随起升高度和跨度变化,适合于施工现场的材料堆放场地、设备及构件保管场地、设备及构件组装场地等的吊装工作。

4)自行式起重机

自行式起重机可以自己行走,尤其是其中的汽车式起重机,不需辅助设施便可长途转移,使用前不需安装,使用后不需拆除,使用极为方便,效率高,所以使用范围极广,是现代起重机的代表。但其幅度利用率低(较塔式起重机),起重量随起升高度和幅度的增加而大幅度下降,对施工现场的道路和地基要求较高,台班使用费较高。它主要适用于单件或小批量的大、中型设备(构件)的吊装。

5)浮式起重机

浮式起重机装在专用的船上,主要用于在水上进行吊装,桥梁施工常常用到它。

6)缆索式起重机

缆索式起重机由两个支架和支架间的钢缆组成,起重小车在钢缆上移动,进行重物的垂直吊装和水平运输。其工作特点是:受地形影响小,工作范围大,故广泛应用于山区和峡谷、河流地区的桥梁建设。

7)桅杆式起重机

桅杆式起重机是一种非标准起重机,其结构简单,起重量大,可以组合成各种形式,从而形成各种适合现场条件和设备(构件)技术要求的工艺方法。但它使用效率低,一般在使用前需专门设计和制造,因此适用于某些其他起重机无法完成的特重、特高、场地受限的特殊场合的吊装。

1.2 起重机械的基本参数

起重机械的基本参数表征了其基本性能,为合理地选择、正确地使用起重机械提供依据。起重机械的基本参数主要包括:额定起重量 Q,最大起升高度 H,最大幅度 R 或跨度 L,机构工作速度 V,外形尺寸(长×宽×高),自重(单位为 kN)。

1.2.1 额定起重量

额定起重量用 Q 表示,单位为 kN(塔式起重机为 kN·m),是指起重机容许吊装的最大载荷,它由起重机的整体稳定性、结构强度、各机构的承载能力等因素决定。额定起重量是起重机选择的首要参数。

1.2.2 最大起升高度

最大起升高度用 H 表示,单位为 m,是指工作场地地面或轨道面至起重机取物装置(一般为吊钩中心线)的上极限位置的距离,如图 1.2(a)所示,它直接决定了起重机吊装设备(构件)能达到的最大高度。对桥架式、缆索式起重机,该参数是固定的;对具有变幅机构的臂架式起重机,该距离随着起重机臂架伸长、缩短和起重机臂架的倾斜角度的改变而改变。

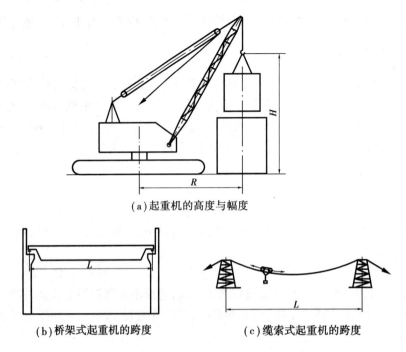

(a)起重机的高度与幅度

(b)桥架式起重机的跨度　　　　　　(c)缆索式起重机的跨度

图1.2　起重机的起升高度、幅度和跨度

1.2.3　幅度或跨度

幅度 R:针对的是具有变幅机构的臂架式起重机,它指的是起重机的旋转中心垂线与取物装置垂线间的水平距离,如图1.2(a)所示。这个距离随着起重机臂架伸长、缩短和起重机臂架的倾斜角度的改变而改变,最大幅度指的是起重机的旋转中心垂线与取物装置垂线间能达到的最大水平距离。该参数直接决定了起重机可达到的吊装位置和可吊装的设备(构件)的起升高度和几何尺寸。

跨度 L:针对的是桥架式和缆索式起重机,对于桥架式起重机,指的是其大车两运行轨道间的水平距离,如图1.2(b)所示。对于缆索式起重机,指的是其两支撑塔架中心线间的水平距离,如图1.2(c)所示。该参数确定了桥架式起重机和缆索式起重机的工作范围,对某一型号的起重机,该参数是固定的,所以,在设计建筑物或材料、设备场地时,应根据工艺要求选择起重机的型号。

1.2.4　工作速度

起重机械的工作速度 V 包括起升、变幅、旋转和运行机构4个工作速度,单位为 m/s。

①起升速度:指的是吊钩或取物装置上升的速度,单位为 m/s。

②变幅速度:指的是取物装置从最大幅度移动到最小幅度的平均线速度,单位为 m/s。

③旋转速度:指的是起重机每分钟旋转的转数,单位为 r/min。

④运行速度:指的是起重机的行走速度,其单位一般为 m/s,对于自行式起重机,则以 km/h为单位。

1.2.5　外形尺寸和自重

起重机的外形尺寸和自重也是不可忽视的重要参数,它们在一定程度上反映了起重机的经济性和通过性能,在一些地形特殊的场合,还会决定吊装方案的技术可行性。

额定起重量、最大起升高度、幅度(或跨度)这3个参数直接影响起重机吊装物体的技术可行性,而工作速度、外形尺寸、自重等主要影响起重机吊装物体的经济性。

1.3 起重机械的载荷处理

起重机械承受的是非常强烈的直接动力载荷和冲击载荷,必须考虑其影响;在不同的吊装工艺中,常有数台起重机或数分支共同承担载荷,由于实际施工与计算模型存在误差,所以必须考虑这个误差的影响;在一些大型吊装中,要求的起升高度高,设备或构件的体积大,风载的影响比较大,在设计时必须加以考虑。

1.3.1 动载荷

以动载系数计入强烈的直接动力载荷和冲击载荷的影响,一般吊装工程取 $K_{动} = 1.1$。

1.3.2 不均衡载荷

在数台起重机或数分支共同承担载荷时,由于实际施工与计算模型存在误差,从而造成每台起重机或每一分支实际承担的载荷与计算模型不符,导致其中一台起重机或分支超载,工程中以不均衡载荷系数计入其影响。一般吊装工程取 $K_{不} = 1.2$。

如图 1.3 所示,分析计算滑轮组载荷和吊索载荷时,谁应考虑不均衡载荷系数,谁不应考虑?

分析要点:

• 不均衡载荷系数计入的是在数台起重机或数分支共同承担载荷时,由于实际施工与计算模型存在误差而造成载荷分配与计算模型不符的影响。

• 滑轮组单独承担载荷,不存在因施工原因而造成载荷分配与计算模型不符,不应考虑。

• 吊索是两分支共同承担载荷,存在因施工原因而造成载荷分配与计算模型不符,应考虑不均衡载荷系数。

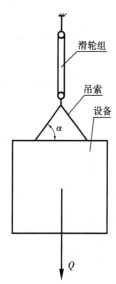

图 1.3 不均衡载荷系数的分析

1.3.3 计算载荷

起重工程中,为了综合考虑动载荷、不均衡载荷的影响,一般以计算载荷代替设备或构件的重量。计算载荷的一般计算公式为:

$$Q_{计} = K_{动} K_{不} Q$$

式中 Q——设备或构件和索、吊具的重量之和。

1.3.4 风载荷

在露天进行吊装施工时,风对被吊装的设备或构件和起重机的作用不可忽视,会较大地增加起重机的附加载荷。如图 1.4 所示,设作用在起重机上风载荷的等效载荷为 P_1,等效作用高度为 H_d,作用在被吊装设备(或结构)上的风载等效载荷为 P_2。由于起重机的滑轮组、吊装索具均为柔性结构,风载等效载荷 P_2 通过其作用到起重机臂杆的顶部,等效作用高度为 H_{max},则风载荷对起重机的附加倾覆力矩为:

$$W = P_1 \cdot H_d + P_2 \cdot H_{max}$$

尽管相对于吊装载荷,风载荷较小,但其作用高度较高,尤其是在起重机处于高臂杆状态时,其附加的倾覆力矩不可小视。

风载荷的计算比较麻烦,按照载荷规范,需要计算起重机及被吊装设备或结构的一阶自振频率、一阶振形系数、脉动风载荷水平相关系数、脉动风载荷竖直相关系数等一系列数据,这里就不再赘述。

为了减少风载荷对吊装的影响,对于一般吊装工程,由于吊装时间较短,可以通过选择吊装施工时段解决,根据国内多年吊装经验,在风力达到或超过 6 级时不

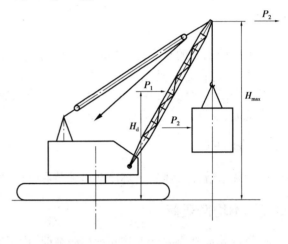

图 1.4   风载荷的影响示意图

进行室外吊装。对于某些工艺复杂、吊装时间较长、被吊装设备或结构体型庞大的吊装工程,如本书第 8 章所讨论的大跨度、高耸、大面积、大体积的设备或结构的吊装,施工时间长,不可避免会受到风载荷的影响,建议邀请设备或结构设计的专业人员配合,按照载荷规范的要求进行风载荷的计算。

习   题

一、思考分析题

1.起重机械分成哪两大类? 它们各包含哪些起重设备?

2.起重机分成哪些基本形式? 工地上常用的门式起重机、塔式起重机、自行式起重机和桅杆式起重机各属于什么基本形式?

3.塔式起重机有哪些基本特点? 某工地有一台重型设备需要吊装,施工单位拟选择塔式起重机是否合理?

4.自行式起重机有哪些突出的特点? 某安装工地的设备材料堆放场,施工单位拟长期配置自行式起重机进行设备材料的装卸工作,是否合理? 为什么?

5.桅杆式起重机有哪些突出特点? 一般应用于什么场合?

6.在进行载荷计算时,为什么要计算动载系数?

7.什么是不均衡载荷? 应如何计入其影响? 是否是无论什么场合均应计入其影响?

8.什么是起重机的额定载荷? 什么是起重机的最大起升高度? 什么是起重机的最大幅度或跨度?

索、吊具及牵引装置的计算与选择

索、吊具及牵引装置是起重工程中不可缺少的工具,目前工程中常用的索具主要是钢丝绳及吊索,常用的吊具主要是滑轮组和平衡梁,常用的牵引装置主要是卷扬机。

2.1 钢丝绳及其附件

在起重工程中,钢丝绳及吊索主要用于捆绑、提升设备或构件,在使用桅杆等非标准起重机时,常采用钢丝绳作为其稳定系统。

2.1.1 吊装常用的钢丝绳的材料、规格及其特性

钢丝绳一般由高碳钢丝捻绕而成。起重工程中常用钢丝绳的钢丝的强度极限有:1 400 MPa(140 kg/mm²)、1 550 MPa(155 kg/mm²)、1 700 MPa(170 kg/mm²)、1 850 MPa(185 kg/mm²)、2 000 MPa(200 kg/mm²)等。

钢丝绳一般由数股钢丝束和一根绳芯捻绕而成,每一股钢丝束又由多根钢丝捻绕而成。钢丝绳的规格较多,起重工程常用的有:6×19+1、6×37+1、6×61+1 三种。其中,6 代表绕成钢丝绳的股数,19(37、61)代表每股中的钢丝数,1 代表中间的麻芯。

根据钢丝绳中各钢丝束和钢丝束中各钢丝的捻绕方向,钢丝绳可分为顺绕、交绕和混绕3种。顺绕是钢丝绳中钢丝束的捻绕方向与每一股钢丝束中钢丝的捻绕方向相同。其特点是钢丝绳平滑、柔软,但容易产生自旋、松散和被压扁;交绕是钢丝绳中钢丝束的捻绕方向与每一股钢丝束中钢丝的捻绕方向相反。其特点是钢丝绳平滑、柔软程度比顺绕差,但不会产生自旋和松散;混绕又称交互绕,是相邻两股钢丝束中钢丝的捻绕方向相反。它克服了前两种的缺点,

兼具前两种的优点,机械性能较好,但制造困难,价格较贵。

在同等直径下,6×19+1 钢丝绳中的钢丝直径较大,强度较高,但柔性差。而 6×61+1 钢丝绳中的钢丝最细,柔性好,但强度低。6×37+1 钢丝绳的性能介于上述二者之间,即柔性比 6×19+1 钢丝绳好,比 6×61+1 钢丝绳差;强度比 6×19+1 钢丝绳差,比 6×61+1 钢丝绳好。

根据 3 种钢丝绳的特性,其适合的使用用途也不一样,6×19+1 钢丝绳适合用于需要较高强度,但弯曲较少的场合,如桅杆式等非标准起重机稳定系统中的缆风绳;6×37+1、6×61+1 两种钢丝绳适合用于对弯曲和强度要求都较高的场合,如滑轮组的钢丝绳(俗称跑绳)和吊索。

起重工程中,钢丝绳一般用来做缆风绳、跑绳和吊索。做缆风绳的安全系数 K 一般不小于 3.5,做跑绳的安全系数 K 一般不小于 5,做吊索的安全系数 K 一般不小于 8,如果用于载人,则安全系数 K 一般取 10~12。

不同用途的钢丝绳的许用拉力是用其破断拉力除以安全系数。钢丝绳的破断拉力是将钢丝绳拉断的力。针对不同规格、不同材料、不同直径的钢丝绳的破断拉力,国家标准进行了规定,见表 2.1 至表 2.3。

表 2.1　钢丝绳(6×19+1)主要技术参数

直径/mm		钢丝总断面积 /mm²	每百米参考质量/kg	钢丝绳公称抗拉强度/MPa				
钢丝绳	钢丝			1 400	1 550	1 700	1 850	2 000
				钢丝绳破断拉力(不小于)/kN				
6.2	0.4	14.32	13.53	17.0	18.8	20.7	22.4	24.3
7.7	0.5	22.37	21.14	26.6	29.4	32.3	35.1	38.0
9.3	0.6	32.22	30.45	38.3	42.4	46.5	50.6	54.7
11	0.7	43.85	41.44	52.1	57.7	63.3	68.9	74.5
12.5	0.8	57.27	54.12	68.1	75.4	82.7	89.7	97.3
14	0.9	72.49	68.5	85.9	95.2	104.6	113.9	122.8
15.5	1.0	89.49	84.57	106.3	117.7	129.2	140.7	151.7
17	1.1	108.28	102.3	128.8	142.4	156.4	170.0	184.0
18.5	1.2	128.87	121.8	153.0	169.6	186.2	202.3	218.9
20	1.3	151.24	142.9	179.8	198.9	218.5	237.6	256.7
21.5	1.4	175.40	165.8	208.7	230.8	253.3	275.4	297.9
23	1.5	201.35	190.3	239.3	265.2	290.7	316.2	342.1
24.5	1.6	229.09	216.5	272.4	301.8	330.7	359.9	389.3
26	1.7	258.63	244.4	307.7	340.6	373.6	406.3	439.4
28	1.8	289.95	274.0	344.7	381.7	418.6	455.6	492.6
31	2.0	357.96	338.3	425.9	471.3	517.2	562.7	608.2
34	2.2	433.13	409.3	515.1	570.4	625.6	680.8	
37	2.4	515.46	487.1	613.3	671.1	744.6	810.4	
40	2.6	604.95	571.7	719.5	796.9	871.3	947.7	
43	2.8	701.60	663.0	834.7	922.3	1 011.5	1 100.7	
46	3.0	805.41	761.1	956.3	1 058.3	1 160.3	1 266.5	

表 2.2　钢丝绳(6×37+1)主要技术参数

直径/mm		钢丝总断面积/mm²	每百米参考质量/kg	钢丝绳公称抗拉强度/MPa				
钢丝绳	钢丝			1 400	1 550	1 700	1 850	2 000
				钢丝绳破断拉力(不小于)/kN				
8.7	0.4	27.88	26.21	32.0	35.4	38.8	42.2	45.7
11.0	0.5	43.57	40.96	49.9	55.4	60.7	66.1	71.4
13.0	0.6	62.74	58.98	72.0	79.7	87.3	85.1	102.5
15.0	0.7	85.39	80.27	98.0	108.2	118.9	129.2	139.8
17.5	0.8	111.53	104.8	127.0	141.5	155.4	168.9	182.8
19.5	0.9	141.16	132.7	162.0	179.2	196.46	214.0	231.2
21.5	1.0	174.27	163.8	199.7	221.4	242.7	264.0	285.7
24.0	1.1	210.87	198.2	241.9	267.7	293.6	319.8	345.6
26.0	1.2	250.95	235.9	287.8	318.6	349.7	380.5	411.2
28.0	1.3	294.52	276.8	337.8	374.3	410.4	446.5	483.0
30.0	1.4	341.57	321.1	392.0	433.8	476.0	517.8	560.0
32.5	1.5	392.11	368.6	450.0	498.2	546.5	594.5	642.9
34.5	1.6	446.13	419.4	512.1	567.0	621.6	676.5	731.4
36.5	1.7	503.64	473.4	578.1	642.0	701.9	763.8	824.1
39.0	1.8	564.63	530.8	647.8	717.5	786.0	852.8	922.5
43.0	2.0	697.08	655.3	799.9	685.6	971.7	1 053.7	1 139.8
47.5	2.2	843.47	792.9	967.6	1 070.1	1 172.6	1 279.2	
52.0	2.4	1 003.80	943.6	1 152.1	1 275.1	1 398.1	1 521.1	
56.0	2.6	1 178.07	1 107.4	1 348.9	1 496.5	1 640.0	1 783.5	
60.5	2.8	1 366.28	1 284.3	1 566.2	1 734.3	1 902.4	2 070.5	
65.0	3.0	1 568.43	1 474.3	1 799.9	1 992.6	2 185.3	2 378.0	

表 2.3　钢丝绳(6×61+1)主要技术参数

直径/mm		钢丝总断面积/mm²	每百米质量/kg	钢丝绳公称抗拉强度/MPa									
钢丝绳/mm	钢丝/mm			1 400		1 550		1 700		1 850		2 000	
				钢丝总破断力/kN	钢丝绳破断拉力/kN	钢丝总破断力/kN	钢丝绳破断拉力/kN	钢丝总破断力/kN	钢丝绳破断拉力/kN	钢丝总破断力/kN	钢丝绳破断拉力/kN	钢丝总破断力/kN	钢丝绳破断拉力/kN
11.0	0.4	45.97	43.21	64.3	51.44	71.2	56.96	78.1	62.48	85	68	91.9	73.52
14.0	0.5	71.83	67.52	100.5	80.4	111	88.8	122	97.6	132.5	106	143.5	114.8
16.5	0.6	103.43	97.22	144.5	115.6	160	128	175.5	140.4	191	152.8	206.5	165.2
19.5	0.7	140.78	132.3	197	157.6	218	174.4	239	191.2	260	208	281.5	225.2

续表

直径/mm				钢丝绳公称抗拉强度/MPa									
				1 400		1 550		1 700		1 850		2 000	
钢丝绳/mm	钢丝/mm	钢丝总断面积/mm²	每百米质量/kg	钢丝总破断力/kN	钢丝绳破断拉力/kN	钢丝总破断力/kN	钢丝绳破断拉力/kN	钢丝总破断力/kN	钢丝绳破断拉力/kN	钢丝总破断力/kN	钢丝绳破断拉力/kN	钢丝总破断力/kN	钢丝绳破断拉力/kN
22.0	0.8	183.88	172.8	257	205.6	285	228	312.5	250	340	272	367.5	294
25.0	0.9	232.72	218.8	325.5	260.4	360.5	288.4	395.5	316.4	430.5	344.4	465	372
27.5	1.0	287.31	270.1	402	321.6	445	356	488	390.4	531.5	425.2	574.5	459.6
30.5	1.1	347.65	326.8	486.5	391.2	538.5	430.8	591	472.8	643	514.4	695	556
33.0	1.2	413.73	388.9	579	463.2	641	512.8	703	562.4	765	612	827	661.6
36.0	1.3	485.55	456.4	679.5	543.6	752.5	602	825	660	898	718.4	971	686.8
38.5	1.4	563.13	529.3	788	630.4	872.5	698	957	765.6	1 040	832	1 125	900
41.5	1.5	646.45	607.7	905	724	1 000	800	1 095	876	1 195	956	1 290	1 032
44.0	1.6	735.51	691.4	1 025	820	1 140	912	1 250	1 000	1 360	1 088	1 660	1 328
47.0	1.7	830.33	780.5	1 160	928	1 285	1 028	1 410	1 128	1 535	1 228	1 860	1 488
50.0	1.8	930.88	875.0	1 300	1 040	1 440	1 152	1 580	1 264	1 720	1 376	2 295	1 836
55.5	2.0	1 149.24	1 080.3	1 605	1 284	1 780	1 424	1 950	1 560	2 125	1 700		
61.0	2.2	1 390.58	1 307.1	1 945	1 556	2 155	1 724	2 360	1 888	2 570	2 056		
66.5	2.4	1 654.91	1 555.6	2 315	1 852	2 565	2 052	2 810	2 248	3 060	2 448		
72.0	2.6	1 942.22	1 825.7	2 715	2 172	3 010	2 408	3 300	2 640	3 590	2 872		
77.5	2.8	2 252.51	2 117.4	3 150	2 520	3 490	2 792	3 825	3 060	4 165	3 332		
83.0	3.0	2 585.79	2 430.6	3 620	2 896	4 005	3 204	4 395	3 316	4 780	3 824		

2.1.2　钢丝绳的技术使用

1)钢丝绳的破坏机理

钢丝绳在工作时一般要进出滑轮或卷筒进行弯绕,除了受拉外,还要受弯和扭,同时还要产生接触应力和摩擦磨损,应力状态较为复杂。尤其是弯、扭和接触应力的脉动特性,将引起金属疲劳。实践证明,这种多次弯曲造成弯曲疲劳和磨损,是钢丝绳破坏的主要原因。

钢丝绳表面的钢丝发生弯曲疲劳与磨损,表层钢丝逐渐折断,折断的钢丝数量越多,其他未断钢丝承受的拉力越大,疲劳与磨损便越甚,使钢丝折断速度加快。当钢丝折断发展到一定程度,便保证不了钢丝绳的安全性,这时钢丝绳应折减使用或报废。

2)绳轮比

为保证钢丝绳不受过分弯曲,必须规定不同直径的钢丝绳的最小弯曲半径,称为"绳轮比"。绳轮比按下式计算:

$$D_{\min} \geqslant e_1 \cdot e_2 \cdot d$$

式中　$D_{\min}$——钢丝绳绕过的最小轮径;

d——钢丝绳直径；

e_1——系数，按照工作类型决定，轻型为16，中型为18，重型为20，工程建设中的起重工程，虽然每次吊装的重量较重，但由于连续工作的时间较少，工作类型一般为轻型或中型；

e_2——系数，按照钢丝绳结构决定，交绕、混绕为1，顺绕为0.9。

钢丝绳不能承受过分弯曲，更不能发生锐角曲折，在进行设备或构件的捆绑时，如遇钢丝绳必须绕过锐角的情况，必须对锐角部分进行保护。施工现场通用的保护方法是采用破开的钢管垫放在锐角处或在锐角处垫放木块等。

3）旧钢丝绳的折减使用和报废

使用较长时间后的钢丝绳会出现磨损、锈蚀和断丝，使其破断拉力明显减小，一般情况下还可折减使用，但如果损坏严重时，则必须报废。

（1）折减

钢丝绳的破断拉力折减应按其在一个节距内钢丝折断的数进行，见表2.4。

表2.4 钢丝绳破断拉力的折减系数

钢丝绳破断拉力的折减系数	一个节距内钢丝绳折断的钢丝根数					
	$6 \times 19 + 1$		$6 \times 37 + 1$		$6 \times 61 + 1$	
	捻绕方式					
	交捻	顺捻	交捻	顺捻	交捻	顺捻
0.95	5	3	11	6	18	9
0.90	10	5	19	9	19	14
0.83	14	7	28	14	40	20
0.80	17	8	33	16	43	21
0	>17	>8	>33	>16	>43	>21

钢丝绳出现断丝，在大多数情况下，均伴随表面磨损，在这种情况下，应按表2.5对折减系数向小的方向进行修正。

表2.5 钢丝绳表面磨损时折减系数的修正系数

钢丝表面磨损占直径的百分数	10	15	20	25	30	>30
修正系数	0.8	0.7	0.65	0.55	0.50	0

（2）报废

如钢丝绳有断股、锈蚀严重、断丝和磨损超过标准、受热退火和发生各种严重变形时，应报废。按照国家标准的规定，在一个节距内断丝根数达到表2.6所列根数时，钢丝绳即应报废。

表 2.6 钢丝绳的报废标准

安全系数	钢丝绳钢丝折断的根数					
	6×19＋1		6×37＋1		6×61＋1	
	交捻	顺捻	交捻	顺捻	交捻	顺捻
<7	12	6	22	11	36	18
6~7	14	7	26	13	38	19
>7	16	8	30	15	40	20

2.1.3 钢丝绳附件

为保证钢丝绳的正确使用,在使用钢丝绳时常需要用套环和绳卡等附件。

1)钢丝绳套环

为保证钢丝绳在弯曲时不因过度弯曲而损坏,常需要采用套环。如钢丝绳用做缆风绳时,在缆风绳与地锚连接处。使用时钢丝绳的一端嵌在套环中,形成环状,以免钢丝绳承载时损坏。

套环的结构形式较多,吊装工程中,常用的有型钢套环、普通套环和重型套环 3 种,如图 2.1 所示。

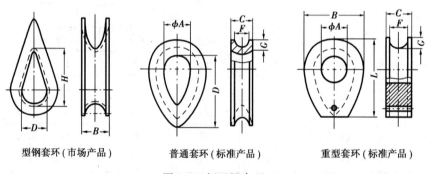

型钢套环(市场产品)　　　普通套环(标准产品)　　　重型套环(标准产品)

图 2.1　钢丝绳套环

标准产品套环的规格请查国家标准(GB 5974.1—86)、(GB 5974.2—86)。型钢套环无国家标准,其规格可查起重手册。

2)钢丝绳绳夹

钢丝绳绳夹用于固定钢丝绳末端时卡接之用。用时将两绳端并列压紧,以箍卡的方式连接,承受拉力,要求其连接强度大于该钢丝绳的许用拉力,如图 2.2 所示。

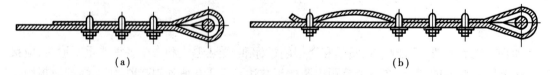

(a)　　　　　　　　　　　　　　　(b)

图 2.2　钢丝绳绳夹的使用方法

绳夹的结构形式有多种,常用的是标准绳夹,见国家标准(GB 5976—86)。其结构如图 2.3所示。

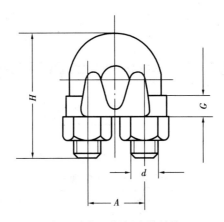

图 2.3 钢丝绳绳夹的结构

标准绳夹的规格按照适用钢丝绳直径(即其公称尺寸)从 φ6 ~ φ60 mm 共 20 种,见国家标准(GB 5976—86)。

钢丝绳绳夹装设应按以下要求进行:

①钢丝绳绳夹装设的数量和间距与钢丝绳直径有关,可参考表 2.7 选用。

②各 U 形螺栓圆环应卡在钢丝绳端头的一侧,如图 2.2(a)所示。

③应按如图 2.2(b)所示安装保安绳夹,以便及时发现绳夹松动并自动投入工作。

表 2.7 钢丝绳绳夹的数量和装设间距

公称尺寸/mm	绳夹数量/个	绳夹间距/mm	公称尺寸/mm	绳夹数量/个	绳夹间距/mm
6	2	70	26	5	170
8	2	80	28	5	180
10	3	100	32	6	200
12	3	100	36	7	230
14	3	100	40	8	260
16	3	120	44	9	290
18	4	120	48	10	310
20	4	120	52	11	330
22	4	140	56	12	350
24	5	150	60	13	370

2.1.4 吊索

吊索俗称千斤绳、绳扣,用钢丝绳制作,用于连接起重机吊钩和被吊装设备。在起重工程中,常用的形式有"万能吊索"和"轻便吊索"两种。

1)吊索的形式

①轻便吊索。其端头用插接法连接,在两端形成环状,如图 2.4 所示。其插接长度 a 约等于 20 ~ 30 倍的钢丝绳直径。其长度 L 根据吊装需要确定,其规格见表 2.8。

轻便吊索一般与钢丝绳套环配合使用。

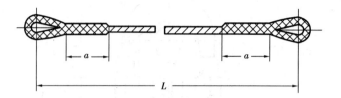

图 2.4　轻便吊索

表 2.8　轻便吊索规格

钢丝绳直径 d/mm	钢丝绳的插接长度 a/mm	钢丝绳长度 L(按需要定)/m
12	300	$L + 2.00$
16	350	$L + 2.60$
19	400	$L + 3.20$
22	450	$L + 3.80$
25	500	$L + 4.50$
30	$600 \sim 800$	$L + 5.50$

②万能吊索。其端头用插接法连接,形成环状,如图 2.5 所示。其插接长度 a 约等于 20～30 倍的钢丝绳直径。其长度 L 根据吊装需要确定,其规格见表 2.9。

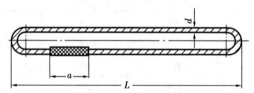

图 2.5　万能吊索

表 2.9　万能吊索

钢丝绳直径 d/mm	连接处长度 a/m	每侧的长度 L/m	钢丝绳长度/m
19.5	0.40	8	16.5
19.5	0.40	10	20.5
22	0.45	8	16.5
22	0.45	12	24.5
25	0.50	8	16.5
25	0.50	12	24.5
30	0.75	10	21.0
30	0.75	15	31.0

2)吊索的计算与选择

如前所述,吊索用于捆绑设备,连接起重机或滑轮组的吊钩,所以吊索的计算应按照其捆绑方法进行。

吊装时由于需要平衡,一般不采用单根吊索,而采用多分支。

吊装时,最理想的吊索是垂直的,但一般很难做到,吊索与水平面的夹角 α 一般应控制在 $45° \sim 60°$,特殊情况下,不得小于 $30°$,如图 2.6 所示。

一般情况下,将各分支吊索设计为平均承担载荷。此时,每分支吊索的计算载荷可按下式计算:

$$P_{jd} = \frac{1}{n \cdot \sin \alpha} \cdot K_d \cdot K_b \cdot Q$$

式中　n——吊索的分支数;

　　　α——吊索与水平面的夹角。

用于做吊索的钢丝绳,采用 $6 \times 61 + 1$ 较适宜,在特殊情况下,可采用 $6 \times 37 + 1$。由于 $6 \times 19 + 1$ 这种钢丝绳柔性较差,不适宜用于做吊索。根据计算载荷查表 2.1 至表 2.3,选择钢丝绳。应注意,本书所列表格中的数据,仅供参考,实践工程应用时,应以国家标准或钢丝绳生产厂家提供的数据为准。

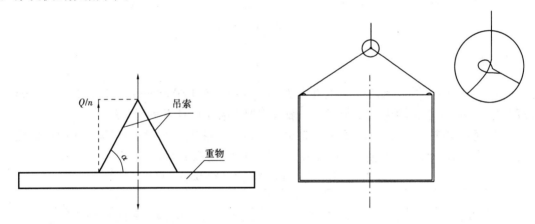

图 2.6　吊索的夹角及受力分析　　　　　图 2.7　吊索的折减系数

吊索的安全系数一般不应小于 8。

如吊索在使用时有急弯,如图 2.7 所示,一般应将其许用拉力乘上一个小于 1 的折减系数,以保证吊索的安全。折减系数一般不大于 0.70。

2.2　滑轮组

滑轮组是一种重要的吊装工具,在吊装工程中使用非常广泛。目前,不管是标准起重机,还是自行设计的非标准吊装装置,除了少数特殊吊装装置外,其起升系统基本上都采用滑轮组。

2.2.1　滑轮组的类型及标准系列

1)类型

由于使用的要求不同,滑轮组的类型也很多,按滑轮组的头部结构可分为吊钩型、吊环型、链环型和吊梁型,如图2.8所示;按滑轮组的轮数可分为单轮、双轮和多轮。其中,单轮滑轮组又分为开口和闭口2种。

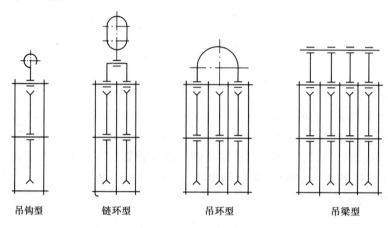

吊钩型　　　　链环型　　　　　吊环型　　　　　　吊梁型

图2.8　滑轮组的头部结构

2)标准系列

目前,国内生产的滑轮组有3种标准系列:HQ系列(ZBJ 80008—87)、H系列(JB 1204—71)和HY系列(林业滑轮组),吊装工程一般采用HQ系列和H系列滑轮组。

①HQ系列滑轮组简介。HQ系列滑轮组的额定起重量从3.2~3 200 kN共18种,轮数从1轮到10轮共10种,滑轮直径从63~450 mm共14种,见表2.10。

表2.10　HQ系列起重滑车(ZBJ 80008—87)

滑轮直径/mm	额定起重量/t																		钢丝绳直径范围/mm
	0.32	0.5	1	2	3.2	5	8	10	16	20	32	50	80	100	160	200	250	320	
	滑轮数量																		
63	1																		6.2
71		1	2																6.2~7.7
85			1	2	3														7.7~11
112				1	2	3	4												11~14
132					1	2	3	4											12.5~15.5
160						1	2	3	4	5									15.5~18.5
180							1	2	3	4	6								17~20
210										3	5								20~23
240								1	2		4	6							23~24.5
280										2	3	5	8						26~28
315											1	4	6	8					28~31
355										1	2	3	5	6	8	10			31~35
400																8	10		34~38
450																		10	40~43

HQ 系列滑轮组的规格代号如图 2.9 所示。

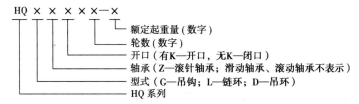

图 2.9　HQ 系列滑轮组规格代号

②H 系列滑轮简介。H 系列滑轮组有 11 种直径、14 种额定载荷、17 种结构形式共计 103 种规格,见表 2.11。H 系列滑轮组的规格代号表示如图 2.10 所示。

表 2.11　H 系列起重滑轮组规格

轮槽底径/mm	额定起重量/t														钢丝绳直径范围/mm
	0.5	1	2	3	5	8	10	16	20	32	50	80	100	140	
	滑轮数量														
70	1	2													5.7 ~ 7.7
85		1	2	3											7.7 ~ 11
115			1	2	3	4									11 ~ 14
135				1	2	3	4								12.5 ~ 15.5
165					1	2	3	4	5						15.5 ~ 18.5
185						2	3	4	6						17 ~ 20
210						1		3	5						20 ~ 23.5
245							1	2		4	6				23.5 ~ 25
280								2	3	5	7				26.5 ~ 28
320							1			4	6	8			30.5 ~ 32.5
360								1	2	3	5	6	8		32.5 ~ 35

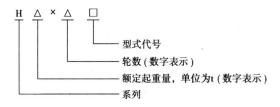

图 2.10　H 系列滑轮组规格代号

结构形式代号如下:

　G——吊钩　　　　D——吊环　　　　W——吊梁

　L——链环　　　　K——开口(导向轮)

例如,H80 ×7D 表示:H 系列起重滑轮组,额定载荷为 80 t,7 轮,吊环型。

2.2.2 滑轮组的计算

吊装工程中,滑轮组的计算主要是计算滑轮组钢丝绳(俗称跑绳)的张力。

1)运动阻力

滑轮组在工作时因滑轮与轴的摩擦和钢丝绳的刚性等原因要产生运动阻力。

①摩擦阻力:滑轮组工作时,在滑轮轴承处产生摩擦阻力矩,导致滑轮钢丝绳在拉出端的拉力大于进入端的拉力。

②刚性阻力:由于钢丝绳具有刚性,在绕入和绕出滑轮时,钢丝绳不能立即与滑轮密合而产生一定的偏移 e_1 和 e_2,如图2.11所示,导致滑轮钢丝绳在拉出端的拉力大于进入端的拉力。

为了综合计入摩擦阻力和刚性阻力的影响,引入总阻力系数 μ,即

$$s_2 = \mu \cdot s_1$$

对于不同滑轮组,总阻力系数 μ 不同。滚动轴承滑轮组,取 $\mu = 1.02$;青铜衬套滑动轴承滑轮组,取 $\mu = 1.04$;对于无青铜衬套滑动轴承滑轮组,取 $\mu = 1.06$。

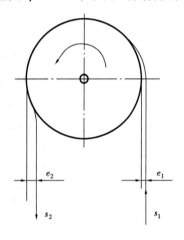

图2.11 滑轮组的刚性阻力

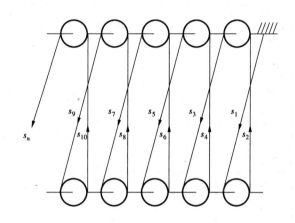

图2.12 滑轮组分支拉力的计算

2)滑轮组倍率的确定

倍率又称为工作绳数,倍率的确定方法如下:
①当钢丝绳的固定端(俗称死头)固定在定滑轮组上时(图2.12):

$$倍率 = 动滑轮个数 \times 2$$

②当钢丝绳的固定端(俗称死头)固定在动滑轮组上时(图2.13):

$$倍率 = 动滑轮个数 \times 2 + 1$$

3)滑轮组钢丝绳最大张力计算

如图2.12所示,设滑轮组的分支数为 n,各分支拉力分别为 $s_1,s_2,s_3 \cdots s_n$,引入阻力系数 μ 后,各分支拉力的关系是:

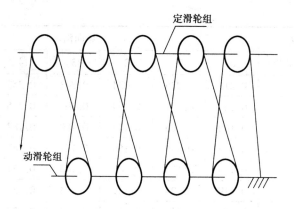

图2.13　钢丝绳的固定端固定在动滑轮组上

$$s_2 = \mu \cdot s_1$$

$$s_3 = \mu \cdot s_2 = \mu^2 \cdot s_1$$

$$s_4 = \mu \cdot s_3 = \mu^3 \cdot s_1$$

$$\vdots \qquad \vdots \qquad \vdots$$

$$s_n = \mu \cdot s_{n-1} = \mu^{n-1} \cdot s_1$$

因为被吊装载荷 Q_j 由各分支共同承担,所以有:

$$Q_j = s_1 + s_2 + s_3 + \cdots + s_n$$

所以:

$$Q_j = s_1(1 + \mu + \mu^2 + \mu^3 + \cdots + \mu^{n-1})$$

经数学处理,得:

$$s_1 = \frac{\mu - 1}{\mu^n - 1} \cdot Q_j$$

知道了 s_1,就可按其关系,求出任一分支的拉力。在工程中,一般要求求出最大分支的拉力 s_n,其公式为:

$$s_n = \mu^{n-1} \cdot s_1 = \frac{\mu - 1}{\mu^n - 1} \mu^{n-1} \cdot Q_j$$

实际使用时,为了方便,令 $\dfrac{\mu - 1}{\mu^n - 1} \mu^{n-1}$ 为 α,称为载荷系数,可查表2.12。因此最大拉力又可表示为:

$$s_n = \alpha \cdot Q_j$$

表2.12　载荷系数 α

工作绳索数	滑轮个数(定、动滑轮之和)	导向滑车						
		0	1	2	3	4	5	6
1	0	1.00	1.040	1.082	1.125	1.170	1.217	1.265
2	1	0.507	0.527	0.549	0.571	0.594	0.617	0.642
3	2	0.346	0.360	0.375	0.390	0.405	0.421	0.438
4	3	0.265	0.276	0.287	0.298	0.310	0.323	0.335

续表

工作绳索数	滑轮个数（定、动滑轮之和）	导向滑车						
		0	1	2	3	4	5	6
5	4	0.215	0.225	0.234	0.243	0.253	0.263	0.274
6	5	0.187	0.191	0.199	0.207	0.215	0.224	0.330
7	6	0.160	0.165	0.173	0.180	0.187	0.195	0.203
8	7	0.143	0.149	0.155	0.161	0.167	0.174	0.181
9	8	0.129	0.134	0.140	0.145	0.151	0..157	0.163
10	9	0.119	0.124	0.129	0.134	0.139	0.145	0.151
11	10	0.110	0.114	0.119	0.124	0.129	0.134	0.139
12	11	0.102	0.106	0.111	0.115	0.119	0.124	0.129
13	12	0.096	0.099	0.104	0.108	0.112	0.117	0.121
14	13	0.091	0.094	0.098	0.102	0.106	0.111	0.115
15	14	0.087	0.090	0.093	0.097	0.100	0.102	0.108
16	15	0.084	0.086	0.090	0.093	0.095	0.100	0.104

注：本表的工作绳数是按动滑轮绕出计算的（图2.12中的s_{10}），一般滑轮组钢丝绳是从定滑轮绕出，计算时，最后一个定滑轮应算为导向轮。

4)滑轮组钢丝绳的长度计算

滑轮组钢丝绳的最小长度可按下式计算：

$$L = n \cdot (h + 3d) + I + a$$

式中　L——滑轮组钢丝绳的最小长度；

　　　h——动、定滑轮组间的最大距离；

　　　n——滑轮组的工作绳数；

　　　d——滑轮直径；

　　　I——滑轮组距卷扬机的距离；

　　　a——安全余量，一般不应小于10 m。

5)导向轮的计算与选择

导向轮用于改变滑轮组钢丝绳(俗称跑绳)的方向，如图2.14所示。为便于跑绳穿入导向轮，一般采用开口滑轮组，开口滑轮组一般为1门，如H16×1GK。

由图2.14可知，导向轮的载荷是进入和拉出导向轮的跑绳拉力的矢量和，即与跑绳拉力和夹角β有关。在工程中，为了简化计算，常采用跑绳最大拉力乘以角度系数来确定导向轮的载荷。即：

$$Q_d = K \cdot S$$

式中　Q_d——导向轮载荷；

　　　K——导向角度系数，按β查表2.13；

　　　S——滑轮组跑绳最大拉力。

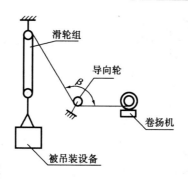

图 2.14　导向轮的用途

表 2.13　导向角度系数

导向角度 β	<60°	60°~90°	90°~120°	>120°
角度系数 K	2.0	1.7	1.4	1.0

2.2.3　滑轮组的技术使用

正确地使用滑轮组,是保证吊装安全的重要环节。滑轮组的正确使用主要包括滑轮组的穿绕方法、滑轮组的最短极限距离、滑轮组轮槽与钢丝绳直径相匹配、钢丝绳在滑轮组中的偏角等内容。

1) 滑轮组的穿绕方法

由于每一分支跑绳的拉力不同,造成滑轮组在轴线方向受力不均,常常会引起滑轮组倾斜而发生事故,因此必须通过穿绕方法去解决。

滑轮组的穿绕方法可分为顺穿和花穿两大类,其中顺穿又可分为单跑头顺穿和双跑头顺穿;花穿的方法很多,其中最常见的是大花穿,俗称"隔轮跳"。3 种穿绕方法如图 2.15、图 2.16、图 2.17 所示。

单跑头顺穿的特点是穿绕简单、容易,但由于运动阻力,各分支拉力由固定端向拉出端逐渐增大,易使滑轮组在轴线方向受力不均而发生倾斜,严重的会导致重大吊装事故的发生,因此该种穿绕方法不适宜用于多轮滑轮组,一般用于 3 轮及以下滑轮组。

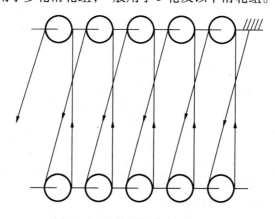

图 2.15　滑轮组的单跑头顺穿

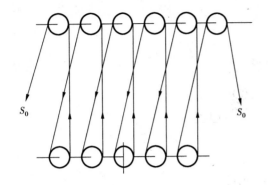

图 2.16　滑轮组的双跑头顺穿

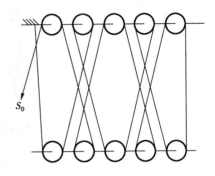

图 2.17　滑轮组的大花穿

双跑头顺穿的特点是穿绕简单、容易,由于无固定端,各分支拉力最小的在中间,最大的在两端,并且对称,这就避免了滑轮组的倾斜。同时双跑头顺穿的上升速度比单跑头顺穿快一倍,可减少被吊装设备或构件在空中停留的时间,在一定程度上减少了偶然事件引发吊装事故的几率,但需要两台牵引装置,成本相应增加。因此该种穿绕方法一般用于7轮及以上的重型吊装。

图 2.17 的大花穿,可在一定程度上减少滑轮组在轴线方向上的受力不均,但穿绕复杂,钢丝绳在滑轮组中的偏角较大,易引起动滑轮组旋转,使跑绳发生相互缠绕。因此该种穿绕方法一般用于 4～6 轮滑轮组。

2)动、定滑轮组的最短极限距离

由于钢丝绳具有刚性,不可过度弯曲,因此,滑轮组的动、定滑轮不可无限接近,有一个最短极限距离的限制,见表2.14。

表 2.14　滑轮组的最短极限距离

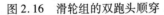

额定起重量/kN	滑轮轴中心的最小距离 h/mm	拉紧状态下的最小长度 L/mm
10	700	1 400
50	900	1 800
100	1 000	2 000
160	1 000	2 000
200	1 000	2 100
320	1 200	2 600
500	1 200	2 600
800	1 400	2 900
1 000	1 400	2 900

注:①本表所列最小极限尺寸中有 500～800 mm 的安全距离。

②本表适用于 HQ 系列和 H 系列滑轮组的顺穿。

3)其他注意事项

①钢丝绳在滑轮组中的偏角:钢丝绳在滑轮组中的偏角不能大于4°。

②钢丝绳直径与滑轮轮槽的配合:应按表2.10和表2.11所列数据,使滑轮组轮槽与跑绳直径相配合,跑绳直径不可太大,也不可太小。

2.3　平衡梁的设计计算

平衡梁是常用的吊装工具,但平衡梁不是标准产品,必须根据具体工程的需要来进行设计和制造。

2.3.1　平衡梁的作用与结构

1)平衡梁的作用

①吊装精密机器或构件,采用平衡梁,可避免精密机器或构件被吊装绳索擦坏。

②吊装长度较长的卧式构件,采用平衡梁可以使构件承受较小的轴向分力,避免变形破坏。

③在同一台非标准起重机(如桅杆)的一个吊耳上,如需要挂两套及以上的滑轮组,需要采用平衡梁。

2)结构形式

根据吊装的具体要求,平衡梁可以被设计成很多形式,最常用的有钢管式平衡梁、型钢式平衡梁和钢板式平衡梁3种,如图2.18所示。

2.3.2　平衡梁的计算

平衡梁的计算按照其结构形式不同而不同。图2.18(a)中的钢管式平衡梁中的钢管只承受吊索的轴向分力,尽管轴向分力是偏心轴向压力(轴向分力没有通过钢管轴线),但工程中仍按轴心压杆进行计算;图2.18(b)中的型钢式平衡梁主要承受弯矩,可以简化成简支梁受弯进行强度计算;图2.18(c)中的板式平衡梁计算较复杂,工程中常采用简化计算。

1)钢管式平衡梁的计算

钢管式平衡梁的受力分析可以简化,如图2.19所示。按照第2.3.1节的内容,吊索的计算载荷为:

$$P_{jd} = \frac{1}{n \cdot \sin \alpha} \cdot K_d \cdot K_b \cdot Q$$

式中　n——吊索分支数,采用平衡梁,吊索分支数一般为2。

则平衡梁所受轴力为:

$$N = P_{jd} \cdot \cos \alpha$$

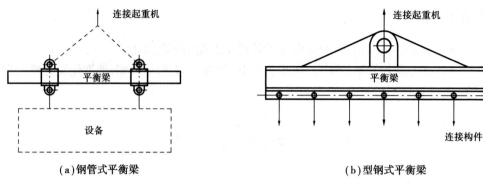

(a)钢管式平衡梁　　　　　　　　(b)型钢式平衡梁

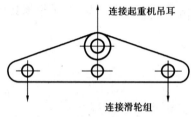

(c)钢板式平衡梁

图 2.18　常见平衡梁的型式

按经验选择平衡梁钢管截面后,按轴心压杆进行校核,即:

$$\frac{N}{\varphi \cdot A} \leqslant f$$

式中　N——平衡梁所受轴力;

　　　φ——轴心压杆折减系数;

　　　A——平衡梁钢管截面面积;

　　　f——应力设计值。在吊装工程中,一般控制在 80~90 MPa。

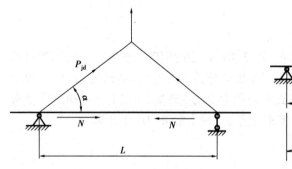

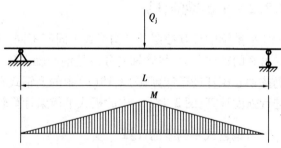

图 2.19　钢管式平衡梁的受力分析　　　图 2.20　型钢式平衡梁的受力分析

2)型钢式平衡梁的强度计算

型钢式平衡梁的受力分析可偏安全的简化,如图 2.20 所示。

按照图 2.20,最大弯矩 M 为:

$$M = \frac{1}{4}Q_j \cdot L$$

按经验选择平衡梁钢管截面后,按弯曲进行校核,即:

$$\frac{M}{W} \leq f$$

式中　W——平衡梁钢管的抗弯截面模数,可查表,也可按材料力学进行计算;

　　　f——应力设计值,在吊装工程中,一般控制在 80~90 MPa。

2.4　电动卷扬机

2.4.1　卷扬机的类型及主要参数

卷扬机是标准产品,在起重工程中应用较为广泛,是主要的牵引设备之一。它具有牵引力大、速度快、结构紧凑、操作方便和安全可靠等特点。

1)卷扬机的类型

①按动力方式:手动、电动和液压卷扬机。在起重工程中常用电动卷扬机。
②按传动形式:电动可逆式(闸瓦制动式)和电动摩擦式(摩擦离合器式)。
③按卷筒个数:单筒卷扬机和双筒卷扬机。
④按转动速度:慢速卷扬机和快速卷扬机。在起重工程中,一般采用慢速卷扬机。

2)卷扬机的主要参数

①额定牵引拉力,目前标准系列从 3~1 000 kN 共 13 种额定牵引拉力规格,见表 2.15。

表 2.15　部分电动慢速卷扬机技术性能和规格

型号	额定拉力/kN	钢丝绳速度/(m·min⁻¹)	卷筒容绳量/m	钢丝绳直径/mm	外形尺寸(长×宽×高)/mm	电动机功率/kW	整机质量/kg
JM1	10	18~25	100~150	7.7、9.3、11	1 000×1 000×600	5.5~7.5	350~750
JM3	30	9~16	100~200	15.5、17.5	1 400×1 100×780	7.5	700~1 100
JM5	50	9~12	200~300	20、21.5、24	1 800×1 200×800	11	1 000~1 700
JM8	80	9~12	400~450	26、28、30	2 200×2 100×1 200	22	2 700~3 000
JM10	100	9~12	350~1 000	28、31、32	3 800×2 300×1 800	22、30	3 300~8 000
JM20	200	10~11	600~1 200	40、43	4 300×2 400×2 018	55	12 600~13 524
JM32	320	8~12	1 300	52	5 000×2 720×2 430	75、100	23 100
JM50	500	9	800	72	7 700×3 200×3 000	130	28 000

②工作速度。工作速度,一般指的是卷扬机工作时,钢丝绳的线速度。由于卷扬机转速恒定。所以,随着卷筒上钢丝绳卷绕层数的改变,钢丝绳线速度也会发生改变。
③容绳量等。容绳量,指的是卷扬机卷筒可以卷绕的钢丝绳的长度。

2.4.2　电动卷扬机的选择

1）额定拉力的选择

电动卷扬机的额定拉力按照滑轮组跑绳的最大拉力进行选择。选择时应注意,滑轮组跑绳的最大拉力不能大于电动卷扬机额定拉力的85%。

2）容绳量校核

容绳量是指卷扬机卷筒能够卷入的某种直径钢丝绳的长度。应注意的是,对不同直径的钢丝绳,能够卷入的长度是不同的。卷扬机铭牌上的容绳量只是针对某几种钢丝绳直径,如采用不同直径的钢丝绳,必须进行容绳量校核。

容绳量校核是计算卷扬机的容绳量是否大于需要卷入的钢丝绳长度(滑轮组钢丝绳的拉出长度)。

需要卷入卷扬机卷筒的钢丝绳长度按下式计算:

$$L = n \cdot h + 3\pi D_1$$

式中　L——需要卷入卷扬机中的钢丝绳长度,m;

　　　n——滑轮组工作绳数;

　　　h——提升高度,即动滑轮组上升的高度,m;

　　　D_1——卷扬机卷筒直径与一根钢丝绳直径之和,m,$D_1 = D + d$。

式中,$3\pi D_1$ 是为了考虑钢丝绳在卷筒上的固定,其端头由两到三圈钢丝绳压住,该两到三圈钢丝绳不能被完全利用,因此应加入滑轮组钢丝绳的拉出长度或从卷扬机的卷筒容绳量中减去。

3）卷扬机卷筒容绳量计算

容绳量是卷扬机的卷筒中能够卷入的钢丝绳长度。每台卷扬机的铭牌上都标有对某种直径钢丝绳的容绳量,选择时必须注意,如果实际使用的钢丝绳的直径与铭牌上标明的直径不同,还必须进行容绳量校核。

设卷筒长度为 L_0,卷筒直径为 D,钢丝绳直径为 d,可卷入的钢丝绳长度(容绳量)为 l,卷筒上可卷钢丝绳的层数为 n,如图 2.21 所示。

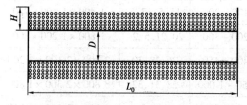

图 2.21　卷扬机卷筒容绳量计算模型

设钢丝绳在卷筒上每层可绕圈数为 Z_0,则:　$Z_0 = \dfrac{L_0}{1 \cdot 1d}$

第 1 层绕入的钢丝绳长度为:$l_1 = Z_0 \cdot \pi (D + d)$

第 2 层绕入的钢丝绳长度为:$l_2 = Z_0 \cdot \pi \cdot (D + 3d)$

第 3 层绕入的钢丝绳长度为:$l_3 = Z_0 \cdot \pi \cdot (D + 5d)$

　　⋮

第 n 层绕入的钢丝绳长度为:$l_n = Z_0 \cdot \pi \cdot [D + (2n - 1)d]$

卷扬机卷筒可卷入钢丝绳的总长为：

$$l = l_1 + l_2 + l_3 + \cdots + l_n$$
$$= Z_0 \cdot \pi \cdot \left[D + d + D + 3d + D + 5d + \cdots + D + (2n-1)d \right]$$
$$= Z_0 \cdot \pi \cdot \left[n \cdot D + d + 3d + 5d + (2n-1)d \right]$$
$$= Z_0 \pi (nD + n^2 d)$$

式中　Z_0——钢丝绳在卷筒上每层可绕圈数。

层数 n 的计算方法为：

$$n = \frac{H - h}{d}$$

式中　H——轮沿高度，按实际测量值；

　　　h——轮沿顶部倒角高度，对于带槽卷筒：取 $\max(63\ mm, 2d)$；对于平卷筒：取 $\max(50\ mm, 2d)$；

　　　d——钢丝绳直径。

4)卷扬机卷筒容绳量校核

经计算,如果满足 $l \geqslant L$,则卷扬机卷筒容绳量符合要求,否则必须增大卷扬机型号。

2.4.3　卷扬机使用的注意事项

在使用卷扬机时,应特别注意以下事项,以保证吊装工程的安全:

①钢丝绳应从卷筒下方绕入卷扬机,以保证卷扬机的稳定。

②卷筒上的钢丝绳不能全部放出,至少保留 3 ~ 4 圈,以保证钢丝绳的固定端的牢固。

③应尽可能保证钢丝绳绕入卷筒的方向在卷筒中部与卷筒轴线垂直,以保证卷扬机受力的对称性,在使用过程中不因受侧向力而发生摆头。

④卷扬机与最后一个导向轮的最小距离不得小于 25 倍卷筒长度。以保证当钢丝绳绕到卷筒一端时,与中心线的夹角不大于 1.5°,如图 2.22 所示。

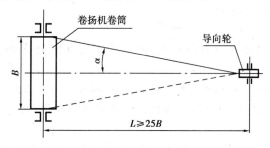

图 2.22　卷扬机与最后一个导向轮的最小距离要求

如果大于 1.5°,会使钢丝绳在卷筒上缠绕时出现排列不整齐,钢丝绳与钢丝绳互相挤压而发生破坏。

【例 2.1】如图 2.23 所示的吊装装置,已知被吊装设备重为 $Q = 100\ kN, \alpha = 60°$,试选择吊索钢丝绳、滑轮组。

【解】(1)滑轮组的选择。

①滑轮组的计算载荷为：

$$Q_{jh} = K_d \cdot Q = 1.1 \times 100 = 110(kN)$$

②滑轮组规格的选择：

查表 2.2,选择滑轮组规格为:H16×3G

③滑轮组钢丝绳的选择:

设计滑轮组钢丝绳固定端固定在定滑轮组上,导向轮一个(加上定滑轮组最后一个定滑轮,共 2 个导向轮),则有:

工作绳数为:6;

导向轮个数为:2 个;

滑轮组钢丝绳的最大拉力为:$S = \alpha \cdot Q_{jh}$

查表 2.12,滑轮组载荷系数表得:$\alpha = 0.199$

所以滑轮组钢丝绳的最大拉力为:$S = \alpha \cdot Q_{jh} = 0.199 \times 110 = 21.89 (kN)$

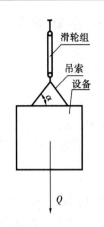

图 2.23 例题图

查表 2.2,选 $6 \times 37 + 1$,材料抗拉强度为 1 400 MPa 的钢丝绳,安全系数取 5,选用直径为 $\phi15$ mm,其许用拉力为 23.9 kN。

查表 2.11(H 系列起重滑轮组规格表),H16×3G 滑轮组的适用绳径为 $\phi17 \sim \phi20$ mm,考虑与滑轮组的匹配,选择 $6 \times 37 + 1$、材料抗拉强度为 1 400 MPa、直径为 $\phi17$ mm 的钢丝绳,采用顺穿。

(2)吊索钢丝绳的选择:

每根吊索钢丝绳的计算载荷为:

$$P_{jd} = \frac{1}{2 \sin \alpha} \cdot K_d \cdot K_b \cdot Q = \frac{1}{2 \sin 60°} \times 1.1 \times 1.2 \times 100 = 76.21 (kN)$$

查表 2.3,安全系数取 8,选择 $6 \times 61 + 1$,材料抗拉强度为 1 400 MPa、直径为 $\phi38.5$ mm 的钢丝绳,其破断拉力为 630.4 kN,许用拉力为 78.8 kN,大于 76.21 kN,符合要求。

【例 2.2】如设备需要吊装高度为 20 m,试选择卷扬机并校核容绳量。

【解】(1)卷扬机额定拉力的选择:

按【例 2.1】解,已知:滑轮组跑绳的最大拉力为 21.89 kN,则要求的卷扬机额定拉力不得小于:21.89 kN/0.85 = 25.75 kN。

查表 2.15,可选择额定拉力为 30 kN(3 t)的慢速单筒卷扬机,其容绳量为:110 m(对 $\phi12.5$ 的钢丝绳),卷筒直径为:$\phi340$ mm。

(2)需要卷入卷扬机的钢丝绳长度计算:

按【例 2.1】解,已知滑轮组为 H16×3G,即工作绳数为 6,则需要卷入卷扬机的钢丝绳长度为:

$$L = n \cdot h + 3\pi D = 6 \times 20 + 3 \times 3.14 \times 0.34 = 123.2 (m)$$

显然,在步骤(1)中选择的 30 kN 卷扬机的容绳量不符合要求,需重新选择卷扬机。

(3)重新选择卷扬机:

查表 2.15,选择额定拉力为 50 kN(5 t)单筒慢速卷扬机,其参数容绳量为 190 m(针对 $\phi21$ mm 钢丝绳),比较步骤(2)的要求(123.2 m,$\phi17$ mm 钢丝绳),满足。

习 题

一、思考分析题

1. 在起重工程中,常用的钢丝绳规格有哪 3 种? 在它们的表示方法中,各符号代表什么意思?

2. 在起重工程中,常用的 3 种钢丝绳的特性有何不同? 各适用于什么场合?

3. 按绕制方向,钢丝绳可分为哪 3 种结构? 其各自的特点有哪些?

4. 如何按钢丝绳的用途确定其安全系数?

5. 钢丝绳的破坏机理有哪些? 表现形式是什么?

6. 在使用钢丝绳时为什么要规定其绳轮比? 如何确定其绳轮比?

7. 在起重工程中是如何规定吊索与水平面的夹角的?

8. H 系列滑轮组的规格型号是如何表示的?

9. 滑轮组的运动阻力是如何产生的?

10. 运动阻力对滑轮组各分支拉力有何影响?

11. 工程中采用什么方法计入运动阻力?

12. 分别画出滑轮组顺穿、花穿、双跑头顺穿的展开图。

13. 如何确定滑轮组的倍率(工作绳数)?

14. 分析滑轮组各分支拉力变化的情况。

15. 如何选择导向轮?

16. 使用滑轮组应主要注意哪些问题?

17. 选择电动卷扬机的额定拉力应注意什么?

18. 什么是卷扬机的容绳量?

19. 对卷扬机进行容绳量校核的基本要求是什么?

二、综合计算题

如图 2.24 所示,某工地利用已建成的建筑物吊装一结构,已知建筑物高 30 m,结构的就位高度为 20 m,结构重 100 kN,平衡梁及索、吊具重 20 kN,采用两根吊索,其他几何尺寸如图所示,试选择吊索、滑轮组及其跑绳的直径和长度、卷扬机,校核该建筑物的高度是否符合要求。(提示:卷扬机至滑轮组的距离可确定为 25 倍卷筒长度)。

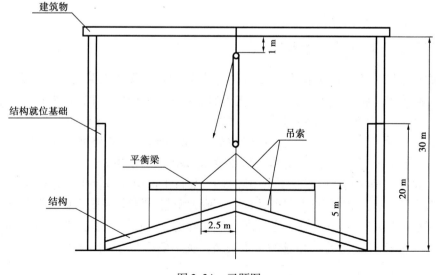

图 2.24　习题图

3

自行式起重机的技术使用

自行式起重机是吊装工程中一种重要的起重机械,使用非常广泛。可以说,一个国家或一个地区拥有自行式起重机的吊装能力在一定程度上代表了该国家或该地区的吊装水平。因此,掌握自行式起重机的合理选择和正确使用,具有自行式起重机的基本知识,不仅是起重专业技术人员必须具备的,而且对工程建设的各类管理人员科学地管理工程也有着重要的意义。

3.1　自行式起重机的分类、结构形式及特点

3.1.1　自行式起重机的分类及特点

自行式起重机一般分为汽车式、履带式和轮胎式3种,如图3.1至图3.3所示。

汽车式起重机是将起重机安装于标准汽车的底盘上,行驶驾驶和起重操作分开在两个驾驶室进行。吊装时,靠四个支腿将起重机支撑在地面基础上。因此该起重机与另外两种比,更具有较大的机动性,其行走速度更快,可达到60 km/h,不破坏公路路面。但一般不可在360°范围内进行吊装作业,其吊装区域受到限制,同时对基础要求也更高。

履带式起重机是将起重机安装于专用底盘上,其行走机构和吊装作业的支撑均为履带,履带的支撑面积较大,可以支撑较大载荷,因此,一般大型起重机较多采用履带式,履带式起重机对基础的要求也相对较低,并可在一定程度上带载行走。但其行走速度较慢,且履带会破坏公路路面,因此,履带式起重机转移场地需要拖车,使用效率比采用"箱型"臂的汽车式起重机低。

图 3.1　汽车式起重机

图 3.2　履带式起重机

图 3.3　轮胎式起重机

　　轮胎式起重机也是将起重机安装于专用底盘上,其行走机构为轮胎,吊装作业的支撑为支腿,其特点介于前二者之间。

3.1.2　自行式起重机的基本结构

　　自行式起重机尽管类型不同,但基本组成结构是相同的。

1)起重臂

　　起重臂是起重机用以提升重物到高处的支承结构,它可分为"格构式"臂和"箱形"臂两类,

　　图 3.1 的汽车式起重机和图 3.3 中的轮胎式起重机采用的是"箱形"臂,其组成是由数节截面为"箱形"的臂套在一起,各节之间可以产生滑动,在非工作状态,各节可在液压装置的作

用下,缩回到基本臂中,以便于起重机的移动。工作时可根据具体吊装工程对臂长的要求,用液压装置顶升到要求的臂长,使用方便。但箱形臂的起重能力小,臂长受到限制,一般中、小型汽车式起重机和轮胎式起重机常采用"箱形"臂。

图3.2中的履带式起重机采用的是"格构式"臂,由臂头、臂脚和中间节组成,各节之间用螺栓连接,根据吊装工程的需要,可组合成不同长度。

"格构式"臂的起重能力大,起升高度高,但每次改变臂长需要重新安装,吊装的辅助工程量较大,其方便程度不如"箱形"臂。

2)起升机构

起升机构是起重机用以提升重物到高处的提升机构,包括起升滑轮组、钢丝绳和液压卷扬机。它的承载能力是一定的,不随起重机的臂长、幅度的变化而变化。

3)变幅机构

变幅机构是起重机用于改变起重臂的倾角以改变幅度的机构,可分为机械式和液压式两种。机械式变幅机构由变幅滑轮组和液压卷扬机组成,如图3.4(a)所示,一般用于"格构式"臂。液压式由液压缸、液压泵和液压管路组成,如图3.4(b)所示,一般用于"箱形"臂。

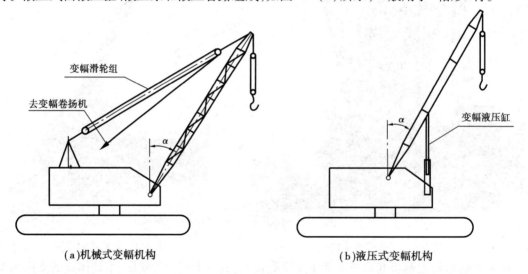

(a)机械式变幅机构　　　　　　　　　(b)液压式变幅机构

图3.4　起重机变幅机构

变幅机构的承载能力由设计确定为一定值,不随幅度的变化而变化。

4)旋转机构

旋转机构提供起重机的旋转运动,其基本构造是在起重机的承重结构上固定一内齿大齿轮,与之啮合一外齿小齿轮,小齿轮的转轴与起重机旋转部分相连,当小齿轮转动时,其既要绕自身轴自转,又要绕起重机旋转中心公转,这个公转运动带动起重机旋转,如图3.5所示。

起重机工作时,要求调整水平,这是要保证小齿轮的公转在一水平面内,否则旋转机构将承受附加载荷。旋转机构的承载能力由设计确定,不随幅度的变化而变化。

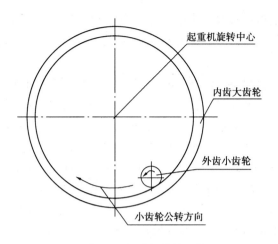

图 3.5 起重机旋转机构

5)行走机构

行走机构用于起重机转移场地、改变吊装位置,它是自行式起重机与其他起重机的区别标志之一。

除了传动系统外,自行式起重机的行走机构分履带和轮胎两大类,汽车式和轮胎式采用轮胎,履带式起重机采用履带。

行走机构一般与起重机的吊装能力无关。

6)承重结构

自行式起重机承重结构的作用是承受起重机自重和吊装载荷,并将其传递到地基。自行式起重机承重结构可分为支腿和履带两类。支腿又可分为"蛙式""液压式"和"组装式"等形式。一般而言,汽车式和轮胎式起重机采用支腿承重结构。吊装时,用支腿将起重机顶升离开地面。

3.2 自行式起重机的特性曲线

3.2.1 特性曲线的概念

一台某一额定载荷的自行式起重机,并不是在任何时候都可以吊装额定载荷的,随着臂杆的伸长、幅度的增加,其能够吊装的载荷按一定规律减小,其能够达到的最大起升高度也随着臂杆的缩短、幅度的增加而按一定规律减小。反映自行式起重机的起重能力随臂长、幅度的变化而变化的规律和反映自行式起重机的最大起升高度随臂长、幅度变化而变化的规律的曲线称为起重机的特性曲线。

反映起重机的起重能力随臂长、幅度的变化而变化的规律的曲线,称为起重机的"起重量特性曲线",又称"性能特性曲线"。

反映起重机的最大起升高度随臂长、幅度变化而变化的规律的曲线称为起重机的"起升高度特性曲线",又称"工作范围曲线"。

起重量特性曲线和起升高度特性曲线统称为起重机的特性曲线。目前,在一些大型起重机上,为了更方便,其特性曲线往往被量化成表格形式,称为特性曲线表或性能特性表。特性曲线如图3.6所示。

图3.6中,横坐标为起重机幅度,纵坐标有两个,左边为起升高度,右边为起重量。图中,曲线①、③为起升高度曲线,两根曲线表示该起重机有两节臂,曲线②为起重量特性曲线。如果单独看每根曲线,可以知道当在某一个幅度值时可以达到的起升高度和必须采用的臂长,可以知道起重机能吊装的最大起重量。如当幅度值 $R = 6$ m 时,可以达到的起升高度是 11.5 m,必须用第二节臂,能够吊装的最大重量为 23 kN(2.3 t)。但在实际工程中,问题常常不是这样简单,它需要两种曲线配合使用。如吊装某设备,设备重 30 kN,需要的吊装高度为 9 m,问如图3.6所示起重机能否吊装? 由于问题中没有直接规定幅度值,无法直接查起重量曲线,这就必须从高度要求查出需要的臂长,再根据臂长查出必需的最小幅度值,然后按最小幅度值查起重量曲线判断是否符合要求。从图3.6可知,要达到吊装高度 9 m,不能采用第一节臂(其能达到的最大起升高度为 7.5 m),必须采用第二节臂,而第二节臂必需的最小幅度值为 5.5 m,查起重量曲线,在幅度值为 5.5 m 时,其能够吊装的最大起重量为 27 kN(2.7 t),由此可以判断该起重机不能满足要求。

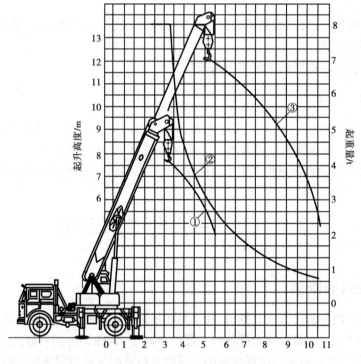

图 3.6 起重机的特性曲线
①—6.95 m 臂长;③—11.7 m 臂长

3.2.2 特性曲线的构成

起重机的起重性能由起重机的"机构承载能力""臂架结构的承载能力"和"整体稳定性"3个方面综合决定。

①当机构一旦设计确定,机构承载能力就已确定,与起重机的幅度、起升高度无关,所以在"特性曲线"上表现的是一根水平线,其曲线如图3.7所示的曲线1。

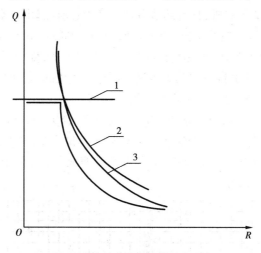

图3.7 特性曲线的构成

1—机构承载能力确定的起重量;2—臂架结构承载能力确定的起重量;3—整体稳定性确定的起重量

②臂架的高度和倾斜的角度影响其承载能力,所以,与起重机的幅度和起升高度有关。其曲线如图3.7所示的曲线2。

③起重机的整体稳定性与其幅度有关,其曲线如图3.7所示的曲线3。

④起重机的特性曲线是上述3根曲线的包络线。

特性曲线的构成对科学、正确地使用自行式起重机非常重要。目前有的书上或手册上介绍的有自行式起重机加辅助装置吊装工艺,在一些特殊场合,也不是完全不可以,但首先必须是在特性曲线3个组成要素的许可范围内。如自行式起重机加缆风绳吊装工艺,表面上看,加了缆风绳后,起重机的整体稳定性和起重臂的承载能力加强了,但实际上,机构承载能力并没有加强,如果盲目地增大吊装重量,无疑会使机构超载而发生重大事故。

3.2.3 特性曲线的应用

选择起重机必须依据其特性曲线,现用一个实例讲解特性曲线的应用。

【例3.1】某工程吊装一台设备,设备重30 kN(3 t),设备基础高6 m(包括腾空高度),设备自身高2 m,经初步设计,要求吊索高1.5 m,现场条件要求幅度不得小于5 m,现工地有一台额定起重量为80 kN(8 t)的起重机,其特性曲线如图3.6所示,问该起重机能否吊装该设备?

【解】(1)确定吊装要求的起升高度H:

$$H = 基础高度 + 设备高度 + 吊索高度 = 6 \text{ m} + 2 \text{ m} + 1.5 \text{ m} = 9.5 \text{ m}$$

(2)确定需要的臂长:

根据幅度R和起升高度H查起升高度曲线,需要采用11.7 m臂长。其在$R = 5.5$ m时的最大起升高度为12 m(注意:11.7 m臂长的最小幅度为5.5 m),大于要求的9.5 m,起升高度满足要求。

(3)确定起重量是否满足要求:

根据$R = 5.5$ m查起重量特性曲线,得:起重机的额定起重量为26 kN(2.6 t),小于设备的质量30 kN,不满足要求。

(4)结论:该起重机不能吊装该设备。

上述例子是一台小型起重机,只有两节臂。事实上,现代起重机都比较大,我国目前最大的自行式起重机已达到1 250 t,主臂总长108 m,副臂总长108 m,用于吊装的臂长很多,仅用一条起重量特性曲线已不能满足要求,而是将曲线量化成表格形式,称为"特性曲线表"或"起重性能表",在表中以幅度和臂长来共同确定其起重量。部分起重机的"起重性能表"见附录。

现再用一个实例来讲解起重性能表的应用。

【例3.2】某工程需要吊装一台设备,已知设备重8 t(80 kN),设备基础高12 m(包括腾空高度),设备高3 m,吊索高2 m,为不使起重机臂与设备相干涉,要求幅度R不得小于15 m,现工地有一台额定起重量为40 t的起重机,其起升高度曲线(图3.8)和起重性能表(表3.1),试计算该起重机能否吊装该设备。

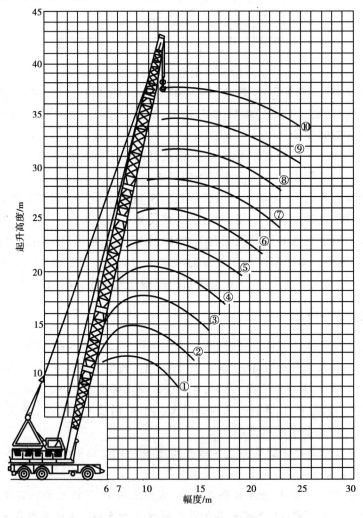

图3.8　400 kN起重机特性曲线

①—15 m臂长;②—18 m臂长;③—21 m臂长;④—24 m臂长;⑤—27 m臂长;

⑥—30 m臂长;⑦—33 m臂长;⑧—36 m臂长;⑨—39 m臂长;⑩—42 m臂长

表 3.1　400 kN 起重机起重性能表

幅度/m	臂长/m																			
	15		18		21		24		27		30		33		36		39		42	
	工作方式/t																			
	打支腿	不打支腿	打支腿	不打支腿	打支腿	不打支腿	打支腿	不打支腿	打支腿	不打支腿	打支腿	不打支腿	打支腿	不打支腿	打支腿	不打支腿	打支腿	不打支腿	打支腿	不打支腿
4.5																				
5	40	12																		
5.5	38	10	37.8	10.2		10														
6	32.2	9	32	8.9	31.9	7.2														
7	24.5	7.1	24.3	7	24.2	5.6	24													
8	19.6	5.8	19.5	5.6	19.3	4.5	19.1		18.9											
9	16.3	4.8	16.1	4.6	15.9	3.6	15.7		15.5		16.1									
10	13.8	4.1	13.6	4	13.4	3	13.2		13		13.5		13.3							
11.5	11.1	3.2	10.9	3	10.7	2.2	10.5		10.3		10.7		10.5		10.3		10.1		10	
13	9.2	2.6	9	2.4	8.8	1.6	8.6		8.4		8.7		8.5		8.3		8.1		7.9	
14.5			7.6	2	7.4	1.2	7.2		7		7.2		7		6.8		6.6		6.4	
16					6.2	0.9	6.1		5.9		6		5.8		5.6		5.4		5.2	
17.5							5.2		5		5.1		4.9		4.7		4.5		4.3	
19									4.2		4.3		4.1		3.9		3.7		3.5	
21											3.5		3.3		3.1		2.9		2.7	
23													2.6		2.4		2.2		2	
25																	1.7		1.5	

注：①起升钢丝绳直径 $d=23.5$ mm，最大许用拉力为 4 t。

②当起重臂长 15 m 不打支腿工作时，允许在平坦路面上按不打支腿额定起重量 75% 吊重低速行驶。

③重力下放时，吊重不得超过额定负荷的 1/3。

【解】(1)确定吊装要求的起升高度 H：

$$H = 基础高度 + 设备高度 + 吊索高度 = 12\ m + 3\ m + 2\ m = 17\ m$$

(2)确定需要的臂长：

根据幅度 R 和起升高度 H 查起升高度曲线，需要采用 24 m 臂长。其在 $R=15$ m 时的最大起升高度为 18.8 m，大于吊装要求的 17 m。

(3)确定起重机量是否满足要求：

根据 $R=16$ m，臂长 24 m，打支腿，查起重量特性曲线表 3.1 得：

起重机的额定起重量为 61 kN(6.1 t)，小于设备的重量 80 kN，不满足要求。

(4)结论：该起重机不能吊装该设备。

由上述两个实例，我们可以总结出应用"特性曲线"选择起重机的一般步骤为：①首先确定吊装要求的起升高度 H。②根据吊装要求的起升高度 H 查"起升高度曲线"确定需要的"臂长"和"幅度"。③根据需要的"臂长"和"幅度"查"起重量特性曲线"，确定其额定起重量是否大于设备的重量，即是否满足要求。

上述步骤是最简单的"特性曲线"应用，它没有考虑设备的几何尺寸和环境或基础的影响，事实上这些都是不可避免的，它使得"特性曲线"应用更复杂，步骤也有所不同，这些我们将在第 3 节中进一步阐述。

3.3 自行式起重机的技术使用

自行式起重机的技术使用包括：如何正确地选择起重机；在一些特殊工艺下，如何计算起重机的稳定性是否符合要求；如何进行自行式起重机的基础处理；如何对起重机进行安全管理等内容。

3.3.1 自行式起重机的选择

正确、合理地选择起重机，是保证吊装工程安全、快捷、低成本的关键环节之一。起重机的选择必须根据其特性曲线进行，同时必须仔细分析、计算吊装过程中的每一个工艺细节对起重机的要求。

一般情况下，选择起重机的具体步骤如下：

①根据被吊装设备或构件的就位位置、现场具体情况等确定起重机的站车位置，站车位置一旦确定，其幅度就已确定。

确定起重机的站车位置，首先应保证尽可能地靠近设备就位位置，以减小起重机的幅度，同时应考虑地基的承载能力和起重机驾驶员的视线。

确定起重机的站车位置，应充分考虑起重机的进、退场的路线和设备的卸车位置，这对于进场路线可能比较明显，特别应考虑吊装后，可能由于设备就位后的阻挡，起重机是否能顺利退出。对于采用格构式高臂架的起重机，还应考虑起重臂的组装场地和拆卸场地。

在确定起重机的站车位置时，应注意保证起重机在整个吊装过程中，起重臂的仰角尽可能地不改变（不改变幅度）。在工艺需要必须改变的情况下，应保证起重臂向上升（减小幅度），不能将起重臂向下放（增大幅度）。

在确定起重机的站车位置时，还应充分考虑地面和空中的障碍，特别是起重臂在旋转过程中，与高压电力线路是否具有足够的安全距离。

②根据被吊装设备或构件的就位高度、设备几何尺寸、吊索高度等和在步骤①中已确定的幅度，查起重机的起升高度特性曲线，确定起重机需要的臂长。

确定设备或构件的就位高度，不能简单地确定为设备或构件的基础高度。在大多数情况下，吊装过程需要越过障碍，如果需要越过的障碍高度大于基础高度，应以该障碍高度为准确定就位高度。同时还应考虑设备底部与基础高度或障碍高度之间的安全距离，称为"腾空高度"，"腾空高度"一般不小于300 mm。

计算设备的高度，应按设备底部至设备吊耳之间的高度计算。吊索高度应根据吊索的拴接方法进行计算，需要注意的是在设计吊索的拴接方法时，吊索与水平面的夹角应符合有关规定。

③根据上述已确定的幅度、臂长，查起重机的"起重量特性曲线"确定起重机能够吊装的载荷。

④如果起重机能够吊装的载荷大于被吊装设备或构件的重量，则起重机选择合格，否则重选。

⑤校核通过性能。"通过性能"指的是设备在被吊装到要求高度时，设备的边缘是否与起

重臂相碰。不仅设备在吊装过程中可能与起重臂相碰,在很多情况下,基础或障碍也可能与起重臂相碰,也应进行校核。如果发生与起重臂相碰,一般是起重机的幅度选得太小,此时必须通过增大起重机幅度来解决。改变起重机幅度,可通过改变起重臂的倾角和起重臂的长度两种方法来实现,应根据现场具体情况进行。

3.3.2 通过性能的计算

如图3.9所示,设备的通过性能与设备的几何尺寸、吊装高度、起重机幅度、最大起升高度、吊索高度、臂架头部高度、臂架横截面尺寸、起重臂的臂脚铰链的高度和与起重机旋转中心的距离等有关,计算时应正确确定上述各项参数。

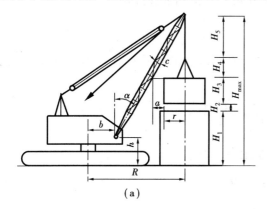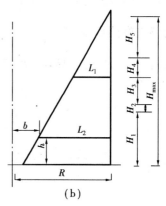

图3.9 设备通过性能计算简图

R—幅度,按站车位置确定;

H_{max}—臂头高度,可按最大起升高度加上滑轮组最短极限距离近似确定;

b—起重机旋转中心至臂脚铰链的水平距离。查阅此参数时应注意起重机变幅机构的形式,如果以起重机旋转中心为坐标圆点,起重机的臂头方向为正,则具有机械式变幅机构的起重机的 b 为正值,则具有液压式变幅机构的起重机的 b 为负值;

c—起重臂宽度;

h—起重机臂脚铰链高度;

a—设备至臂架的安全距离,一般不小于 300 mm;

H_1—基础高度,应计算到地脚螺栓顶部。如设备在吊装过程中,必须跨越高于基础的障碍,则必须取障碍的高度;

H_2—腾空高度,一般取 300 mm;

H_3—设备高度;

H_4—吊索高度,按实际设计吊索角度计算;

r—设备半径

由图3.9(b)中几何关系可知:

$$L_1 = r + a + \frac{c}{2}$$

$$L_2 = R - b$$

1)起升高度计算

$$H = H_1 + H_2 + H_3 + H_4$$

计算 L_1 时应注意,此处计算的是设备是否与起重臂相碰,所以取的是设备上平面处的 L_1,如果需要计算基础或障碍是否与起重臂相碰,L_1 应按基础或障碍的最上部进行计算。如果本例中,需要计算基础是否与起重臂相碰,则 r 值应取为设备就位中心线至基础边缘的水平距离,相应其高度位置也应改变为基础上平面高度。

2)臂头高度计算

由于吊装设备后,起重机的臂头会在重物的作用下有一个下沉量,这个下沉量随吊装的重量和起重机的臂长、幅度变化而变化,所以一般不采用按臂长和倾角进行计算,而是按起升高度曲线规定的最大起升高度加上滑轮组最短极限距离近似确定臂头高度。

3)通过性能校核

通过性能可通过计算设备或基础与起重臂的安全距离 a 是否不小于 300 mm 判断,从图 3.9(b)可知:

$$\frac{L_1}{L_2} = \frac{H_{max} - (H_1 + H_2 + H_3)}{H_{max} - h}$$

整理该式,并注意:$L_1 = r + a + \dfrac{c}{2}$,可得安全距离 a 为:

$$a = \frac{H_{max} - (H_1 + H_2 + H_3)}{H_{max} - h} \cdot L_2 - r - \frac{c}{2}$$

使用本公式时应注意:本公式是按设备与起重臂碰撞推导的,所以通过高度采用了 $H_1 + H_2 + H_3$;r 为设备半径,如果是校核基础或障碍的通过性,则"通过高度"应采用基础或障碍的高度,r 应取为基础或障碍至吊装垂线间的水平距离。

通过性能校核必须在起重机选出之后进行,否则参数 b、h、c 和 H_{max} 未知。但在某些情况下,为了减少重复计算的次数,也可以偏安全地近似计算。具体方法是:采用设备要求的吊装高度加上滑轮组最短极限距离近似确定臂头高度 H_{max},令 b、h 暂为 0,根据经验初步估算 c 值,计算需要的幅度 R,选择起重机后再进行通过性校核。由于该方法偏安全,按此方法计算,选择的起重机一般都能满足通过性要求。如果取 $a = 300$,$b = 0$,$h = 0$ 则上式可变形为:

$$R \geqslant L_1 \cdot \frac{H_{max}}{H_{max} - (H_1 + H_2 + H_3)}$$

【例 3.3】某现场需吊装一台设备至一高基础上,如图 3.10(a)、(b)所示,已知基础高 20 m,设备重 25 kN(包括索吊具),设备的就位中心距基础外沿为 12 m,设备外形几何尺寸为:长×宽×高 =6 m×2.5 m×3 m。吊装时,设备方位如图 3.10 所示。由于现场情况限制,只能在图示方向吊装,环境条件规定起重机的幅度不得小于 35 m,请选择起重机。

【解】(1)起重机幅度的确定:

按现场条件要求,初步确定起重机的幅度 $R = 35$ m。

(2)确定起重机必须具有的吊装高度:

设计吊索栓接方式如图 3.11 所示。由图知,吊索高度 H_4 为 1.5 m。

则吊装高度为:

$$H = H_1 + H_2 + H_3 + H_4 = 20 + 0.3 + 3 + 1.5 = 24.8(\text{m})$$

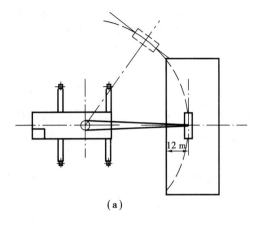 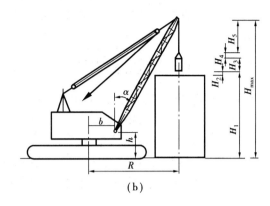

(a) (b)

图 3.10 例题吊装布置

即:起重机所具有的吊装高度不得小于 24.8 m。

(3)起重机的选择:

查附录中的自行式起重机特性曲线,能达到 35 m 以上幅度、24.8 m 起升高度的起重机,至少为 P & H 670-TC 型汽车式起重机,当 R 为 35 m 时,采用 45.72 m 臂长,最大起升高度为 32.5 m,b = 1.27 m,h = 2.11 m,c = 1.0 m

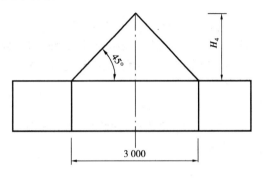

图 3.11 栓接方法设计

查其起重量特性曲线,在幅度为 35 m、臂长为 42.67 m 时的额定载荷为 29 kN,大于设备重 25 kN。合格。

(4)基础通过性的校核:

由题知,本题中起重机臂有可能与设备和基础两处发生碰撞,必须计算基础的通过性和设备的通过性(本例只讲基础通过性计算,设备通过性计算请参照基础通过性计算自己进行计算)。

由于计算基础的通过性,通过高度取基础高度 $H_1 = 20$ m

按公式:

$$a = \frac{H_{max} - H_1}{H_{max} - h} \cdot L_2 - r - \frac{c}{2}$$

如考虑滑轮组的最短极限距离为 1.5 m,则起重机臂头高度为:

$$H_{max} = 32.5 + 1.5 = 34(m)$$
$$L_2 = R - b = 35 - 1.27 = 33.73(m)$$

r 为设备就位中心至基础边缘的距离,r = 12 m,所以有

$$a = \frac{H_{max} - H_1}{H_{max} - h} \cdot L_2 - r - \frac{c}{2}$$
$$= \frac{34 - 20}{34 - 2.11} \times 33.73 - 12 - 0.5 = 2.31(m)$$

大于 300 mm,满足要求。

结论：选 P & H 670-TC 型汽车式起重机,幅度 R 为 35 m,采用 45.72 m 臂长,最大起升高度为 32.5 m,大于要求的 24.8 m,额定载荷为 29 kN,大于设备重量 25 kN,通过性满足要求,所选起重机满足要求。

3.3.3 自行式起重机的稳定性

在正常情况下,自行式起重机的使用只要严格按特性曲线进行,不需要计算起重机的整体稳定性,但在采用某些特殊吊装工艺时,如多台起重机联合吊装、起重机滑轮组的偏角较大等,则要求进行计算起重机的整体稳定性。

起重机的稳定性分为"工作状态稳定性"和"非工作状态稳定性"两大类,其中"工作状态稳定性"又分为"在固定位置吊装时的稳定性"和"带载行走状态稳定性"两类。

1)"工作状态稳定性"

（1）在固定位置吊装时的稳定性

起重机在固定位置吊装时的稳定性,通常以稳定力矩 M_w 和倾翻力矩 M_q 的比值表示,这个比值称为"稳定安全系数",以 K 表示,要求不小于 1.4,即：

$$K = \frac{M_w}{M_q} \geq 1.4$$

稳定力矩 M_w 是指保持起重机整体稳定,不倾覆的力矩,由起重机的自重和配重提供,如图 3.12 所示。

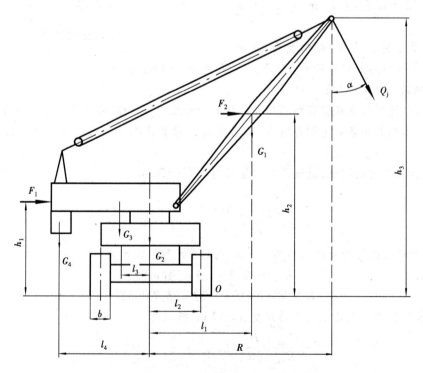

图 3.12　自行式起重机稳定性分析

G_1—起重臂重量；G_2—起重机下车的重量；G_3—起重机上车的重量；G_4—起重机平衡配重的重量

吊装时,在吊装载荷的作用下,起重机沿履带边缘 O 点旋转倾覆,所以稳定力矩也是起重机各部分重力对 O 点的力矩。

由图 3.12 中几何关系可知,稳定力矩为:

$$M_W = G_2 \cdot \left(l_2 + \frac{b}{2}\right) + G_3 \cdot \left(l_3 + l_2 + \frac{b}{2}\right) + G_4 \cdot \left(l_4 + l_2 + \frac{b}{2}\right)$$

倾翻力矩 M_q 指的是导致起重机倾翻的力矩,由被吊装设备重量、起重机臂杆重量以及惯性力、风载荷、离心力等产生。

图 3.12 中,F_1 和 F_2 分别为风对起重机和起重臂的载荷,Q_j 为吊装载荷,G_1 为起重臂的重量(计算载荷),它们对 O 点的力矩之和为倾翻力矩。

由图 3.12 中几何关系可知,倾翻力矩为:

$$M_q = Q_j \cdot \left(R - l_2 - \frac{b}{2}\right) \cdot \cos \alpha + Q_j \cdot h_3 \cdot \sin \alpha + G_1 \cdot \left(l_1 - l_2 - \frac{b}{2}\right) + F_1 \cdot h_1 + F_2 \cdot h_2$$

上述公式是针对履带式起重机进行推导的,对于汽车式起重机和轮胎式起重机,由于吊装时,在吊装载荷的作用下,起重机沿支腿中心点旋转倾覆,而不是沿履带边缘 O 点旋转倾覆,所以在 M_W 和 M_q 的计算公式中,不应有履带的几何尺寸 $b/2$。

(2)带载行走状态稳定性

在某些特殊的吊装工艺(如多台起重机联合吊装工艺)中,往往要求起重机吊着重物并行走,以调整吊装位置,此时必须校核其运动中的稳定性,要求不小于1.15,即:

$$K = \frac{M_W}{M_q} \geqslant 1.15$$

起重机运动中的稳定性校核中,对于稳定力矩与固定位置状态吊装的区别主要在于由于起重机行走而导致的各部分结构尺寸的变化,如对于履带式起重机,行走时,其两履带间的间距比静止时要小等。对于倾翻力矩,除了应考虑吊装设备重量、起重机臂杆重量及惯性力、风载荷、离心力等外,还应考虑行走、制动时的惯性力的影响和道路坡度的影响等。

值得注意的是只有履带式起重机和轮胎式起重机才可以进行"带载行走",并且所吊装载荷一般不得大于起重机额定起重量的75%(按起重机说明书确定)。汽车起重机严禁进行"带载行走"。

2)"非工作状态稳定性"

"非工作状态稳定性"又称为"自重稳定性",主要是考虑当起重机的起重臂伸出较高,而又暂时不工作时,在风载荷作用下的稳定性。由于格构式起重臂在吊装前需要安装,不能像箱形臂一样可以随时伸出、缩回,所以对于具有格构式起重臂的起重机,在工地长时间带着高起重臂间隙工作,需要进行此项校核。

"非工作状态稳定性"的稳定系数要求不小于1.15,即:

$$K = \frac{M_W}{M_q} \geqslant 1.15$$

式中,稳定力矩 M_W 的计算与前述"工作状态稳定性"中的稳定力矩 M_W 没有区别,可以参照进行计算。倾覆力矩 M_q 主要包括两大项:第一项是起重臂重量产生的倾覆力矩 M_b,可以参照前述"工作状态稳定性"中的方法计算,但应注意起重臂的高度和倾角;第二项是风载荷 M_F,为

保证安全,建议取当地30年一遇的大风作为计算依据。因此,倾覆力矩 M_q 可以表述为:

$$M_q = M_b + M_F = G_1 \cdot \left(l_1 - l_2 - \frac{b}{2} \right) + F_1 \cdot h_1 + F_2 \cdot h_2$$

3.3.4 自行式起重机的基础处理

起重机(尤其是汽车式起重机),是靠支腿支撑在基础上的,所有重量(包括起重机自身重量和被吊装设备或构件的重量)均通过支腿传递到基础上。由于起重机要做回转运动,各基础的受力也是不均匀的,并在不断地变化。如果基础在吊装过程中发生沉降,将发生重大吊装事故。

地基基础的承载能力由吊装区域的地质状况所决定,能否满足要求,取决于起重机对地的压力。而起重机对地的压力按起重机的支承形式、工作状态的不同而不同。我国幅员辽阔、地质状况复杂,同时,在工程建设工地,因其建设性质的不同,对地质状况的改变也较大。例如,在一些改、扩建工地,地面往往浇筑了混凝土地面,给人以假象,而在一些新建工地,由于挖、填方,地下结构等因素,地基承载能力被削弱。因此,在进行基础处理时,必须首先根据起重机的结构形式和不同工作状态,分析其对地的最大压力,再根据具体的地质状况进行承载能力的计算。

自行式起重机一般分为汽车式、轮胎式和履带式3种形式。吊装时,汽车式和轮胎式起重机采用4个支腿将起重机支承在基础上,其支腿是吊装专用支承件。为提高起重机的整体抗倾覆能力,支腿的伸展尺寸较大,但支腿端部的支承面积较小。上部荷载以集中力的形式通过支腿传递到基础,故各基础一般相互独立。履带式起重机则利用履带承重结构进行支承。履带承重结构既是其行走机构,又是吊装时的支承件,伸展尺寸不大,但履带与地面接触面积较大,上部荷载以分布力的形式通过履带传递到基础,其基础可根据情况采用整体式或相互独立。

现代起重机在其使用说明书中,针对各种吊装工况,明确了履带或支腿的对地压力,作为进行起重机基础设计的依据。

1)基础承载能力的计算

按《建筑地基基础设计规范》,基础底面的压应力值应符合以下要求:

①当轴心荷载作用时(汽车式起重机支腿的对地荷载),应满足:

$$\rho \leqslant f$$

式中 ρ——基础底面的平均压应力值,按下式计算:

$$\rho = \frac{N + G}{A}$$

式中 N——起重机支腿对地载荷;

　　　　G——基础自重;

　　　　A——基础的面积;

　　　　f——地基承载能力设计值,按《建筑地基基础设计规范》确定。

②当偏心荷载作用时(履带式起重机的对地荷载),应同时满足:

$$\rho = \frac{\sigma \cdot F + G}{A} \leqslant f$$

$$\rho_{\max} \leqslant 1.2f$$

式中　$\rho_{\max}$——基础边缘的最大压应力计算值,按下式计算:

$$\rho_{\max} = \frac{\sigma \cdot F + G}{A} + \frac{M}{W}$$

式中　F——起重机履带的面积;

　　　M——偏心力矩;

　　　W——基础底面积的截面抵抗矩。

地基的承载能力,根据具体情况按《建筑地基基础设计规范》确定。对于改、扩建工地,其地面一般已铺有混凝土地面,以该地面为地基时,应查明混凝土地面承载能力设计值;不清楚的,则只能按分层夯实的土壤的承载能力计算,并应查明地下构筑的位置并避开。对于新开挖和回填土的场地,应按《建筑地基基础设计规范》查明土质并试验其承载能力。对于软弱地基,应设置桩基础,并进行沉降试验。

2)基础的处理

大型起重机的基础,为可重复使用,降低工程成本,一般采用钢制活动并可拼装式基础,俗称"路基箱",其结构形式如图 3.13 所示。为运输、保管的方便,每块的长不宜大于 6 m,宽不宜大于 3 m。起重机需要的基础总面积可按前述公式计算,并应考虑不小于 1.2 的安全系数。

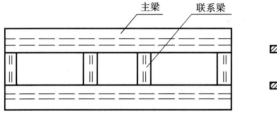
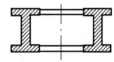

图 3.13　"路基箱"的结构

基础可由数块"路基箱"进行拼装,图 3.14 为常见的拼装方式。"路基箱"的梁一般采用热轧型钢(工字钢、H 型钢)。设计"路基箱"时,应考虑如下问题:

①计算梁的抗弯强度时,可考虑进行部分塑性设计。

②进行梁的整体稳定性计算。当梁不满足整体稳定的条件时,将在向下弯曲的同时,突然发生侧向弯曲和扭转变形而破坏,从而导致事故的发生。当受压翼沿的自由长度与其宽度之

比大于 $13 \cdot \sqrt{\dfrac{235}{f_y}}$ 时,必须进行整体稳定性计算。

③除此之外,必要时,还应进行梁的刚度计算。

3)桩基础的计算

在软弱地基上进行吊装,在"路基箱"下必须设置桩基础。桩基础分摩擦桩和端承桩,按《建筑地基基础设计规范》,其承载能力分别按下式估算:

(1)摩擦桩的承载能力

$$R_k = q_p \cdot A_p + \mu \sum q_{si} \cdot l_i$$

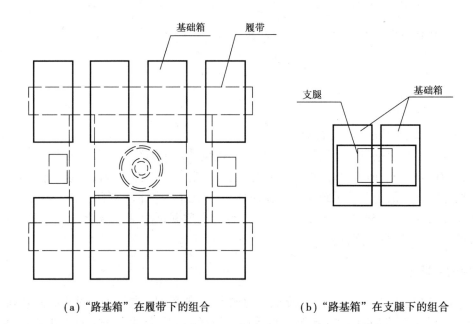

（a）"路基箱"在履带下的组合　　　　　（b）"路基箱"在支腿下的组合

图 3.14　"路基箱"的组合

（2）端承桩的承载能力

$$R_k = q_p \cdot A_p$$

式中　R_k——单桩的竖向承载能力标准值；

　　　　q_p——桩端土的承载能力标准值；

　　　　A_p——桩身的横截面面积；

　　　　μ——桩身周边长度；

　　　　q_{si}——桩周土的摩擦力标准值；

　　　　l_i——按土层划分的各段桩长。

　　桩基础的实际承载能力，必须按《建筑地基基础设计规范》进行静载荷试验。将"路基箱"放置于桩基础上时，需注意使桩基础只承受轴心载荷，同时需计算"路基箱"的变形量。其允许变形量可参照吊车梁的要求查《钢结构规范》确定。

3.4　自行式起重机的安全管理

　　自行式起重机是一种发展比较成熟的标准起重机，安全性比较好，但如不正确使用，仍然可能发生事故，因此必须严格地进行安全管理。

3.4.1　常见事故及其原因

　　自行式起重机最常见的重大事故主要有"倾翻""坠臂"和"折臂"等。"倾翻"也称"翻车"，是起重机在吊装过程中整体稳定性被破坏的表现，在 3 种最常见的重大事故中破坏性最大；"坠臂"是在吊装过程中，起重臂发生"坠落"；"折臂"是在吊装过程中，起重臂被"折断"。

此 3 种最常见的重大事故,轻则损坏起重机,摔坏设备,砸坏建筑物,给国家和集体造成重大经济损失。重则机毁人亡,造成重大安全事故。

1)"倾翻"事故产生的常见原因

造成起重机"倾翻"事故的原因主要有以下几种。

(1)超载

在实际工作中由于对所吊装的设备或构件的重量估计不足,或对安全注意不够而超负荷运行,使起重机失去稳定而造成"翻车"事故。

某地一台 QZ-16 型汽车式起重机,在臂长 20 m、幅度 8 m 时,从后方吊装一个重 63 kN 的油罐,吊离地面 4 m 后开始侧向回转,转到 90°时突然翻车,事后测定超载 80%。

在某建筑工地有一辆 Q51 型汽车起重机,在起重臂回转半径为 3.5 m 时起吊,这个幅度的额定起重量为 30 kN,指挥者叫司机"起臂",司机误操作变成"落臂",结果造成"翻车"事故。"落臂"是增加"幅度","幅度"增加,额定起重量减小,不再是 30 kN,所以起重机超载。

预防超载事故的措施是严格进行"试吊"工序,具体做法是将设备或构件吊离地面不大于 300 mm 后停止,检查起重机各部分的工作状况是否正常。

(2)地基沉陷

地基未按规定进行设计、施工和检验,吊装时发生沉陷,使起重机发生倾斜进而导致倾翻,这是导致起重机发生"倾翻"事故的常见原因。

某工地采用一台大型起重机吊装重型设备,在旋转过程中,基础发生沉陷,起重机倾斜。此时本应立即在其他起重机的配合下放下设备,但司机误操作,加速进行旋转,导致起重臂扭转破坏,同时使起重机"倾翻"。在起重机"倾翻"的过程中,起重臂打到旁边一幢正在施工的钢结构建筑物上,造成四十多人的伤亡。

(3)回转过快

回转会产生离心力,回转越快离心力越大,同时还可能转到顺风等不利于稳定的方位上,这些因素加在一起可能会造成翻车事故。吊装时应注意回转速度不能过快。

某工地用轮胎式起重机吊装构件,构件距大楼约 15～20 m,地势北高南低。在吊装第一块构件时,起重机的幅度为 10 m,起升完毕,转臂大约 45°,车有些前倾。工地有人喊"危险",司机急刹车,但发现板下有人,就又转臂,躲开人后又刹车,由于回转过急而翻车。

(4)变幅,伸缩臂操作程序错误

在吊装额定负荷时,一般不能改变起重臂的倾角和长短,在必须时,只能"起臂"(减小幅度),不能"落臂"。带有液压变幅机构的起重机,如不是生产厂家有特殊设计,不能在吊装过程中改变"臂长",更不能伸臂,否则会造成翻车事故。

(5)汽车式起重机在带有高起重臂时收回支腿

汽车式起重机的吊装支承装置是支腿,其轮胎仅供行驶使用,不能承受吊装载荷。在带有高起重臂时收回支腿,即使不吊装重物,轮胎也不能承受高起重臂产生的倾翻力矩载荷,会造成翻车事故。例如,某工地新购置一台大型汽车式起重机,在利用高起重臂吊装完毕后,为移动起重机位置,在未收回高起重臂的情况下收回支腿,导致起重机翻车。

(6)危险角度

起重机有一个危险角度,若起重臂很长,当其倾角(与铅垂线的夹角)增大超出规定范围时,即使不吊重物,起重臂自身的倾覆力矩也会导致翻车事故。

除此之外,起重机转弯速度太快、履带式起重机带高起重臂在斜坡上转弯、转盘连接螺栓被切断等,都可能造成翻车事故。

2)"坠臂""折臂"事故产生的常见原因分析

"坠臂"事故,对于机械式变幅机构,多数是由于变幅绳拉断造成的;对于液压变幅机构,主要由于平衡阀或油管的故障造成的。安装检修长大吊臂时,必须在吊臂下面垫以枕木,否则由于吊臂自重也足以造成起重机向前倾翻。

①"坠臂"有操作上的原因,也有机构本身的原因。如 Q51 型汽车式起重机的变幅机构制动器是常闭式带式制动器,制动器的闭合是依靠弹簧的张力,如果维修不够,就可能由振动或其他原因发生"坠臂"。某工地一台 Q51 型汽车起重机吊装矽钢片捆时,起升离地 2 m 多突然发生"坠臂",后来查其原因是制动器的毛病。

又如,某单位新买进一台汽车式起重机,在试车前未经技术检验,在试验过程中发生"坠臂",查其原因是变幅绳卡太松,变幅绳脱扣,起重臂下坠。

履带式起重机"坠臂"事故较多,常常发生在吊重变幅过程中,由于吊重的原因而挂不上挡,导致事故的发生。目前从机构上有所改进,但也还要注意吊重变幅时有可能发生坠臂的危险。

②"折臂"事故多是由于起重臂的倾角(与铅垂线的夹角)过小,再加上惯性力的作用,使起重臂折断。起升滑轮组钢丝绳超卷扬或变幅机构超过行程都可能导致向后折臂。吊臂与建筑物相撞也是发生折臂事故的原因之一。例如,某公司用汽车式起重机装卸圆木,在变幅过程中,由于起重机吊臂倾角较小,抓具失灵,圆木捆突然坠落,起重臂在变幅绳弹力的作用下,向后翻折,造成折臂事故。又如,某工地用履带式起重机吊装预制构件,由于起重臂没有角度限制器,在变幅过程中变幅机构超过行程,造成折臂事故。

③防止坠臂、折臂应注意如下安全事项:

a.小幅度时,要注意防止起重机向后折臂,特别是在满负荷时松钩,应先把重物放在地上,然后放些钢丝绳再松钩,不准突然松钩。

b.当吊装体积较大的重物或基础较大时,要注意进行设备与基础的"通过性能"计算,避免设备或基础与起重臂相碰撞造成折臂。同时,要防止设备发生摆动与起重臂相碰。

c.防止起重机与建筑物、高压线等相碰。在建筑工地作业的起重机要特别注意起重臂的活动范围,防止起重机变幅或回转时与建筑物相撞,避免损坏起重臂及建筑物。

此外,还要注意起重臂销轴、变幅绳滑轮的检查,工程中曾发生过起重臂销轴被切断的事故。

3.4.2　自行式起重机的安全管理

1)吊装前的安全管理

①吊装前必须全面检查车况,特别是安全装置、警报装置、制动装置等必须灵敏、可靠。

②吊装场地地面及起重臂回转范围内的空中,不应有障碍物,应将起重机的起重臂的覆盖范围划为危险区域,不准闲人进入,更不准有其他项目在施工。指挥人员应有良好的视觉。

③起重机的基础应按规定设计、施工、试验。

④对起重机的就位、安装、拆卸、试验等,应严格按其随机技术文件的要求执行。

⑤对于重型设备的吊装和多台起重机联合吊装设备或构件时,必须制订详细的方案,并应按规定进行申报和审批。对于多台起重机联合吊装设备或构件,每台起重机承担的实际载荷应不大于其额定载荷的85%。

2)吊装中的安全注意事项

①不准"超载",必须明确知道设备或构件的实际重量。

②严格进行"试吊"工序,严格检查起重机在"承载"状态下各部件的工作状态。

③不准"歪拉斜吊",具体到下列各项:

a.车体倾斜时,不准吊装。

b.吊钩不在设备的重心垂线上时,不准吊装。

c.装卸长、大设备或构件时,不准斜拉。

d.从房屋或车厢中卸货时,不准采用"拉卸"。

e.在输电线路下,不准拉、拽设备或构件。

④在下放设备或构件(尤其是重型设备或构件)时,不允许采取"突然刹车",否则易使起重机倾翻。

⑤起重臂的倾角不能超过规定值。

⑥吊装时,设备或构件上不允许站人,下面也不允许站人。

⑦汽车式起重机的吊装能力从后面、侧面、前面依次减小,在旋转过程中应特别注意。

⑧风力达到或超过5级时,不允许进行吊装。在风力较大时进行吊装,要注意风的方向,切忌"顺风吊装"。

⑨对液压起重机,吊装过程中不允许改变臂长,如必须改变,则必须放下载荷。且每节臂伸出、缩回必须到位,不允许只伸出或缩回一部分。

⑩起升、回转、变幅3种动作应单独进行。

习 题

一、思考分析题

1.自行式起重机分为哪几种类型,其各自的特点有哪些?

2.自行式起重机的特性曲线分为哪几种? 它们各表达了起重机的什么特性?

3.起重机的起重量特性曲线由起重机的哪些承载能力组成? 这些承载能力与幅度 R 的关系是怎样的?

4.选择起重机的步骤是怎样的?

5.什么是设备的通过性能? 如何计算?

6.在进行设备通过性计算时,如何确定设备基础的高度?

7.在进行设备通过性计算时,如何确定臂头高 H_{max}?

8.吊装过程中,设备的腾空高度和设备与起重机臂的安全距离一般不得小于多少?

9.在吊装前,应对起重机作哪些检查?

10.在吊装中,应注意哪些问题?

二、综合计算题

1.计算例3.3中的第5步,校核设备的通过性。

2.如图3.15所示,某工地吊装一结构,该结构为半球壳体,直径为10 m,重5 t,基础高15 m,由于运输问题,该结构需在现场预制。请选择起重机,并确定预制位置。(假设场地不受限制)

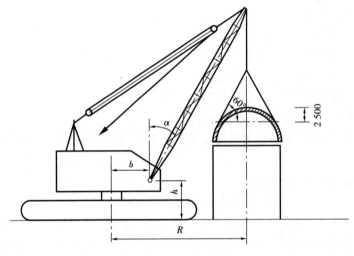

图 3.15 习题 2 图

4

桅杆式起重机设计与校核

桅杆式起重机是一种非标准起重机,它可以根据吊装的要求在现场进行设计和制造。桅杆式起重机主要应用在某些吊装环境条件恶劣、重量特别大、高度特别高的设备。采用多台桅杆式起重机还可以联合吊装大型结构。桅杆式起重机起重量大、制作容易、安装和拆除简单方便,工程成本低,因此桅杆起重机在起重中得到了广泛应用。

使用桅杆式起重机的局限性主要表现在需要较多的缆风绳、地锚,准备时间长、灵活性差、移动不方便、工作效率低、工人的劳动强度大等方面。

4.1 桅杆式起重机的基本结构与分类

4.1.1 桅杆的基本结构

桅杆式起重机由金属结构、起升系统、稳定系统、动力系统组成。

①金属结构:包括桅杆、基座及其附件等,主要用来提供起升高度和幅度,并将被吊装设备或构件的重量传递到基础上,如图4.1所示。

②起升系统:主要包括滑轮组、导向轮和钢丝绳等,其主要作用是提升被吊装设备或构件。

③稳定系统:包括缆风绳、地锚等,其主要作用是稳定桅杆。

④动力系统:常用的主要是电动卷扬机,也有液压装置,其主要作用为桅杆式起重机提供动力。

4.1.2 桅杆的分类及基本工作形式

1)桅杆的分类

①按桅杆结构形式分:格构式和实腹式(一般为钢管)两类,如图4.1所示。

②按组合形式分:单桅杆、双桅杆、人字桅杆、门式桅杆和动臂桅杆5类基本工作形式。

2)基本工作形式

桅杆式起重机的工作形式很多,但基本工作形式有如下6种,其他工作形式可以认为是该基本形式的变化。

①直立单桅杆对称吊装,主要用于吊装桥式起重机、大型构件等,如图4.2所示。

②斜立人字桅杆(或单桅杆和门式桅杆)吊装,主要用于在建筑物上吊装小型设备或构件,如图4.3(a)所示。人字桅杆的结构如图4.3(b)所示,也称为"A"字桅杆。

③双桅杆滑移抬吊,主要用于吊装大型塔、罐设备,如图4.4所示。

④多桅杆联合吊装,主要用于吊装大型大面积结构。

⑤扳倒法吊装,主要用于吊装大型塔架类构件,如图4.5所示。

⑥动臂桅杆吊装,主要用于在某一范围内有大量中、小设备或构件的吊装,如图4.6所示。

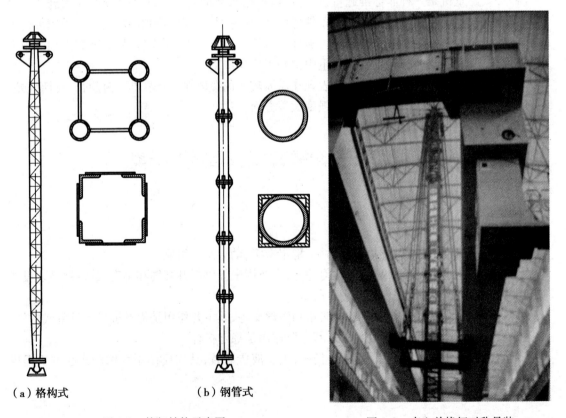

(a)格构式　　　　　(b)钢管式

图4.1　桅杆结构示意图　　　　　图4.2　直立单桅杆对称吊装

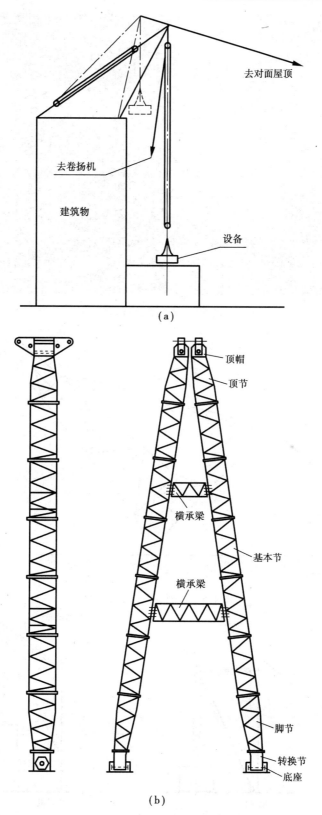

图 4.3 倾斜人字桅杆吊装设备

图4.4 双桅杆滑移抬吊

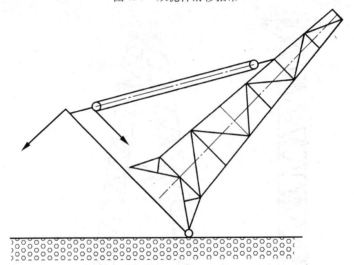

图4.5 扳倒法吊装高耸结构

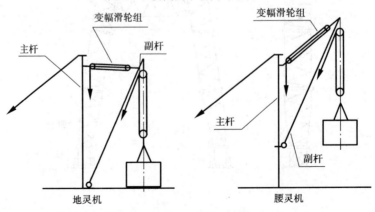

图4.6 动臂桅杆吊装

4.2　实腹式桅杆式起重机的设计与校验

桅杆设计主要包括两个方面:根据环境条件和几何位置关系确定桅杆长度;根据吊装重量和桅杆受力特性设计桅杆截面。

4.2.1　桅杆的长度确定

确定桅杆长度时,可分直立和倾斜两种情况来处理。实际上,直立是倾斜在倾角 α 为零的一种特殊情况,其他工作形式均可转化成上述情况处理。

1)直立桅杆的长度计算

直立桅杆的长度选择应考虑如下问题:

①工艺要求或现场环境要求被吊装设备或构件被吊起的最大高度。

②被吊装设备或构件的高度。

③吊索拴接方法及高度。

④滑轮组的最短极限距离。

⑤工艺要求的腾空距离。

⑥安全距离。

⑦桅杆基础高度。

直立桅杆长度计算图如图4.7所示。

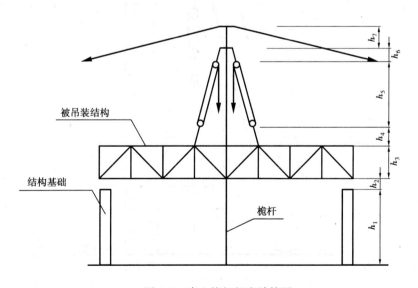

图4.7　直立桅杆长度计算图

图中各物理量的含义如下:

h_1——设备就位高度,即工艺要求或现场环境要求被吊装设备或构件被吊起的最大高度;

h_2——工艺要求的腾空距离。一般不小于300 mm;

h_3——设备或结构高度,计算从设备或结构底部至吊点的高度;

h_4,h_6——吊索在铅垂线上的投影,对于它的确定,必须考虑吊索的捆绑长度,应根据施工
实际情况确定,其原则是方便工人施工;

h_5——滑轮组在铅垂线上的投影,对于它的确定,必须考虑滑轮组的最短极限距离和一定
的安全余量,安全余量一般取为不小于500 mm,滑轮组的最短极限距离可查表;

h_7——桅杆头部长度,一般取为500 mm。

桅杆总长为:

$$L = h_1 + h_2 + h_3 + h_4 + h_5 + h_6 + h_7$$

对于桅杆总长的最后确定,还必须注意:

①计算出的 L 值,必须考虑一个安全余量,一般不小于500 mm。

②桅杆计算长度必须向大的方向圆整,以便于施工。

③如果桅杆基础较高,则应减去基础高度;如果基础高度不大、而厂房高度又无严格限制,
则可忽略基础高度。

2)倾斜桅杆的长度计算

倾斜桅杆的长度计算时,除了要考虑上述各项参数外,还要考虑被吊装设备或构件的几何
尺寸、桅杆倾斜的角度、桅杆的直径等,进行投影关系计算和通过性能计算,取二者中的较大者
为桅杆长度,如图4.8所示。

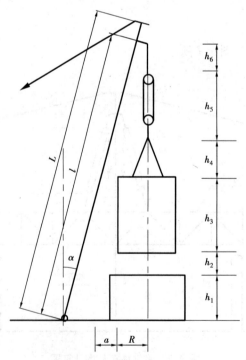

图4.8 斜立桅杆长度计算图

L—桅杆总长;l—桅杆的有效长度;h_1—设备基础高度;

h_2—腾空高度;h_3—设备高度;h_4—吊索高度;

h_5—滑轮组高度;h_6—吊环或捆绑绳长度

①按投影关系,令桅杆有效长度为 l_1,则有:

$$l_1 \geqslant \frac{h_1 + h_2 + h_3 + h_4 + h_5 + h_6}{\cos \alpha}$$

②按通过性能,令桅杆有效长度为 l_2,则有:

$$l_2 \geqslant \frac{R + a}{\sin \alpha} + \frac{h_1 + h_2 + h_3}{\cos \alpha}$$

式中　a——设备外沿至桅杆轴线的距离,它包括设备外沿至桅杆外沿的间距(不小于300)和桅杆的半径;

　　R——设备半径。

桅杆的有效长度取上述二者中较大者,并圆整。即:

$$l = \max\{l_1, l_2\}$$

桅杆总长 L 等于桅杆的有效长度加上头部长度(一般为500),即:

$$L = l + 500$$

应当注意的是,在按通过性能计算的公式中的第二项,即 $\frac{h_1 + h_2 + h_3}{\cos \alpha}$ 中取 $h_1 + h_2 + h_3$,因为是按照设备与桅杆发生干涉计算的。事实上在很多情况下,设备基础也有可能与桅杆发生干涉,此时,应取基础(或障碍)的上平面高度,即 h_1。相应地,R 取为基础半径,a 取为基础外沿至桅杆轴线的距离。

【例4.1】如图4.9所示,某工地采用倾斜桅杆吊装一设备,已知设备重(包括索、吊具)为50 kN,外形尺寸为:长×宽×高 =6 m×3 m×2.5 m,基础高(包括地脚螺栓)6.5 m,请确定该桅杆的长度。

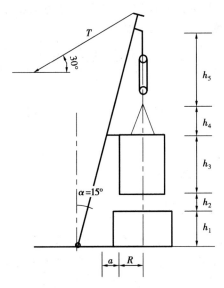

图4.9　例题图1

【解】已知 $h_1 =6.5$ m,$h_3 =2.5$ m,h_2 为腾空高度,按工艺要求确定为0.3 m。

(1)确定吊索长度 h_4:

吊索栓接方法设计如图4.10所示。由图4.10中几何关系可知:$h_4 =1.5$ m

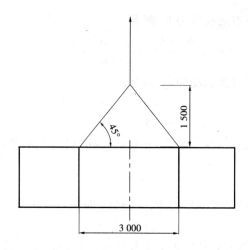

图 4.10　例题图 2

（2）确定滑轮组长度 h_5：

根据设备重量，选择 H8×2G 滑轮组，单跑头顺穿。查表得其最短极限距离（钩到钩）为 2 000 mm，考虑 500 mm 安全距离，则 $h_5 = 2.5$ m。

（3）按投影关系求桅杆有效长度：

令按投影长度求得的桅杆有效长度为 l_1，则：

$$l_1 \geqslant \frac{h_1 + h_2 + h_3 + h_4 + h_5}{\cos \alpha} = \frac{6.5 + 0.3 + 2.5 + 1.5}{\cos 15°} = 13.77(\text{m})$$

取 $l_1 = 14$ m。

（4）按设备通过性确定桅杆有效长度（假定桅杆直径为 400 mm）：

令按通过性确定的桅杆有效长度为 l_2，则：

$$l_2 \geqslant \frac{R + a}{\sin \alpha} + \frac{h_1 + h_2 + h_3}{\cos \alpha} = \frac{1.5 + 0.3 + 0.2}{\sin 15°} + \frac{6.5 + 0.3 + 2.5}{\cos 15°} = 17.36(\text{m})$$

取为 17.5 m。

（5）二者比较，取桅杆有效长度为 17.5 m，加上桅杆头部长度 500 mm，则：

桅杆总长为：$L = 17.5 + 0.5 = 18.00(\text{m})$

符合材料的出厂规格。

答：桅杆有效长度为 17.5 m，总长为 18.00 m。

4.2.2　桅杆受力分析与内力计算

工作时，桅杆承受的载荷主要有被吊装设备或构件的重量及索、吊具重量 Q_j，滑轮组跑绳的拉力 $\sum S$，缆风绳拉力 T，桅杆自重 G（沿杆长均布）等，桅杆的受力分析简化如图 4.11 所示。（以倾斜桅杆为例）

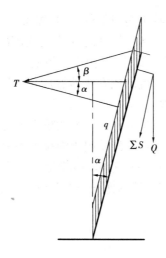

图 4.11　桅杆受力分析简图

图中各物理量含义如下：

Q——被吊装设备或构件重量，注意应包括设备、索、吊具的重量；

$\sum S$——滑轮组跑绳拉力，可认为与桅杆平行，根据滑轮组的穿绕方法和使用滑轮组的套数不同，滑轮组跑绳拉力 S 可能有多个，计算时应采用所有 S 的和；

T——缆风绳等效拉力；

q——桅杆自重，可近似地认为沿杆长均布；

α——桅杆与铅垂线的夹角，一般情况下不超过 15°，本书中在没有特殊说明时取 $\alpha = 15°$；

β——缆风绳与水平面的夹角，一般情况下不得大于 30°，特殊情况下不得大于 45°，本书中在没有特殊说明时取为 $\beta = 30°$。

1）载荷组合

按照钢结构设计规范（GB 50017—2003）的规定，对各类钢结构应按"极限概率状态"进行设计，其设计表达式为：

$$\gamma_0 \cdot (\gamma_G \cdot \sigma_{Gk} + \gamma_Q \cdot \sigma_{Qk}) \leqslant f$$

式中　γ_0——结构重要性系数，对安全等级为一级、二级、三级的结构构件分别取不小于 1.1、1.0、0.9，对于桅杆结构，取不小于 1.1；

γ_G——"恒载荷"或"永久载荷"分项系数，在吊装工程中，取 1.2；

γ_Q——"活载荷"或"可变载荷"分项系数，在吊装工程中，取 1.4；

σ_{Gk}——"恒载荷"或"永久载荷"标准值，在桅杆结构截面或连接中产生的应力；

σ_{Qk}——"活载荷"或"可变载荷"标准值，在桅杆结构截面或连接中产生的应力；

f——钢材"强度设计值"，是钢材的屈服点（f_y）除以抗力分项系数的商，对于 Q235，

$f = \dfrac{f_y}{1.087}$。

在一般的建筑结构工程中，建筑结构本身相对于作用其上的人、物、风、雪等来说是静止的，所以一般将建筑结构的自重看成"恒载荷"或"永久载荷"，而将作用其上的人、物、风、雪等载荷看成"活载荷"或"可变载荷"。而吊装工程与一般的建筑结构工程不同，在吊装工程中，

被吊装的设备或构件是运动的,滑轮组跑绳是运动的,缆风绳的拉力是随着被吊装的设备或构件的运动而改变的,所以被吊装的设备或构件的重量(包括索、吊具重量)、滑轮组跑绳拉力和缆风绳的拉力等是"活载荷"或"可变载荷"。由于在吊装过程中,桅杆不可避免地会因各种原因产生运动或振动,所以桅杆自重也可以偏安全地看成是"活载荷"或"可变载荷",在计算桅杆内力时均应乘上1.4的分项系数。

具体计算时应注意,滑轮组跑绳拉力和缆风绳的拉力既是选择滑轮组、钢丝绳和卷扬机的依据,又是设计桅杆截面的依据。在计算滑轮组跑绳拉力和缆风绳的拉力时,被吊装的设备或构件的重量(包括索、吊具重量)一般不应考虑"活载荷"或"可变载荷"分项系数 γ_Q,以免滑轮组、钢丝绳和卷扬机等选得过大,而在计算桅杆截面时应分别乘上 γ_Q。

2)桅杆内力的计算

(1)载荷设计值计算

①计算载荷设计值 Q_j。设被吊装的设备或构件的重量(包括索、吊具重量)为 Q,取动载系数为 K_d,分项系数为 γ_Q,结构重要性系数为 γ_0(如采用双桅杆或多桅杆吊装,还应考虑不均衡载荷系数),则:

$$Q_j = K_d \cdot \gamma_Q \cdot \gamma_0 \cdot Q$$

②滑轮组跑绳拉力设计值:

$$S_j = \sum S \cdot \gamma_Q \cdot \gamma_0$$

③缆风绳的拉力设计值:

$$T_j = T \cdot \gamma_Q \cdot \gamma_0$$

④桅杆自重设计值:

$$q_j = K_d \cdot \gamma_Q \cdot \gamma_0 \cdot q$$

滑轮组跑绳拉力的计算方法参见第2章。缆风绳拉力等效 T 的计算方法参见本章第5节。

(2)轴力 N 的计算

设计桅杆截面时,一般需要计算桅杆的顶部、吊耳处、中部和底部轴力,令其分别为 N_1、N_2、N_3 和 N_4。

①顶部轴力 N_1:

$$N_1 = T_j \cdot \cos(90° - \alpha - \beta)$$

②吊耳处的轴力 N_2:

$$N_2 = N_1 + Q_j \cdot \cos \alpha + l_1 \cdot q_j \cdot \cos \alpha + S_j$$

式中 l_1——桅杆头部长度。

③桅杆中部轴力 N_3:

$$N_3 = N_2 + \frac{q_j \cdot L}{2} \cdot \cos \alpha$$

④桅杆底部轴力 N_4:

$$N_4 = N_3 + \frac{q_j \cdot L}{2} \cdot \cos \alpha$$

桅杆轴力图如图4.12所示。

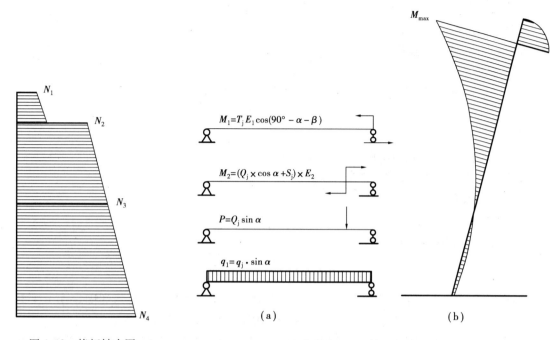

图 4.12　桅杆轴力图

图 4.13　桅杆弯矩图

（3）弯矩的计算

可分别按各力单独作用于桅杆时产生的弯矩进行计算，然后叠加。各力单独作用简图如图 4.13（a）所示，弯矩计算按工程力学有关内容进行。叠加后的弯矩图如图 4.13（b）所示。

4.2.3　钢管式桅杆的截面选择与校核

1）破坏特点

①桅杆属于细长压杆，其破坏形式是中部失稳破坏。

②所以在截面选择时，应按稳定条件选择。

2）设计方法与步骤

（1）设计方法

桅杆是偏心压杆，除了承受压力，还要承受偏心弯矩，计算时，应按压弯组合进行。但工程实际中，钢管式桅杆往往是临时使用，用完后就将其拆除，将钢管材料继续用于工程之中，一般不将其作为一个产品继续用于其他工程。为了简化计算，常将其简化成轴心受压进行计算，且为保证安全，将设计值减小。因此，对于实腹式桅杆式起重机，有两种设计计算方法：

①简便计算：将"偏心压杆"简化成"轴心压杆"计算，同时将设计值降低 20～30 MPa（200～300 kg/cm²）。

②精确计算：按压弯组合进行设计计算。

（2）设计步骤

工程中，一般按以下步骤进行设计计算：

①受力分析与计算，计算出桅杆的内力（轴力、弯矩），并画出内力图。

②按经验初选截面。(或按附录 8 至附录 10 初选)

③计算初选截面的截面特性(截面面积、自重、惯性半径等)和长细比 λ。

④查表查出稳定折减系数 φ。

⑤按公式进行校核。

如果满足要求,设计完成,如不满足要求,重复上述过程。

3)截面初选

①按经验或按附录 8 至附录 10 表初选钢管截面。

②查出所选钢管截面的截面特性,包括:

a. 截面面积 F。

b. 最小惯性半径 i。

c. 按公式计算出长细比 λ:

$$\lambda = \frac{\mu \cdot L}{i}$$

式中 μ——两端支承系数。两端铰支: $\mu = 1$;一端固定、一端自由: $\mu = 2$;两端固定: $\mu = 0.5$;
一端固定、一端铰支: $\mu = 0.7$。一般情况下,桅杆取为两端铰支。

当 $\lambda < 61$ 时,为小柔度杆,按强度进行计算,计算的截面在桅杆底部;$\lambda \geqslant 61$ 时,为中、大柔度杆,按稳定条件进行计算,计算的截面在桅杆中部。值得注意的是,在工程中,桅杆的长细比 λ 一般在 100 ~ 150 为宜,不允许超过 200。

按 λ 查截面轴心受压构件的稳定系数表(附录 12 至附录 15),查出轴心受压折减系数 φ,圆管为 a 类截面。

4)截面校核

按简便计算法(轴心压杆):

$$\frac{N_3}{\varphi \cdot F} \leqslant f - A$$

式中 A——设计值减少量,一般取 20 ~ 30 MPa;

N_3——桅杆中部轴力。

按压弯组合进行设计计算:

$$\frac{N_3}{\varphi \cdot F} + \frac{\beta_{mx} \cdot M_x}{\gamma_x \cdot W_{1x} \cdot \left(1 - 0.8 \frac{N_3}{N'_{Ex}}\right)} \leqslant f$$

式中 M_x——桅杆最大弯矩;

N'_{Ex}——考虑抗力分项系数的欧拉临界力,$N'_{Ex} = \dfrac{\pi^2 \cdot E \cdot F}{\gamma_R \cdot \lambda^2}$。其中,$E$ 为钢材弹性模量,
$E = 206 \times 10^3 \text{N/mm}^2$,$F$ 为压杆截面面积,γ_R 为抗力分项系数,对 Q235 钢,取
1.087,对 Q345、Q390、Q420 钢,取 1.111;

W_{1x}——弯矩作用平面内较大受压纤维的毛截面抵抗矩(抗弯模量);

β_{mx}——等效弯矩系数,对桅杆,取 0.85 ~ 1.0;

γ_x——截面塑性发展系数,对吊装工程,桅杆直接承受动力载荷,取为1.0。

由于桅杆的吊耳处既承受较大轴力,同时又承受最大弯矩,因此设计桅杆时,不仅要计算其抗压稳定性,还必须计算其吊耳处的强度。按下式计算:

$$\frac{N_1}{F} \pm \frac{M_x}{\gamma_x W_{x1}} \leq f$$

【例4.2】如例4.1所给条件和计算结果,假设缆风绳等效拉力为20 kN,请选择桅杆钢管的截面。(钢管材料为Q235钢)

【解】根据例4.1所给条件和计算结果,已知设备重$Q=50$ kN,桅杆有效长度$l=17.5$ m,桅杆总长$L=18.0$ m,桅杆与铅垂线的夹角$\alpha=15°$,缆风绳与水平面夹角$\beta=30°$。

(1)计算载荷设计值Q_j:

$$Q_j = K_d \cdot \gamma_Q \cdot \gamma_0 \cdot Q = 1.1 \times 1.4 \times 1.1 \times 50$$
$$= 84.7(\text{kN})$$

(2)滑轮组跑绳拉力设计值计算:

查表选H8×2G滑轮组,分支数为4,导向轮为2。

查表,得载荷系数$\alpha=0.287$。

则滑轮组的跑绳拉力S为:

$$S = K_d \cdot Q \cdot \alpha = 1.1 \times 50 \times 0.287$$
$$= 15.8(\text{kN})$$

滑轮组跑绳拉力设计值为:

$$S_j = \sum S \cdot \gamma_Q \cdot \gamma_0 = 15.8 \times 1.4 \times 1.1 = 24.33(\text{kN})$$

(3)缆风绳的拉力设计值:

$$T_j = T \cdot \gamma_Q \cdot \gamma_0 = 20 \times 1.4 \times 1.1 = 30.8(\text{kN})$$

(4)初选桅杆截面并计算桅杆自重设计值:

查附录表,初选$\phi273 \times 8$的无缝钢管,其截面特性为:

截面积:$F = 66.7$ cm^2 = 6 670 mm^2

惯性半径:$i = 9.37$ cm

自重:$q = 0.522\ 8$ kN/m

弯矩作用平面内较大受压纤维的毛截面抵抗矩$W_{1x} = 429$ cm^3

桅杆自重设计值为:

$$q_j = K_d \cdot \gamma_Q \cdot \gamma_0 \cdot q = 1.1 \times 1.4 \times 1.1 \times 0.522\ 8 = 0.885\ 6(\text{kN/m})$$

(5)桅杆受力分析与计算:

①桅杆受力分析如图4.14所示。

②轴力计算:

a.顶部轴力N_1:

$$N_1 = T_j \cdot \cos(90° - 15° - 30°) = 30.8 \times \cos 45° = 21.78(\text{kN})$$

b.吊耳处轴力N_2:

$$N_2 = Q_j \cdot \cos \alpha + S_j + N_1 + l_1 \cdot q_j \cdot \cos \alpha$$

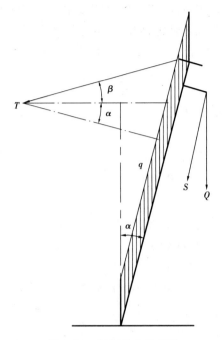

图 4.14　桅杆受力分析图

$$= 84.7 \times \cos 15° + 24.33 + 21.78 + 0.885\ 6 \times (18 - 17.5) \times \cos 15° = 128.35(\text{kN})$$

c. 中部轴力 N_3：

$$N_3 = N_2 + \frac{q_j \cdot L}{2} \cdot \cos \alpha = 128.35 + \frac{0.885\ 6 \times 18}{2} \cdot \cos 15° = 136.04(\text{kN})$$

d. 底部轴力 N_4：

$$N_4 = N_3 + \frac{q_j \cdot L}{2} \cdot \cos \alpha = 136.04 + \frac{0.885\ 6 \times 18}{2} \cdot \cos 15° = 143.74(\text{kN})$$

③最大弯矩计算：桅杆最大弯矩出现在吊耳处，由于桅杆截面计算中，只用到了最大弯矩，为简化计算，本书只计算最大弯矩，首先需要设定缆风盘偏心距 E_1 和吊耳偏心距 E_2，一般情况下，E_1 和 E_2 按桅杆直径确定并圆整，所以取 $E_1 = E_2 = 300$。

按图 4.13(a)模型，有：

$$M_{x1} = T_j \cdot \cos(90° - \alpha - \beta) \cdot E_1 \times \frac{l}{L} = 30.8 \times \cos 45° \times 0.3 \times \frac{17.5}{18} = 6.35(\text{kN} \cdot \text{m})$$

$$M_{x2} = -\frac{M_2 \cdot l}{L} = -\frac{(Q_j \cdot \cos \alpha + S_j) \cdot E_2 \cdot l}{L} = -\frac{(84.7 \cdot \cos 15° + 24.33) \times 0.3 \times 17.5}{18} = -30.96(\text{kN} \cdot \text{m})$$

$$M_{x3} = \frac{Q_j \cdot \sin \alpha \cdot l}{L} \cdot (L - l) = \frac{84.7 \times \sin 15° \times 17.5}{18} \times (18 - 17.5) = 10.66(\text{kN} \cdot \text{m})$$

$$M_{x4} = q_j \cdot \left[\frac{L \cdot (L - l)}{2} - \frac{(L - l)^2}{2} \right] = 0.885\ 6 \times \left[\frac{18 \times (18 - 17.5)}{2} - \frac{(18 - 17.5)^2}{2} \right] = 3.87(\text{kN} \cdot \text{m})$$

所以，最大弯矩为：

$$M_{max} = M_{x1} + M_{x2} + M_{x3} + M_{x4} = -10.08(\text{kN} \cdot \text{m})$$

④画桅杆内力图如图 4.15 所示。

⑤柔度系数 λ：

$$\lambda = \frac{\mu \cdot L}{i} = \frac{1\ 800}{9.37} = 192$$

查附录表得轴心压杆折减系数为：

$$\varphi = 0.195$$

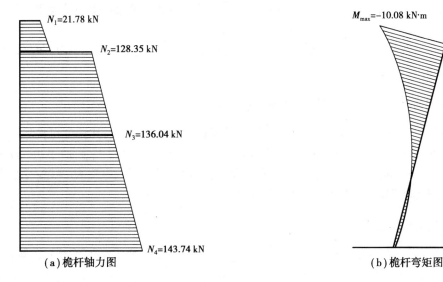

(a)桅杆轴力图

$N_1 = 21.78\ \text{kN}$

$N_2 = 128.35\ \text{kN}$

$N_3 = 136.04\ \text{kN}$

$N_4 = 143.74\ \text{kN}$

(b)桅杆弯矩图

$M_{\max} = -10.08\ \text{kN·m}$

图 4.15　桅杆内力图

(6)截面校核：

$$\frac{N_3}{\varphi \cdot F} + \frac{\beta_{mx} \cdot M_x}{\gamma_x \cdot W_{1x} \cdot \left(1 - 0.8 \dfrac{N_3}{N'_{Ex}}\right)} \leqslant f$$

$$N'_{Ex} = \frac{\pi^2 \cdot E \cdot F}{\gamma_R \cdot \lambda^2} = \frac{3.14^2 \times 206 \times 10^3 \times 6\ 670}{1.087 \times 192^2} = 338\ 081\ \text{N}$$

$$\frac{N_3}{\varphi \cdot F} + \frac{\beta_{mx} \cdot M_x}{\gamma_x \cdot W_{1x} \cdot \left(1 - 0.8 \dfrac{N_3}{N'_{Ex}}\right)} = \frac{135.63 \times 1\ 000}{0.195 \times 6\ 670} + \frac{1.0 \times 10.08 \times 1\ 000 \times 1\ 000}{1 \times 429 \times 1\ 000 \times \left(1 - 0.8 \dfrac{136.04 \times 1\ 000}{338\ 081}\right)}$$

$$= 139.02\ (\text{N/mm}^2)$$

$$f = \frac{235}{\gamma_R} = \frac{235}{1.087} = 216\ (\text{N/mm}^2)$$

计算应力小于设计值 f，符合要求。

(7)桅杆吊耳处强度校核：

$$\frac{N_1}{F} + \frac{M_x}{\gamma_x W_{x1}} = \frac{128.35 \times 1\ 000}{6\ 670} + \frac{10.08 \times 1\ 000 \times 1\ 000}{1 \times 429 \times 1\ 000} = 42.77\ \text{N/mm}^2$$

计算应力小于设计值 f，符合要求。

4.3 格构式桅杆式起重机的设计简介

格构式桅杆主体一般由4根角钢或管钢为主肢及缀条或缀板构成一方形截面格构式柱，如图4.1(a)所示。考虑制作及使用等因素，通常上下两段为变截面，中段为等截面(标准段)。

桅杆顶部有固定缆风绳的缆风盘和固定起升滑轮组的吊耳，底部是可以转动的铰支座，如图4.1(a)和图4.3(b)所示。

4.3.1 格构式桅杆主体各参数的初步确定

格构式桅杆主体设计的主要内容包括桅杆的长度设计和截面设计，其长度可按第2节钢管式桅杆的长度设计处理。截面设计的主要内容包括截面的最大边长 B_{max}、最小边长 B_{min} 的确定，吊耳偏心距 E_2、缆风绳偏心距 E_1、头部长度(缆风绳与吊耳高差)E_3 的确定，主肢截面 F_1 及缀条截面 F_2 的确定，以及缀条和横隔的布置。

1)设计原则与设计步骤

与钢管式桅杆不同，格构式桅杆一般用于重复使用，所以其主体的设计应该严格按钢结构设计规范执行，尽可能多地使用标准件和型材；并同时保证自重轻，起重量大，结构简单，安全可靠，轻便灵活，一机多用。

格构式桅杆的设计步骤一般为：受力分析与载荷处理、截面初步选择、强度与稳定性校核等。

格构式桅杆的受力分析与载荷处理可参见第2节。

2)截面初步选择

(1)截面的最大边长 B_{max} 和最小边长 B_{min} 的初步确定

截面的最大边长 B_{max} 和最小边长 B_{min} 通过经验公式初选后，经圆整后初步确定为：

$$B_{max} = \frac{l}{80 \times (0.4 \sim 0.46)}$$

$$B_{min} = (0.6 \sim 0.8)B_{max}$$

式中　l——格构式桅杆的设计有效高度，m。

(2)主肢截面 F_1、缀条截面 F_2 的初步确定

主肢截面 F_1 及缀条截面 F_2 可按下式初步确定：

$$F_1 \geq \frac{Q \cdot l}{1\ 000} \cdot K_c$$

式中　Q——格构式桅杆的设计额定起重量，kN；

　　　K_c——材质系数，对 Q235 取为 1，Q345(16Mn)取为 0.67；

　　　l——格构式桅杆的设计有效高度，m。

$$F_2 \geq \frac{Q \cdot K_c}{10 \cdot K_x \cdot \sin \alpha}$$

式中　K_x——型材系数,角钢取值为 14,钢管取值为 20;

　　　　α——缀条与桅杆主轴线的夹角,$\alpha = 40° \sim 70°$。

（3）吊耳偏心距 E_2、缆风绳偏心距 E_1、缆风绳与吊耳高差 E_3 的确定

$$E_2 = 0.5B_{max} + 1.5d_1 + 0.5d_2 + 0.5h \cdot \mathrm{tg}\,\theta$$

式中　d_1——固定"定滑轮组"钢丝绳直径;

　　　　d_2——吊耳轴直径;

　　　　h——吊耳板高度。

$$\tan\theta = \frac{B_{max} - B_{min}}{L_S}$$

式中　L_S——格构式桅杆上部变截面段长度。

$$E_1 \approx \frac{\sqrt{2}}{2}B_{min}$$

$$E_3 \approx 0.015 \cdot l$$

3）缀条及横隔的布置

"缀条"承受格构式桅杆的剪力,并将各主肢连接为一个整体。"横隔"承受格构式桅杆的扭矩,通过横隔可以把格构式桅杆分为 $4 \sim 6$ m 长的标准节。

缀条布置时应注意便于加工制作、节点不产生次应力、等分标准节、与主轴线成 $40° \sim 70°$ 夹角、长细比 $\lambda = 90 \sim 110$。

4.3.2　格构式桅杆式起重机的主体校核

格构式桅杆式起重机的主体校核包括整体稳定性校核、单肢稳定性校核、缀条稳定性校核 3 个方面。

1）整体稳定性校核

整体稳定性校核按下式进行:

$$\frac{N_3}{\varphi_x \cdot F} + \frac{\beta_{mx} \cdot M_x}{W_{1x}\left(1 - \varphi_x \dfrac{N_3}{N'_{Ex}}\right)} \leqslant f$$

式中　F——主肢总截面面积,$F = 4F_1$;

　　　　β_{mx}——等效弯矩系数,对于桅杆,一般取 $\beta_{max} = 0.85 \sim 1$;

　　　　N_3——格构式桅杆中部轴力;

　　　　N'_{Ex}——考虑抗力分项系数的欧拉临界力,$N'_{Ex} = \dfrac{\pi^2 \cdot E \cdot F}{\gamma_R \cdot \lambda^2}$,其中 E 为钢材弹性模量,取

　　　　　　　206×10^3 N/mm^2,F 为压杆截面面积,γ_R 为抗力分项系数,对 Q235 钢,取

　　　　　　　1.087,对 Q345、Q390、Q420 钢,取 1.111;

　　　　W_{1x}——桅杆抗弯截面模量,$\left(\dfrac{I_x}{y_0}\right)$ 计算该值时,涉及格构式截面的形心,如图 4.16 所示。

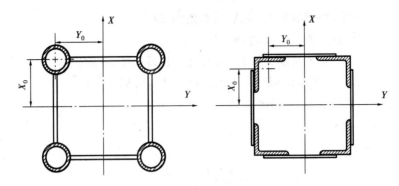

图 4.16　格构式桅杆的截面形心

2)单肢稳定性校核

桅杆一般由 4 根主肢构成,整体稳定性合格,并不能代表每一根主肢的稳定性合格,必须进行校核。

单肢稳定性校核的部位应在桅杆吊耳下的第一节处,此处轴力虽比中部小,但弯矩大。

(1)内力计算

每根单肢的轴力分析如图 4.17 所示。

令每根单肢的轴力为 N_1',则

$$N_1' = \frac{N_2}{4} + \frac{M_{max}}{4y_0}$$

式中　N_2——桅杆吊耳处的轴力;

$\quad\quad$ M_{max}——桅杆吊耳处的最大弯矩;

$\quad\quad$ y_0——桅杆截面形心距,如图 4.16 所示。

(2)稳定性校核

一般将桅杆单肢的一个节距 l_0 简化成两端铰支,轴心受压进行稳定性校核:

$$\frac{N_1'}{\varphi \cdot F_1} \leqslant f$$

式中　F_1——每根单肢的毛截面面积;

$\quad\quad$ φ——轴心受压折减系数,按主肢一个节矩的长度 l_0 求长细比 λ,按 λ 查表。

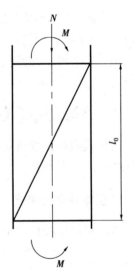

图 4.17　单肢内力计算简图

3)缀条稳定性校核

(1)内力计算

缀条承受的力主要是结构的剪力,所以其内力计算主要有两种方法:(令缀条承受的轴力为 N_2')

①按照规范规定:

$$N_2' = \frac{F \cdot f}{85} \cdot \sqrt{\frac{f_y}{235}}$$

式中　f——材料抗压、弯强度设计值,对 Q235 钢取 216 N/mm²,对 Q345 钢取 310 N/mm²;

f_y——材料屈服强度值。

②按照桅杆安装过程：

$$N_2' = \frac{G}{2\cos\beta}$$

式中　G——桅杆自重；

β——斜缀条与横缀条的夹角，如图 4.18 所示。

取上述二者中最大者进行缀条的稳定性校核。

（2）稳定性校核

一般将桅杆缀条简化成两端铰支,轴心受压进行稳定性校核,根据缀条的结构形式,按下式分别进行：

①缀条的结构形式为角钢：

$$\frac{N_2'}{0.7 \cdot \varphi \cdot F_2} \leqslant f$$

式中　F_2——缀条的毛截面面积；

φ——轴心受压折减系数,按斜缀条的长度 l_0 求长细比 λ,按 λ 查表。

②缀条的结构形式为钢管：

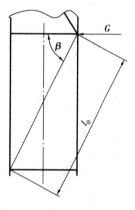

图 4.18　缀条内力计算简图

$$\frac{N_2'}{\varphi \cdot F_2} \leqslant f$$

一般而言,缀条的长细比控制在 $\lambda = 90 \sim 110$ 为宜。

4.4　稳定系统的设计计算

桅杆的稳定系统主要包括缆风绳和地锚,缆风绳的作用是为桅杆提供抗倾覆力矩,保证桅杆正确的工作位置;地锚的作用是固定缆风绳,将缆风绳的拉力传递到大地。桅杆的稳定系统直接涉及吊装的安全,在吊装过程中,调整缆风绳被视为禁区,在没有采取特殊措施的情况下,不允许进行调整。

4.4.1　缆风绳的设计计算

缆风绳的设计包括缆风绳的布置形式设计、拉力计算、钢丝绳的选择等。

1)缆风绳的布置形式

缆风绳的布置形式必须根据桅杆的工作形式和工作特点以及现场环境条件进行,所以其布置形式很多,本节讨论的仅是其中最基本的几种。

①倾斜桅杆单边吊装缆风绳的布置。如图 4.19 所示,一般采用不少于 5 根缆风绳。其中 1 号缆风绳布置于吊装平面内,主要提供抗倾覆力矩,称为主缆风绳;2 号和 3 号缆风绳与 1 号缆风绳的夹角一般为 45°,它除了辅助主缆风绳提供抗倾覆力矩外,还保持桅杆的侧向稳定,因此称为副主缆风绳;4 号和 5 号缆风绳的作用主要是在非工作状态下平衡桅杆,同时其侧向

分力与 2 号和 3 号缆风绳一起保持桅杆的侧向稳定,称为副缆风绳。每根副缆风绳与吊装平面的夹角一般为 45°。值得注意的是,在某些特殊情况下,吊装平面内无法布置主缆风绳,此时必须用两根缆风绳对称布置于吊装平面两侧代替,每根缆风绳与吊装平面的夹角不得大于 15°。

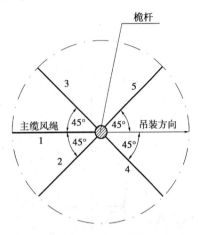

图 4.19　倾斜桅杆缆风绳布置

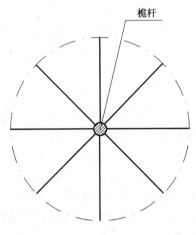

图 4.20　直立单桅杆缆风绳布置

②直立单桅杆对称吊装缆风绳的布置。如图 4.20 所示,一般采用 8 根缆风绳,在 360°的圆周上均匀布置。由于进行对称吊装的设备或结构一般面积较大,采用该种缆风绳布置要特别注意缆风绳与设备或结构的干涉。

③直立双桅杆联合吊装缆风绳的布置。如图 4.21 所示,直立双桅杆联合吊装大型设备或构件的工艺比较复杂,根据吊装工艺的要求,共采用了 14 根缆风绳,每根桅杆 7 根缆风绳,共用 8 个地锚。1 号和 8 号缆风绳布置在吊装平面内,各缆风绳之间的夹角为 45°(因共用地锚可作微小调整)。

④动臂桅杆缆风绳的布置。如图 4.22 所示,由于动臂桅杆的动臂在吊装时可在 120°范围内转动,为保证不管动臂转动到 120°范围内的任何位置,都至少有 3 根缆风绳在为桅杆提供抗倾覆力矩,采用了 9 根缆风绳布置,每两根之间的夹角为 30°。

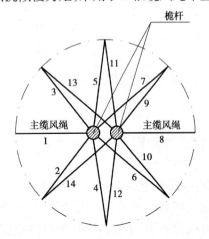

图 4.21　直立双桅杆联合吊装缆风绳布置

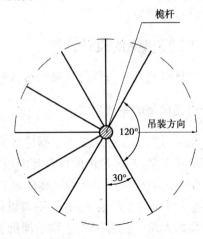

图 4.22　动臂桅杆缆风绳布置

布置缆风绳时,应注意如下基本要求:

a. 对于对称吊装的布置,缆风绳布置必须对称(图 4.20)。

b. 对于单侧吊装(图 4.19、图 4.21、图 4.22),必须保证有一根缆风绳在吊装平面内作为主缆风绳。在特殊情况下,应保证至少两根缆风绳共同作为主缆风绳,该两根缆风绳的夹角不应大于 30°。

c. 各缆风绳应尽可能保持等长,即各缆风绳的锚固点应在以桅杆(或设备)中心为圆心的同一圆周上。

d. 缆风绳与水平面的夹角,一般情况下不应大于 30°,特殊情况下不应大于 45°。

2)缆风绳的设计计算

缆风绳拉力分"工作拉力"和"初拉力"两部分。

(1)初拉力

初拉力指的是桅杆在没有工作时,缆风绳预先拉紧的力。它决定了桅杆头部在工作时偏移量的大小。

初拉力的理论计算目前不成熟,目前工程中主要按经验公式进行。在大多数吊装精度要求不高的情况下,能满足要求。对于吊装精度要求较高的情况,一般采用调整缆风绳来完成。注意:如需要调整缆风绳,应在方案中预先采取必要的保证安全的技术措施。

令初拉力为 T_c,则计算按以下 3 个经验公式进行:

①取主缆风绳的工作拉力的 15% ~ 20%。

②按钢丝绳的直径确定:

$d \leqslant 22$ mm 时,$T_c = 10$ kN

22 mm $< d \leqslant 37$ mm 时,$T_c = 30$ kN

$d > 37$ mm 时,$T_c = 50$ kN

③取钢丝绳自重的 50% ~ 100%,一般,缆风绳的初拉力不得小于 10 kN(1 t)。

(2)工作拉力

工作拉力指的是桅杆式起重机在工作时,缆风绳所承担的载荷。由于布置方式较多,应根据具体布置情况计算。

不管如何布置,各缆风绳均形成空间力系,为计算方便,工程中一般将所有缆风绳的拉力转化为在吊装平面内的等效拉力 T,因此,各力在这个垂直平面内形成平面汇交力系。根据力系平衡,可以计算出缆风绳的等效拉力 T,然后按一定比例将这个等效拉力 T 分配到各缆风绳上,即得到主缆风绳的工作拉力 T_g。这个分配比例与缆风绳的工艺布置有关。分配系数如表 4.1 所示。

缆风绳工作拉力与缆风绳和水平面的夹角 β 有关,为了保证桅杆的轴力不会太大和地锚的有效利用,一般作如下规定:一般情况下,$\beta \leqslant 30°$;特殊情况下,$\beta \leqslant 45°$。

缆风绳的计算简图如图 4.23 所示。

表 4.1　不同布置的缆风绳的分配系数

缆风绳布置形式	缆风绳布置根数	分配系数 μ
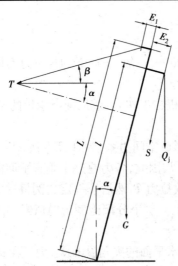	4	1
	5	0.828
	6	0.667
	7	0.546
	8	0.415
	9	0.369
	10	0.342
	11	0.301
	12	0.248
	6	0.448
	7	0.370
	8	0.314 3
	9	0.278
	10	0.241
	11	0.214 2
	12	0.193
	13	0.170

图 4.23　缆风绳拉力计算简图

根据力矩平衡,有:

$$T \cdot \cos(\alpha + \beta) \cdot L + T \cdot \sin(\alpha + \beta) \cdot E_1$$

$$= Q_j \cdot l \cdot \sin \alpha + (Q_j \cdot \cos \alpha + S) \cdot E_2 + G \cdot \frac{L}{2} \cdot \sin \alpha$$

$$T = \frac{Q_j \cdot l \cdot \sin\alpha + (Q_j \cdot \cos\alpha + S) \cdot E_2 + G \cdot \dfrac{L}{2} \cdot \sin\alpha}{L \cdot \cos(\alpha + \beta) + E_1 \cdot \sin(\alpha + \beta)}$$

主缆风绳工作拉力 T_g 为：

$$T_g = \mu \cdot T$$

式中　μ——分配系数,根据缆风绳的布置形式,查表4.1。

主缆风绳总拉力 T_z 为：

$$T_z = T_g + T_c$$

(3)缆风绳的选择

所有缆风绳必须一律按主缆风绳的总拉力 T_z 选取,不允许主缆风绳的受力大选直径大的钢丝绳,其他缆风绳的受力小选直径小的钢丝绳。

【例4.3】试按例4.2的计算结果,计算缆风绳拉力,并选择缆风绳规格型号。

【解】由例4.2已知:桅杆总长度 $L = 18$ m,有效长度 $l = 17.5$ m,桅杆截面 $\phi 273 \times 8$,桅杆自重 $G = 0.522\ 8 \times 18 = 9.41$ kN,滑轮组跑绳拉力 $S = 15.8$ kN,计算载荷 $Q_j = K_d \cdot Q = 1.1 \times 50 = 55$ kN,取吊耳偏心距 $E_2 = 300$ mm,取缆风盘偏心距 $E_1 = 300$ mm。

(1)缆风绳布置,按5根布置,如图4.19所示。

(2)受力分析如图4.23所示。

(3)有效拉力计算,按公式:

$$T = \frac{Q_j \cdot l \cdot \sin\alpha + (Q_j \cdot \cos\alpha + S) \cdot E_2 + G \cdot \dfrac{L}{2} \cdot \sin\alpha}{L \cdot \cos(\alpha + \beta) + E_1 \cdot \sin(\alpha + \beta)}$$

将数据代入公式得:

$$T = 22.54 \text{ kN}$$

(4)主缆风绳工作拉力的确定:

查表4.1得分配系数　$\mu = 0.828$,则主缆风绳工作拉力 T_g 为:

$$T_g = \mu \cdot T = 0.828 \times 22.54 = 18.66 \text{ kN}$$

(5)主缆风绳初拉力的确定:

按工作拉力的15%～20%取,太小,取为最小值 $T_c = 10$ kN。

(6)主缆风绳总拉力的确定:

$$T_z = T_g + T_c = 18.66 + 10 = 28.66 \text{ kN}$$

(7)主缆风绳的选择:

查附录钢丝绳规格表选 $6 \times 19 + 1$,$\sigma_b = 1\ 400$ MPa 钢丝绳,安全系数取3.5,直径为 $\phi 15.5$ 的钢丝绳。其破断拉力为106.3 kN,考虑安全系数后,其许用拉力为30.4 kN。

(8)其他缆风绳的选择:

其他缆风绳一律与主缆风绳相同。

4.4.2　地锚的计算

地锚的作用是固定缆风绳,将缆风绳的拉力传递到大地,以保持桅杆的稳定和正常工作。常用的地锚种类有全埋式、半埋式、活动式和利用建筑物4种。

1)全埋式地锚的设计计算

全埋式地锚是将横梁横卧在按一定要求挖好的坑底,将钢丝绳拴接在横梁上,并从坑前端的槽中引出,埋好后回填土壤并夯实。

全埋式地锚具有如下特点:

①全埋式地锚可以承受较大的拉力,适合于重型吊装。

②需破坏地面,不适用于地面已处理好,或地下埋有地下管、线的扩建工程。

③横梁材料不能再次使用,浪费较大。

④地锚强度的计算主要是验算其水平稳定性、垂直稳定性和横梁强度。

(1)垂直稳定性计算

计算简图如图4.24所示。

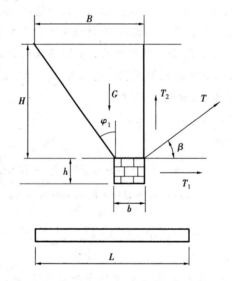

图4.24　全埋式地锚计算简图

T—缆风绳拉力,它可分解为水平分力 T_1,垂直分力 T_2;

α—缆风绳与地面夹角;B—地锚的上口宽;

b—底部宽度;H—地锚深度;L—横梁长度;

h—横梁高度;φ_1—土壤抗拔角;G—土壤重量

在水平分力的作用下,横梁压紧在土壤上,当横梁在垂直分力的作用下有上拔趋势时,产生摩擦力f:

$$f = \mu \cdot T_1$$

式中　μ——摩擦系数,一般取 $0.4 \sim 0.5$。

垂直稳定性按下式校核:

$$\frac{G+f}{T_2} \geqslant K$$

式中　K——稳定安全系数,一般取 $2 \sim 2.5$。

(2)水平稳定性计算

计算简图如图4.24所示,该项主要校核土壤的抗压能力,按下式进行:

$$\frac{T_1}{h \cdot L} \leqslant [\sigma]_H$$

式中　$[\sigma]_H$——土壤在 H 深度的抗压强度。可按下式进行计算：

$$[\sigma]_H = H \cdot \gamma \cdot \tan^2\left(45° + \frac{\varphi_0}{2}\right) + 2 \cdot c \cdot \tan\left(45° + \frac{\varphi_0}{2}\right)$$

式中　γ——土壤容重,可查表4.2；

　　　c——土壤凝聚力,可查表4.2,应注意单位的换算；

　　　φ_0——土壤的内摩擦角,可查表4.2。

表4.2　土壤的特性

土壤名称		土壤状态	容重 γ /($kg \cdot cm^{-3}$)	内摩擦角 φ_0	凝聚力 c /($kg \cdot cm^{-3}$)	计算抗拔角 φ_1
黏性土	黏土	坚硬	1.8×10^{-3}	18°	0.50	30°
		硬塑	1.7×10^{-3}	14°	0.20	25°
		可塑	1.6×10^{-3}	14°	0.20	20°
		软塑	1.6×10^{-3}	8°~10°	0.08	10°~15°
	亚黏土	坚塑	1.8×10^{-3}	18°	0.30	27°
		硬塑	1.7×10^{-3}	18°	0.13	23°
		可塑	1.6×10^{-3}	18°	0.13	19°
		软塑	1.6×10^{-3}	13°~14°	0.04	10°~15°
	亚砂土	坚塑	1.8×10^{-3}	26°	0.15	27°
		可塑	1.7×10^{-3}	22°	0.08	23°
砂性土	粗砂	任何湿度	1.8×10^{-3}	40°		30°
	中砂	任何湿度	1.7×10^{-3}	38°		28°
	细砂	任何湿度	1.6×10^{-3}	36°		26°
	粉砂	任何湿度	1.5×10^{-3}	34°		22°

2) 活动式地锚的设计计算

活动式地锚是在一钢质托排上压放块状重物如钢锭、条石等组成,钢丝绳拴接于托排上。活动式地锚的主要特点如下：

①承受的力不大,但不破坏地面,适合于改、扩建工程。

②计算其强度时需要计算其水平稳定性和垂直稳定性。

(1)垂直稳定性计算

计算简图如图4.25所示。地锚破坏时,可能在垂直分力的作用下,沿着托排尾部的 A 点倾翻,所以有：

$$\frac{G \cdot l}{T_2 \cdot L} \geqslant K$$

式中　K——安全系数,一般取 2~2.5。

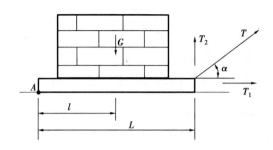

图 4.25　活动式地锚计算简图

（2）水平稳定性计算

地锚破坏时，可能在水平分力的作用下，克服摩擦力而滑动，所以有：

$$\frac{(G - T_2) \cdot \mu}{T_1} \geq K$$

式中　μ——摩擦系数，一般取 0.5，K 取 2~2.5。

3) 利用建筑物作地锚

在工程实际中，还常利用已有建筑物作为地锚，如混凝土基础、混凝土柱等。但这类利用已有建筑物前，必须获得建筑物设计单位的书面认可。

【例 4.4】按例 4.3 的计算结果设计一个全埋式地锚。假设地质条件为可塑亚砂土。

【解】由【例 4.3】已知：主缆风绳的拉力 $T_z = 28.66$ kN，主缆风绳与水平面夹角 $\beta = 30°$。由本题假定，查表 4.2，得可塑亚砂土的特性为：容重 $\gamma = 1.7 \times 10^{-3}$ kg/cm³ $= 17$ kN/m³，内摩擦角 $\varphi_0 = 22°$，凝聚力 $c = 0.08$ kg/cm² $= 8$ kN/m²，计算抗拔角 $\varphi_1 = 23°$。

（1）受力分析简图如图 4.24 所示，主缆风绳拉力的水平分力和垂直分力分别为：

$$T_1 = 28.66 \times \cos 30° = 24.82 \text{ kN}$$

$$T_2 = 28.66 \times \sin 30° = 14.33 \text{ kN}$$

（2）地锚结构设定：

① 横梁采用工地常用规格木材，其尺寸为：长×宽×高 = 1 500 mm×250 mm×250 mm，4 根，即：

$$L = 1.5 \text{ m}; \qquad h = 0.5 \text{ m}; \qquad b = 0.5 \text{ m};$$

② 根据经验，暂取地锚深度 $H = 1.5$ m

③ 地锚上口宽度 B 为：

$$B = b + H \cdot \tan \varphi_1 = 0.5 + 1.5 \times \tan 23° = 1.14 \text{ m}$$

（3）土壤重量计算：

$$G = \gamma \cdot V = 17 \times (B + b) \cdot H \times 0.5 \times 1.5 = 31.4 \text{ kN}$$

（4）摩擦力 f 的计算：

$$f = \mu \cdot T_1 = 0.5 \times 24.82 = 12.41 \text{ kN}$$

（5）垂直稳定性校核：

$$\frac{G + f}{T_2} = \frac{31.4 + 12.41}{14.3} = 3 > 2.5$$

垂直稳定性合格。

(6)水平稳定性校核：

$$\frac{T_1}{h \cdot L} = \frac{24.82}{0.5 \times 1.5} = 33 \ kN/m^2$$

土壤在 1.5 m 深度下的抗压强度为：

$$[\sigma]_H = H \cdot \gamma \cdot \tan^2\left(45° + \frac{\varphi_0}{2}\right) + 2 \cdot c \cdot \tan\left(45° + \frac{\varphi_0}{2}\right)$$

$$= 1.5 \times 17 \times \tan^2\left(45° + \frac{22°}{2}\right) + 2 \times 8 \times \tan\left(45° + \frac{22°}{2}\right)$$

$$= 79.8 \ kN/m^2$$

水平稳定性合格，该地锚合格，其各部分尺寸为：$L = 1.5$ m，$h = 0.5$ m，$b = 0.5$ m，$H =$ 1.5 m。

习　题

一、思考分析题

1.桅杆式起重机由哪些基本系统组成？各系统的作用是什么？

2.桅杆式起重机分成哪两大类？

3.桅杆式起重机有哪些基本工作形式？这些工作形式各适用于哪些场合？

4.确定桅杆长度时需考虑哪些问题？

5.桅杆的破坏特性是什么？

6.对钢管式桅杆的截面加强应怎样做才合理？

7.钢管式桅杆的截面选择有哪些基本方法？

8.缆风绳的布置的基本方式有哪些？

9.对缆风绳的布置有哪些基本要求？

10.缆风绳适合选用哪种型号的钢丝绳？其安全系数不得小于多少？

11.能否对主、副缆风绳选用不同直径的钢丝绳？为什么？

12.地锚的种类基本的有哪些？

13.如采用建筑物作地锚，应做哪些工作？

14.全埋式地锚的特点有哪些？适合哪些场合？

15.活动式地锚的特点有哪些？适合哪些场合？

二、综合计算题

1.如图 4.26 所示，采用一直立桅杆吊装一 10 t 桥式起重机，已知设备（包括索、吊具）重为 100 kN，吊装高度为 12 m，设备高 3 m，跨度 21 m，门式刚架厂房，采用两套滑轮组对称吊装，试采用简便计算方法设计一钢管式桅杆。（假设缆风绳对桅杆产生的总轴力为 55 kN）

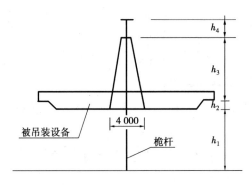

图 4.26　习题 1 图

2.某工地采用倾斜桅杆吊装一设备,已知设备重 50 kN,设备几何尺寸为:长×宽×高 =
3 m×1.5 m×1.5 m,基础高(包括地脚螺栓)10 m,请采用简便计算方法设计一钢管式桅杆,
选择其缆风绳规格,分别设计一全埋式和一活动式地锚。

(提示:在设计桅杆截面时,需先计算缆风绳等效拉力,可先按附录 8 至附录 10,假设桅杆
截面,计算自重)

5

其他起重机介绍

5.1 塔式起重机

塔式起重机常用于房屋建筑和工厂设备安装等场所,具有适用范围广、回转半径大、起升高度高、操作简便等特点。塔式起重机已在我国建筑安装工程中得到了广泛使用,成为一种主要的施工机械,特别是对于高层建筑施工来说,更是一种不可缺少的重要施工机械。

塔式起重机的起升高度一般为 40 ~ 60 m,最大的甚至超过 200 m,其工作幅度一般可在 20 ~ 30 m。目前国内最大的塔式起重机 DBQ4000 的最大额定起重量为 190 t(主臂工况)。

5.1.1 塔式起重机的用途、分类及结构

1)塔式起重机的用途

塔式起重机是一种起重臂设置在塔身顶部的、可回转的臂架式起重机,在各类工程建设中有着广泛的应用。它较大的"起升高度"和"工作幅度利用率"是一般自行式起重机所不及的。但其起重能力一般较小,位置固定或只能在铺设了轨道的较小范围内移动。因此,塔式起重机适用于某一区域内的中、小型设备或构件的吊装。

2)塔式起重机的分类

塔式起重机的类型较多,按塔身结构划分,有上回转式、下回转式、附着式、自升式等。

按变幅方式划分,塔式起重机可以分为"动臂式"和"运行小车式"两大类。

按起重量划分,有轻型、中型与重型三类。

（1）上回转塔式起重机

上回转塔式起重机的塔身不回转，回转部分装在塔身上部。按回转支承装置的形式，上回转部分的结构可分为"塔帽式""转柱式"和"转盘式"3种。

"塔帽式"塔式起重机有上、下两个支承。上支承为径向及轴向止推轴承，分别承受水平载荷和垂直载荷。下支承多采用水平滚轮滚道装置，只承受水平力。这种形式的起重机回转部分比较轻巧，但由于上、下支承的间距有限，不能承受较大的不平衡力矩，因而常用于中小型塔式起重机上。

转柱式回转起重机的吊臂装在转柱上，也有上下两个支承。但其受力情况与塔帽式相反，上支承只承受水平力，下支承既承受水平力又承受轴向力。这种结构形式由于塔身和转柱重叠，金属结构的重量较大，但因上下支承间距可以做得很大，能承受较大的力矩，故可用于重型工业建筑塔式起重机上。

转盘式回转起重机吊臂装在回转平台上，回转平台用轴承式回转支承与塔身连接。这种型式构造比较紧凑，金属结构无重叠部分，重量较轻，回转时振动冲击小。

上回转塔式起重机的主要特点是底部轮廓尺寸小，对场地空间要求较小；由于塔身不回转，故回转时转动惯量较小；但塔身主弦杆的受力特性不好。

（2）下回转塔式起重机

下回转塔式起重机采用整体拖运、自行架设的方式。这种塔机拆装容易，转移施工场地快，多属于中小型塔式起重机。

下回转塔式起重机根据头部构造分有下列3种形式：

①具有杠杆式吊臂的下回转塔式起重机。该形式起重机的吊臂铰接于塔身顶部，在载荷的作用下，吊臂受弯，塔身受到的附加弯矩小，受力情况好，变幅机构及其钢丝绳缠绕方式简单。由于吊臂的高度受到塔机整体拖运的限制，故多在小型塔式起重机（起重量小于30 t）上采用。这类塔式起重机按变幅方式的不同，可分为"动臂式"和"运行小车式"两种。

②具有固定支撑的下回转塔式起重机。该形式起重机的塔身带有尖顶，起人字架作用。吊臂端部铰接于塔顶下方，使变幅钢丝绳与吊臂具有一定的夹角。由于吊臂与塔身铰接，所以吊臂不受弯矩的作用，受力情况较好，但塔身要承受很大的附加弯矩。这种形式的塔式起重机的变幅机构除了要变幅，还可以进行组立塔身、放下塔身的作业。

具有固定支撑的下回转塔式起重机，其头部金属结构不能折叠，拖运长度较长，且变幅绳较长，容易磨损，仅适用于中小型塔式起重机。

③具有活动支撑的下回转塔式起重机。该形式的起重机没有尖顶，吊臂端部铰接在塔身顶部，设在塔身顶部的活动三角形支撑起到人字架作用。由于该型式的塔机塔身顶部构造简单、质量轻，拖运时撑架部分可以折放，减少了整机拖运长度，下回转塔机多采用这种型式。

下回转塔式起重机按行走方式的不同，又可分为轨道式、轮胎式和履带式3种。

轨道式塔式起重机目前使用最为广泛。它可以带载行走，在较长的一个区域范围内进行水平运输，效率较高，工作平稳，安全可靠。

轮胎塔式起重机与轨道式相比，特点是不需要铺设轨道，不需要拖运辅助装置，吊臂、塔身折叠后可进行拖运。但轮胎塔式起重机只能在使用支腿的情况下工作，不能带载行走，也不适于在雨水较多的潮湿地面使用。

履带塔式起重机对地面的要求较低，运输中能够通过条件较差的路面，但机构比较复杂，转移不如轮胎式起重机方便。现在国外有塔式起重机用的履带拖行底盘，这为塔机的使用和运输带来方便。

　　新一代的下回转塔式起重机多采用伸缩式塔身、折叠式吊臂,拖运时,使塔身后倾倒在回转平台上,大大缩短了整机拖运的长度。

　　(3)附着式塔式起重机

　　随着高层和超高层建筑大量增加,上、下回转型式的塔式起重机已不能完全满足较大高度吊装工作的需要。塔式起重机的塔身的力学特性是一端固定,一端自由的"压杆"。当塔身过高时,不仅自重太大,更因为其计算长度较长,长细比太大而导致失稳破坏。所以当建筑高度超过50 m时,就要采用自升附着式塔式起重机。这种起重机的塔身每隔一定的距离,利用刚性杆件附着在刚性构筑物上,从而有效地减小了塔身的计算长度。

　　(4)自升式塔式起重机

　　自升式塔式起重机可分为内部爬升式(简称内爬式)和外部附着爬升式两种。

　　①内部爬升式塔式起重机安装在建筑物内部(如电梯井、楼梯间等)。通过爬升机构的作用,使塔身沿建筑物逐步爬升。它的结构和普通上回转塔式起重机基本相同,只是增加了一个套架和一套爬升机构。爬升时,两个爬升框架固定于建筑物内部楼板上。其爬升过程可大体分为准备爬升(如图5.1(a)所示)、提升套架(如图5.1(b)所示)、提升起重机(如图5.1(c)所示)这3个步骤。由于起重机安装在建筑物内部,不占用建筑物的外围空间,其有效工作范围分布较均匀,其幅度可以设计得较小。由于它是利用建筑物向上爬升,其爬升高度不受限制,塔身可以做得较短,结构较轻。但由于全部重量都由建筑物承担,对建筑结构的承载能力要求较高;爬升时司机不能直接观察到起吊过程,对通信、指挥的要求较高。施工结束后,需用其他辅助起重机将起重机部件逐一解体、拆卸并吊装到地面。

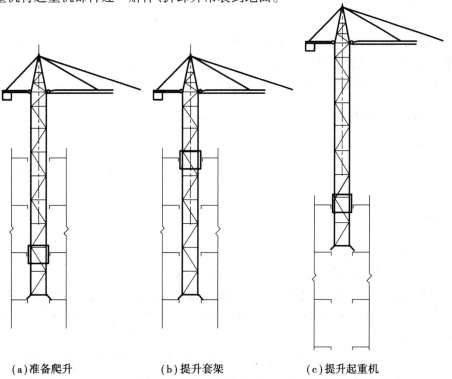

(a)准备爬升　　　　(b)提升套架　　　　(c)提升起重机

图5.1　内部爬升式塔式起重机爬升过程简图

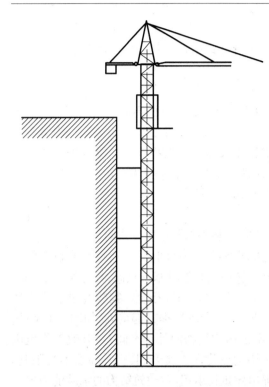

图 5.2　外部附着自升式塔式起重机

②外部附着自升式塔式起重机。外部附着式起重机安装在建筑物的一侧,它的底座固定在专门的基础上,沿塔身全高水平设置若干附着装置(由附着杆、抱箍、附着杆支承座等部件组成),使塔身依附在建筑物上,以改善塔身受力。如图 5.2 所示,它是由普通上回转塔式起重机发展而来的。塔身上部套有爬升套架,套架顶部通过回转支承装置与回转的塔顶相连,塔顶端部用钢丝绳拉索连接吊臂和平衡臂。起升机构、平衡重移动机构安装在平衡臂上,小车牵引机构放在水平吊臂根部,回转机构装在回转支承上面的回转塔顶上,整个塔身由若干个标准节和调整节组成。

(5)动臂变幅式起重机

这类塔式起重机的吊钩滑轮组的定滑轮固定在吊臂头部,起重机变幅通过改变起重臂的倾角来实现。由于起重臂倾角的限制,一般有效幅度为最大幅度的 70% 左右,但起重臂的受力状态较好。因此,此类起重机常为大型起重机。

(6)水平臂加运行小车变幅式起重机

这类塔式起重机的起重臂固定在水平位置上,变幅是通过起重臂上的运行小车来实现的。它能充分利用幅度,起重小车可以开到靠近塔身的地方。但由于起重臂受较大的弯矩和压缩,所以把起重臂制作得比较笨重。在相同条件下,动臂变幅起重臂要比小车变幅式起重臂轻18% ~ 20% 。因此,此类起重机常为中、小型起重机。

5.1.2　塔式起重机的主要参数、技术性能与适用范围

塔式起重机的主要参数有额定起重力矩、幅度、额定起重量和最大起升高度。其中,最能全面反映塔式起重机起重性能的是起重力矩,因为起重力矩本身是幅度和起重量两个参数的乘积。

1)幅度

起重幅度也称为"回转半径"或"工作半径",指的是塔式起重机的回转中心线至吊钩中心线的水平距离。幅度包含最大幅度和最小幅度两个参数。

对于动臂式塔式起重机,最大幅度指的是动臂处于最小仰角(起重臂与水平线的夹角)时,塔式起重机回转中心线至吊钩中心线的水平距离。塔式起重机的最小仰角一般可达到13°,动臂仰角成 63° ~ 65°(个别起重机可达到 73°)时,幅度为最小。

对于水平臂加运行小车变幅式起重机,最大幅度指的是小车运行至臂架头部端点位置时,自塔式起重机回转中心线至吊钩中心线的水平距离。当小车处于臂架根部端点位置时,幅度为最小。

2）额定起重量

额定起重量指的是起重机在不同工作状态下允许吊装的重量，一般在其主要性能参数中标出最大幅度时的起重量和最大起重量。其他状态的额定起重量由其特性曲线决定。

3）起重力矩

起重力矩为起重量与幅度的乘积，单位为 kN·m。如以 L 表示幅度，Q 表示起重量，M 表示起重力矩，其关系式为：

$$M = L \cdot Q$$

塔式起重机经常在大幅度情况下工作，所以用最大起重量衡量其起重能力没有多少实际意义，而应以起重量与幅度的乘积（起重力矩）来表示起重能力。我国从实际使用出发，规定塔式起重机的起重力矩值，以基本臂的最大工作幅度与相应的起重载荷的乘积值表示。

4）最大起升高度

对于动臂式塔式起重机，最大起升高度根据起重臂的仰角和塔身高度的不同而不同。对于小车变幅塔式起重机，其最大起升高度仅与塔身高度有关。在塔身高度确定后，其最大起升高度为一定值。

除了上述 4 个主要的性能参数外，塔式起重机还有工作速度（包括起升速度、回转速度、行走速度、小车牵引速度等）、轨距、轴距、电动机总功率、结构自重、平衡重、总重等重要参数。这些重要参数往往决定塔式起重机的选择，如工作速度往往决定了选择起重机的数量，电动机总功率对供电负荷提出了要求，轨距、轴距对场地提出了要求，而结构自重、平衡重、总重等对起重机的基础处理提出了要求。

5.1.3　自升式塔式起重机的安装与拆卸

由于塔式起重机的类型多种多样，其安装与拆卸的方法也各不相同。限于篇幅，本章仅介绍工程中最常用的安装与拆卸。

1）一般安全要求

塔式起重机安装、架设和转移较频繁，危险性也较大。统计数字表明，历年来的安装中发生的人身事故比例较高，必须予以高度重视。安装架设时应遵守安全规程。

①安装前，要充分掌握该塔式起重机的性能和特点，严格遵守随机技术文件中规定的安装架设顺序和方法，安装架设人员要具有规定的资格，持证上岗。

②安装时要注意风速变化，风速必须符合设计规定，一般不应超过 13 m/s。

③严格检查起重设备和吊装索具。

④各零件间连接正确、可靠。其中包括高强螺栓预紧力大小、销轴配合间隙、开口销的固定、钢丝绳末端的固定等。

⑤安装时，要注意观察、监视，统一指挥，联络可靠。

⑥必须严格按照设计规定安装零部件，不得随意取消、代换和增添，任何修改都必须经专职技术人员同意方可执行。例如，塔式起重机上常见的大型标牌的位置、大小尺寸都具有特殊意义，在非工作状态时起风帆作用，使风吹向尾部，减小塔顶弯矩，使之符合设计要求。如果随

意改变,就可能造成重大事故。塔身上不允许张挂大型宣传标语牌,以免增大风载荷导致倾翻事故。

⑦钢丝绳在使用和安装过程中,不能产生"硬弯""笼形畸变""松股""断丝""露芯"等现象。特别对多层股不旋转的钢丝绳,要由包装滚筒直接绕进工作卷筒。如需要切断,在未切断前一定要用多道钢丝扎紧切口两端,防止松散。

⑧在塔式起重机使用说明书中,对使用的起重设备的能力、吊装各部件的重量、重心位置、外形尺寸、吊点高度都有说明,要认真遵守。吊装前,应仔细检查起重设备、吊装索具,并进行试吊,确认安全可靠,方可正式吊装。

⑨塔式起重机安装后,必须进行严格检验。

2)对安装场地的要求

①保证安全操作距离不小于500 mm,即塔式起重机运动部分与周围建筑物的最小间距不能小于500 mm。

②塔式起重机任何部位与架空输电线的安全距离不小于表5.1中的规定。

表5.1　与输电线路的安全距离

位　　置	电压/kV				
	<1	1～15	20～40	60～110	220
沿垂直方向	1.5	3.0	4.0	5.0	6.0
沿水平方向	1.0	1.5	2.0	4.0	6.0

③两台塔式起重机之间的最小距离至少为2 m。

④应保证塔式起重机回转时不掠过其他建筑物和街道上空。

⑤场地的大小,必须考虑到组装部件的长度。

⑥道路应适于运输车辆和自行起重机方便进出。

⑦建筑物竣工后,要保证塔式起重机能方便地拆卸,避免周围太狭窄,无法拆卸。

3)自升式塔式起重机的安装方法

自升式塔式起重机采用"上加节"形式爬升,其爬升过程如图5.3所示。

①吊钩吊起一个待加节,放在摆渡小车上,然后空钩向外移动到指定位置(由塔式起重机的设计确定)。

②开动平衡重移动机构,使平衡重向塔身靠近到指定位置(由设计确定)。

③拧下过渡节与塔身的连接螺栓。

④开动油泵,使油缸的上腔进油、下腔回油,将活塞杆和横梁支承在塔身上。爬升套架带动起重机顶部沿塔身向上爬升,爬升两个标准节的高度后停止。这时起重机上部和爬升套架的重量靠油缸支撑。

⑤插入支承销,使爬升套架与塔身连接固定。

⑥爬升油缸的下腔进油、上腔回油,活塞杆及横梁向上缩回,起重机上部通过爬升套架和支承插销,支承在内塔身上。

⑦将待加节用摆渡小车推进爬升套架内。这时,油缸的上腔进油、下腔回油,使活塞杆和横梁稍向下移,然后将横梁与推入的待加节系牢。

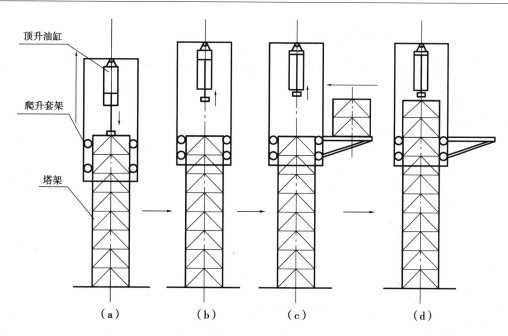

图 5.3 自升式塔式起重机爬开原理

⑧操纵油缸,使横梁带动待加节上提稍许,推出摆渡小车。

⑨利用油缸将待加节落在塔身上,并与塔身用螺栓连接牢固。

⑩平衡重外移到原位,消除爬升油缸油压,爬升完毕。

4)安装、拆卸的安全注意事项

由于结构的影响,液压顶升油缸并非处于塔身轴线上,而是处于爬升套架的边缘,所以在顶升过程中,应特别注意以下事项:

①"顶升"前,应严格按照起重机随机技术文件的规定,调整吊钩和平衡配重的位置,以保证液压顶升油缸处于上部结构的组合重心上。并应通过试顶升 5~10 mm,观察套架与塔身的间隙是否均匀,压力表读数是否最小。

②"顶升"前,应注意将臂架转到规定位置,并使回转机构制动,顶升中应防止臂架转动。

③"顶升"时,应密切注意液压系统的油压值,因上部结构载荷如有不平衡,会导致顶升油缸偏心"顶升",从而引起套架滚轮发生卡阻,使顶升阻力比设计值大幅度增大,不仅容易损坏液压系统,而且可能造成重大事故。因此,当发现油压升高异常时,应停机检查,排除危险因素后再继续顶升。

④吊装标准节时,必须按规定将塔身与回转下支座连接好,不能依靠顶升套架承受载荷,以免引起套架屈曲失稳。

⑤顶升横梁、套架与塔身的支承必须牢靠,防脱装置要卡好。

⑥爬升套架顶起后,塔顶与塔身只靠较弱的爬升套架连接,不能中途停止安装,以免遇强风发生屈曲失稳和折断。

⑦顶升时,如果塔身尚未与回转支座连接而提前拆卸套架与回转支座的连接销轴或螺栓,上部构件会立刻坠落,造成机毁人亡;同样,顶起套架后未与塔身支承牢靠就缩回油缸,也会发生同样事故。塔身未与回转支座连接时,也不允许臂架回转及开动变幅小车起升和行走。

5.1.4 塔式起重机的性能试验

塔式起重机安装完毕后,应进行性能试验,合格后才能投入使用。性能试验包括空载试验、静载试验、超载静态试验和动载试验。

1)空载试验

①试验前检查。试验前应进行一般性的技术检验。一般技术检验是指在新的施工点安装完毕正式使用前和工程竣工塔机拆卸后的检验,主要检验的内容有以下几方面:

a. 检查金属结构状况:螺栓铆钉连接部位是否松动和有滑牙等不良情况,各部位的焊缝是否开裂,焊件有无变形和损伤。

b. 检查机械传动系统:要求各机构工作应灵活可靠,并着重检查吊钩及滑轮组完好情况,钢丝绳磨损及其连接固定情况;制动器可靠程度以及减速器、卷筒、联轴器、车轮等零部件的完好情况。

c. 检查电气系统:主要检查电气元件的完好程度;接触器、继电器接点的闭合程度;线路连接的可靠程度以及导线绝缘及接地的可靠程度。

d. 检查轨道铺设是否符合技术要求,行走轮与轨道接触是否正常,夹轨钳是否可靠;检查安全装置是否齐全和灵敏可靠。

e. 检查锚固装置是否牢固可靠,地锚埋设是否符合技术要求。

②空载试验。上述各项检查均达到安全要求后,方可进行空载试验,其试验步骤如下:

a. 起升机构试验:吊钩起升,逐节调速直至最高速,全行程反复起钩、落钩3次。起升机构的各零部件功能应与设计要求相符,并检验上升极限位置限制器的灵敏度。

b. 回转机构试验:向左转360°,停车后再向右转360°,反复3次,应无异常现象。

c. 行走机构试验:起重机向前、后各行走20~30 m,反复3次,并有意轻碰运动极限限制器,试验其灵敏度。

d. 变幅机构试验:开动变幅机构,反复进行起臂、落臂动作3次;小车式塔式起重机开动小车往返运行3次并检验力矩限制器和幅度指示器的灵敏度。

e. 联合动作试验:分别做起升和行走、起升和回转两个联合动作的运动试验。联合动作应协调、平稳,达到设计要求。有特殊要求的起重机,应按设计或使用说明书的要求进行试验。

2)静载试验

静载试验应在空载试验合格后进行。起重机在正常工作时按表5.2工况进行试验,每一工况的试验不得少于3次,取试验数据平均值。试验时应检测力矩限制器、起重量限制器的精度和灵敏度。

3)超载静态试验

①试验条件。载荷取额定起升载荷的125%,检查起重机及其部件的结构承载能力。卸载后起重机不得出现可见裂纹、永久性变形、油漆剥落、连接松动及对起重性能与安全有影响的损坏。

②试验方法。超载静态试验按表5.3工况进行,使起升载荷处于不利的工况,即塔身、臂架等主要部件承受最大的钢丝绳拉力,最大弯矩及最大轴力。

试验载荷以最低速度起升至离地面 100~200 mm 高度处,停留时间不少于 10 min。

在超载 25% 静态试验时,允许对力矩限制器、起重量限制器、制动器进行调整。试验后重新将其调整到原规定值。

表 5.2　塔式起重机额定载荷试验表

序号	工况	试验范围					备注
		起升	动臂变幅	小车变幅	回转	行走	
1	在最大幅度下,起升相应的额定载荷	在全部起升高度内以最低稳定速度和额定速度进行起升、下降,过程中不少于 3 次正常制动	在最大和最小幅度之间,以额定速度改变臂架倾角变幅	在最大和最小幅度之间,以额定速度运行小车变幅	以额定速度左右回转	以额定速度行走,臂架垂直于轨道	测量各种动作时的速度;动臂变幅的时间;塔身与臂架连接处的水平位移
2	起升额定载荷,该载荷相应的在最大幅度下	在全部起升高度内起升、下降,过程中不少于 3 次正常制动	不试	在最小幅度和该载荷相应的最大幅度下以额定速度运行小车变幅			测定各种动作时的速度;测定塔身与臂架连接处的水平位移
3	对于起升机构可变速的起重机,起升相应于每一种速度的额定载荷		不试	不试	不试	不试	

表 5.3　塔式起重机超载静态试验工况组合表

序号	工况	起升
1	在最大幅度时,起升相应额定载荷的 125%	载荷以安全速度起升至离地面 100~200 mm。停留不少于 10 min
2	起升额定载荷的 125%,在该载荷相应的最大幅度下	载荷以安全速度起升至离地面 100~200 mm。停留不少于 10 min
3	在 1 和 2 的中间幅度,起升相应额定载荷的 125%	载荷以安全速度起升至离地面 100~200 mm。停留不少于 10 min

4)动态试验

①试验条件。载荷取额定起升载荷的 110%,试验后,目测检查机械及结构各部件有无异常,连接有无松动和破坏。

②试验方法。试验按表 5.4 工况进行,使各机承受最大载荷,试验每一单项动作或正常工作下的组合动作。每一工况的试验不得少于 3 次,要求每一动作停稳后,再进行下一次启动。起

重机各动作按随机技术文件的要求进行控制,使速度和减速度限制在起重机正常运转范围内。

额定起重量的110%是超载动态试验最基本的载荷要求。

上述试验均合格后,塔式起重机方可投入使用,并将各项试验结果记录存档。

表5.4 塔式起重机动态试验表

序号	工况	试验范围					备注
		起升	动臂变幅	小车变幅	回转	行走	
1	在最大幅度时,起升相应额定载荷的100%	在全部起升高度内以额定速度起升、下降	在最大和最小幅度之间,以额定速度改变臂架倾角变幅	在最大和最小幅度之间,以额定速度运行小车变幅	以额定速度左右回转,对不能全回转的起重机,应超过最大回转角	从两个方向进行行走试验,臂架向前、向后及与行走方向成直角。单向行走距离不小于40 m	根据设计要求进行组合动作
2	起升额定载荷的110%,在该载荷相应的最大幅度下		不试	载荷在最小幅度和相应于该载荷的最大幅度之间,以额定速度进行两个方向的变幅			
3	在1和2的中间幅度,起升相应额定载荷的110%		臂架经过相应于该载荷的全部幅度范围内,以额定速度进行变幅				
4	对于起升机构可变速的起重机,起升相应于每一种速度的额定载荷的110%,在该载荷相应的最大幅度下	不试					

5.2 桥式起重机

5.2.1 桥式起重机的分类与用途

桥式起重机是在固定的"跨间"内吊装重物的机械设备,被广泛用于车间、仓库或露天场地。

桥式起重机的大梁横跨于"跨间"内一定高度的专用轨道上,可沿轨道在"跨间"的纵向移动,在大梁上布置有"起升装置",大多数"起升装置"采用起重小车。"起升装置"可沿大梁在"跨间"横向移动,外观像一条金属的桥梁,所以人们称它为桥式起重机。桥式起重机俗称"天车""行车"。图 5.4 是箱形双梁桥式起重机示意图。

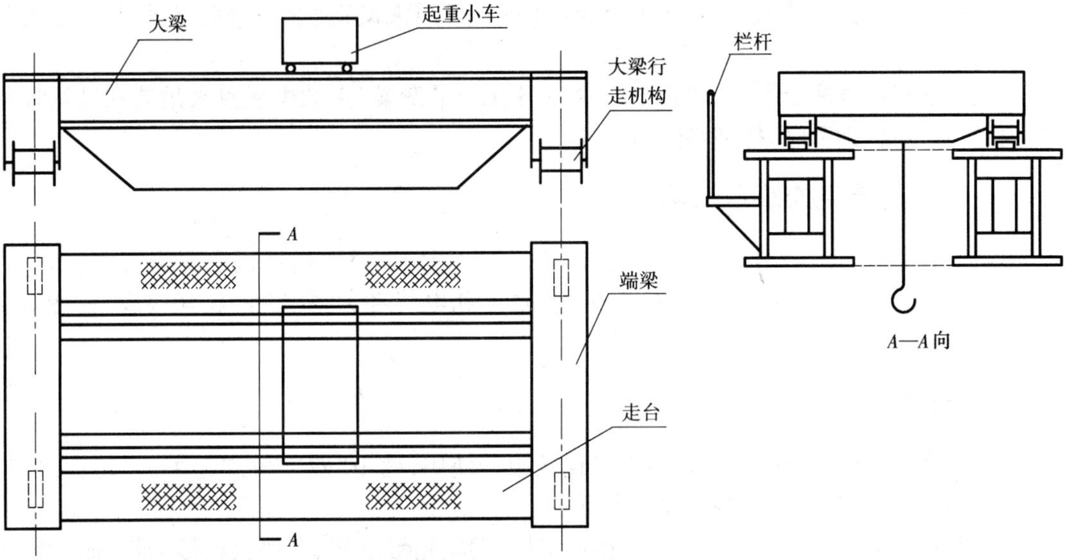

图 5.4 桥式起重机结构简图

1)桥式起重机的分类

桥式起重机的种类较多,根据使用吊具不同,可分为吊钩式起重机、抓斗式起重机、电磁吸盘式起重机。

根据用途不同,桥式起重机可分为通用桥式起重机、专用桥式起重机两大类。专用桥式起重机的形式较多,主要有锻造桥式起重机、铸造桥式起重机、冶金桥式起重机、电站桥式起重机、防爆桥式起重机、绝缘桥式起重机、挂梁桥式起重机、两用(三用)桥式起重机、大起升高度桥式起重机等。

按主梁结构形式,桥式起重机可分为箱形结构桥式起重机、桁架结构桥式起重机、管形结构桥式起重机。还有由型钢(工字钢)和钢板制成的简单截面梁的起重机,称为梁式起重机。梁式起重机多采用电动葫芦作为起重小车。

2)桥式起重机的用途

桥式起重机的使用范围很广,它广泛应用于各类工业企业、港口车站、仓库、料场、水电站、火电站等国民经济各部门。

不同类型的桥式起重机所吊装的重物不同,根据不同的要求采用不同的吊具。吊钩起重机吊装各种成件重物;抓斗起重机吊装各种散装物品,如煤、焦炭、砂、盐等;电磁起重机吊装导磁的金属材料,如型钢、钢板、废钢铁等。

两用起重机是为了提高生产效率,在一台小车上装有可换的吊钩和抓斗或者电磁盘和抓斗,但每一工作循环只能使用其中的一种取物装置;三用起重机装有吊钩、马达抓斗、电磁铁 3 种可以互换的取物装置,可吊装成件、散粒物品或导磁的金属材料,但每次吊装重物时,只能使用其中的一种。

防爆起重机用于在有易燃、易爆介质的车间、库房等场所吊装成件重物,起重机上的电气设备和有关装置具有防爆特性,以免发生火花;绝缘起重机用于吊装电解车间的各种成件物品,起重机上有关部分具有可靠的绝缘装置,以保证安全操作。

双小车起重机同一主梁上设有两台相同的小车,用来搬运长件材料,各小车又可单独使用。

挂梁起重机通过两个吊钩上的"平衡梁"挂钩或"平衡梁"上的电磁盘来吊装和堆垛各种长件材料,如木材、钢管、棒材、型材、钢板等。

5.2.2 桥式起重机的基本结构

尽管桥式起重机的类型繁多,但其基本结构是相同的。桥式起重机主要由大梁、起升装置、端梁、大梁行走机构、起升装置行走机构、轨道和电气动力、控制装置等构成,如图5.4所示。

1)大梁结构

桥式起重机一般采用两根大梁用端梁连接组合使用,称为"双梁桥式起重机",只有少数轻型桥式起重机采用"单梁",称为梁式起重机。

桥式起重机大梁的结构形式主要有箱形结构、偏轨箱形结构、车偏轨箱形结构、偏轨空腹箱形结构、单主梁箱形结构、四桁架式结构、三角形桁架式结构、单腹板梁结构、曲腹板梁结构及预应力箱形梁结构等,最常见的是箱形结构。箱形梁由上盖板、下盖板和两个腹板构成一个箱体,箱内还有纵横长短筋板,如图5.4所示。在箱形主梁的一侧铺设走台板和栏杆,在上盖板上铺设起升装置的行走轨道。为了检修的方便,在大梁上还布置有供人行走的"走台"和"栏杆"。

2)起升机构

起升机构用来实现货物的升降,是起重机上最重要和最基本的机构。桥式起重机的起升机构,除了少数"梁式起重机"采用电动葫芦外,一般均采用起重小车。起重小车由车架、运行机构、起升卷绕机构、电气设备等组成,如图5.5所示。

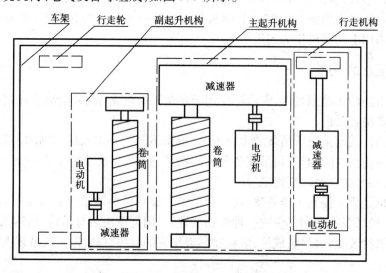

图5.5 桥式起重机小车示意图

车架支承在4个车轮上,车架上的运行机构带动车轮沿小车轨道运行,以实现在"跨间"

宽度方向不同位置的吊装。

起升卷绕机构实际上是一台电动卷扬机和滑轮组的组合。起重量大于 150 kN 的桥式起重机,一般具有两套起升卷绕机构,即"主钩"和"副钩","主钩"的额定载荷较大,但起升速度缓慢,"副钩"的额定载荷较小,但起升速度较快,用以起吊较轻的货物或作辅助性工作,以提高工作效率。在桥式起重机的铭牌上对其额定载荷的标注通常将"主钩"额定载荷标注在前,"副钩"额定载荷标注在后,中间用"/"隔开,如"1600 kN/50 kN"。

5.2.3　桥式起重机的基本参数

桥式起重机的基本参数主要有"额定载荷""跨度""起升高度""工作速度"和"工作级别"等。桥式起重机的"额定载荷"一般为 50 ~ 5 000 kN,我国生产的标准桥式起重机系列有 13 种,即:50、80、125/30、160/30、200/50、320/80、500/125、800/200、1 000/320、1 250/320、1 600/500、2 000/500、2 500/500。

桥式起重机的跨度指的是其大梁两轨道中心线的距离,它决定了桥式起重机的工作范围。目前我国生产的标准桥式起重机的跨度最小为 10.5 m,最大为 31.5 m,每隔 3 m 一个规格,即:10.5、13.5、16.5、19.5、22.5、25.5、28.5、31.5 m。

"起升高度"指的是吊钩上升到上极限位置时,吊钩中心线地至面的垂直距离,一般标准桥式起重机的起升高度在 12 ~ 32 m。

桥式起重机的其他有关参数见附录"桥式起重机的有关参数表"。

5.2.4　桥式起重机吊装的特点、要求及安全措施

1)特点

用桥式起重机吊装设备是应用最普遍的一种吊装方法,具有以下鲜明的特点:

①大梁可沿厂房纵向全程运行,小车可在大梁桥架上横向运行,在车间内构成一矩形工作范围。

②起重量和起重高度可以很大。

③允许在一定范围内超载吊装(静载可达 125,动载为 110%)。

④方便采取某些加强、加固措施,以增加其起重能力。

⑤起重作业简便,灵活机动,安全可靠。

⑥吊装工作效率高.辅助机具少,消耗吊装费用较低。

⑦在某些重型工厂或车间,对一些重型设备,因受桥式起重机起重量限制,尚难达到整体起吊时,可利用厂房建筑物与桅杆等起吊机具进行联合吊装,以增加其利用率。

⑧对具有主、副双钩的桥式起重机,增加了其吊装作业能力和灵活性。

⑨桥式起重机吊装一般为室内作业,不受风、雨、雪等自然现象的干扰。

2)吊装要求和安全措施

①要保证桥式起重机的起升系统、走行系统、制动系统等工作正常可靠。

②确保桥式起重机的安全机构,如大、小车的行程开关、起升和走行机构的制动器、吊钩起升限位、超重报警等工作可靠。

③严格控制超负荷吊装的超载量和超载次数。如需超载吊装,应编制超载吊装方案并严

格执行。

④对超负荷吊装必须进行试吊,并测量其主梁无负荷时的上拱度和吊重后的下挠度以及上拱度减少量。

⑤吊装作业时,要使吊钩与被吊物的重心在一条铅垂线上,不允许"歪拉斜吊"。

⑥在吊装作业中,应坚持"慢速""平稳",减少动荷载的影响。

⑦吊索捆绑处要尽量避开设备的精加工表面,如无法避开时,应采用工业羊毛毡或橡胶运输带等加以保护。

⑧在吊装设备前应检查并确认大车轨道的安装偏差,如跨距、轨道标高、钢轨横向水平度、轨道接头等的偏差,均应在允许范围内。

⑨使用露天的桥式起重机时,不得在 5 级以上风力下吊装设备,较大雨雪天气应停止吊装。

⑩一台桥式起重机的两吊钩同时抬吊一重物时,其总负荷不得超过主钩的额定载荷。

5.3　龙门起重机

龙门起重机广泛应用于工程建设中的各类露天场地,如建筑与桥梁建设工地中的构件预制场,工业设备安装工地中的设备堆放、组装、部件预制场地等,在其他诸如车站、码头、料场、水电站、造船工业中也有着广泛的应用。

5.3.1　龙门起重机的分类及构造

龙门起重机的类型按用途可分为一般用途龙门起重机、集装箱龙门起重机、水电站龙门起重机、船坞龙门起重机等数种,在土木工程建设中,使用较多的是一般用途龙门起重机。龙门起重机由金属结构(包括桥架、支腿、驾驶室等)、机构(包括起升机构—起重小车、起重小车行走机构、龙门起重机行走机构等)及电气与控制系统组成,如图 5.6 所示。

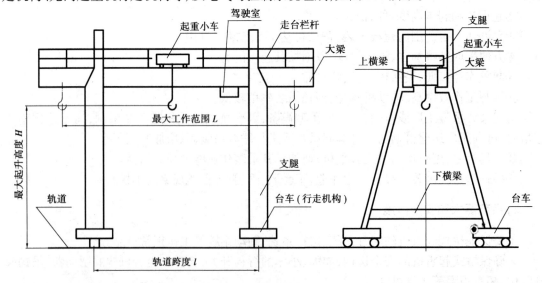

图 5.6　龙门起重机示意图

按取物装置的形式,龙门起重机可分为吊钩式龙门起重机、抓斗式龙门起重机、电磁式龙门起重机、两用或三用龙门起重机。

按行走机构的形式,龙门起重机可分为轨道式龙门起重机和轮胎式龙门起重机。

按主梁的结构,龙门起重机可分为箱形梁龙门起重机和桁架梁龙门起重机。

按主梁的数量,龙门起重机可分为单梁和双梁龙门起重机。

按支腿的形式,龙门起重机可分为L形支腿龙门起重机、C形支腿龙门起重机、带马鞍的八字形支腿龙门起重机、U形支腿龙门起重机等,如图5.7所示。

按悬臂的数量,龙门起重机可分为双悬臂龙门起重机、单悬臂龙门起重机、无悬臂龙门起重机等。

目前国内生产的龙门起重机,其额定起重量一般不大于 400 kN(40 t),跨度可以达到 60 m,起升高度可达到 16 m,满载起升速度可达到 35~45 m/min,空载起升速度可达到 70~100 m/min。

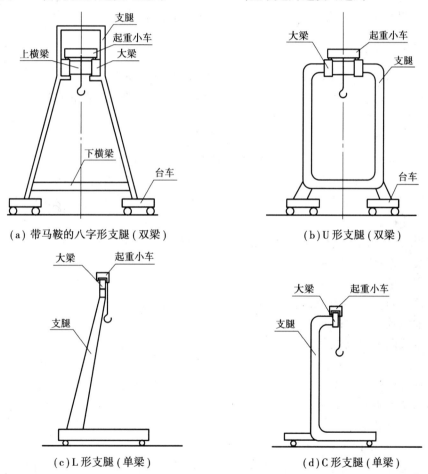

（a）带马鞍的八字形支腿（双梁）　　　（b）U形支腿（双梁）

（c）L形支腿（单梁）　　　（d）C形支腿（单梁）

图5.7　龙门起重机支腿的几种常见形式

5.3.2　典型龙门起重机的介绍

1）结构

JL030.5t 型轨道式吊钩龙门起重机是目前国内广泛使用的一种轨道式吊钩龙门起重机,

其整体特征为箱形、偏轨箱形双主梁双悬臂龙门架结构。

整机金属结构由主梁、上下横梁、支腿、台车、小车架等组成。龙门架用钢板焊接2根偏轨箱形主梁和2根连接横梁组成的顶面水平框架;起重机的4条箱形支腿中,轨道同侧的2条支腿在下端用下横梁连接,构成了2个竖直平面框架,构成了起重机双主梁刚性龙门架结构形式。

在偏轨箱形主梁上盖板上铺设小车运行轨道,主梁上盖板兼行走台,在一根主梁的内侧沿全长设架一根工字梁,供小车供电电缆跑车运行。该主梁外侧有电气房,电气房下方门腿上装有电缆卷筒。在另一根主梁下方的一条支腿上设有扶梯,在两根下横梁的下方设有夹轨器。

2)性能参数

JLQ30.5 t型轨道式吊钩龙门起重机额定起重为305 kN(30.5 t),跨度为18 m,两端有效悬臂长7.5 m(等悬臂),起升高度为8.2 m,小车轨距为14.66 m,小车轨道大车顶高度为13.5 m。主起升机构、大车运行机构、小车运行机构的工作级别为重级,旋转机构中级。

3)起重机的安装

JLQ30.5 t型轨道式吊钩龙门起重机的安装是一项很重要的工作,应按照确定的方案与程序进行安装施工,以确保施工安全、提高工作效率、保证安装质量、节省安装费用。通常,较合理的安装程序如下:

①安装前的准备:

a.编制安装方案。该型龙门起重机安装的关键是由大梁组成顶面水平框架和2个由支腿组成的竖直平面框架的吊装和三者之间的连接工艺,应根据现场条件,选择合理的吊装方法,选择起重机械。最常用的吊装方法是4副双桅杆(或龙门桅杆)作为主要起重设备,自行式起重机配合作业。

b.轨道检验。该机选用QU100型钢轨作运行轨道,要求控制以下指标:

跨度及误差:18 000 ±4 mm;

轨道中心偏差:≤2 mm/m;

钢轨接头间隙 <2 mm;轨道接头为倾斜45°的斜切口;

接头处轨顶高差≤1 mm;

同一横截面内两侧轨道高差:≤10 mm。

c.组织施工队伍,并对参加起重机安装施工的工人进行安装技术与安全知识培训。

d.检查、清洗、检验或修复运输到位的龙门起重机的结构件或机件。

e.制作支承胎架各4副。

f.安装现场划线。

②结构件、机电设备二次运输到现场。

③胎架定位。按画线位置,利用自行式起重机安装好支承门架的4个胎架,并定位固定,并且检查胎架上平面度误差符合安装精度标准。

④组装主梁水平框架。利用自行式起重机吊装2根主梁和上横梁于胎架上固定,并用螺栓连接为水平框架,按说明书要求检查平面度、几何尺寸等各项精度指标。

⑤安装双桅杆及起重机具。

⑥主梁水平框架提升及下横梁安装。检查双桅杆起重机及缆风绳、地锚、机具等,确认无误后,松开主梁与胎架的连接起吊(提升)主梁水平框架到离地面有足够的高度,调整各台双桅

杆起重机钢丝绳张紧程度。同步开动卷扬机,将主梁水平框架提升至稍高于下横梁安装所需高度后,卷扬机制动。汽车起重机吊入下横梁于胎架上,缓慢下放主梁水平框架至下横梁上方。

⑦小车桥架(组件)安装。吊装小车桥架,于主梁水平框架中央固定。

⑧吊装旋转小车及导向装置,以及起重机旋转小车的驱动、传动与支承。对上述各机构进行安装、检查与调整,保证组件符合安装技术条件。

⑨电气房及机电设备安装。

⑩支腿吊装。利用桅杆起重机提升主梁水平框架到一定高度(按说明书),再用自行式起重机分别将支腿吊装于主梁与下横梁之间连接。

⑪大车运行机构及台车安装:

a. 将主动台车架、主动轮、驱动传动系统组装成主动台车架,将从动车轮组装成从动车组,再用平衡梁将主、从动台车连接成运行机构台车组件。

b. 吊装:拆去下横梁与胎架的连接,桅杆起重机将龙门起重机整体同步提升至能够顺利安装运行台车的高度位置,制动卷扬机。将4组台车组件推入龙门架下方各相应的画线位置,缓慢下降龙门架组件,使下横梁与运行台车上的接头对位并连接。

⑫安装电缆卷筒、梯子平台、栏杆等。

⑬安装吊具系统及电液系统。

⑭拆去桅杆起重机及其所有工装具。拆除所有辅助施工装置,准备起重机的实验交工验收。

拆除龙门起重机的程序与安装相反。安装和拆除龙门起重机具有一定的吊装风险,在安装与拆除过程中,应设计好每一步骤的工艺,严格按工艺执行,以确保安全。

5.4 万能杆件在起重工程中的应用

5.4.1 万能杆件的构造及规格尺寸

钢制"万能杆件"又称拼装式钢脚手架,可以组合、拼装成桁架、墩架、塔架或龙门架等形式,常用于桥梁施工的墩台、索塔的施工脚手架等,也可作为临时桥梁的墩台和桁架。在起重工程中,常常根据施工现场的环境条件,将其组合、拼装成各种形式的非标准起重机进行吊装作业。图5.8是某工地利用万能杆件组合、拼装成的两种吊架进行吊装的示意图。

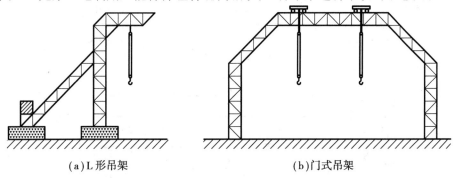

(a)L形吊架   (b)门式吊架

图5.8 万能杆件组合、拼装成的吊架示意图

万能杆件拆装容易,运输方便,组合、拼装的形式灵活,一般不需要布置缆风绳和地锚,适应环境条件的能力较强,其承载能力和起升高度可以根据设计要求进行组合。同时由于可以进行租赁使用,可以大幅度降低施工成本,因此,"万能杆件"是一种适用范围较广、利用效率较高的施工设备。

1)杆件构造

万能杆件由各种标准杆件、节点板、缀板、填板、支承靴组成。其类型有铁道部门生产的甲型(又称 M 型)、乙型(又称 N 型)和西安筑路机械厂生产的乙型(称为西乙型)。3 种类型在结构、拼装形式上基本相同,仅弦杆角铁尺寸、部分缀板的大小和螺栓直径稍有差异。

西乙型万能杆件共有大小杆件 24 种,分为以下 6 大类:

①杆件及拼接用的角钢零件。杆件及拼接用的角钢零件 9 种,它们分别是"长弦杆""短弦杆""斜杆""立杆""斜撑""连接角钢""支承角钢""支承靴角钢""长立杆",其编号分别为1、2、3、4、5、6、7、7A、16。"长弦杆"和"短弦杆"的结构示意图如图 5.9 和图 5.10 所示。

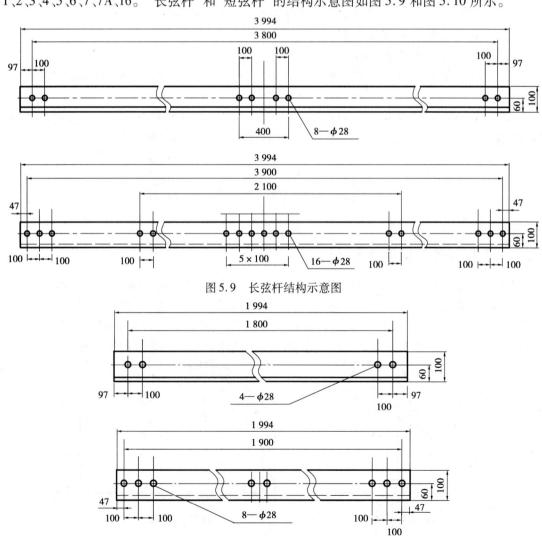

图 5.9　长弦杆结构示意图

图 5.10　短弦杆结构示意图

②节点板。节点板共有 9 种,编号分别为 8、11、13、17、18、22、22A、23、28。

③缀板。缀板分为 2 种,编号为 19、20。

④填板。填板只有 1 种,编号 15。

⑤支承靴。支承靴只有 1 种,编号 21A。

⑥普通螺栓。普通螺栓有 2 种,编号 24、25。

2) 万能杆件规格尺寸

万能杆件规格、尺寸见表 5.5。

N 型万能杆件的 3 为 ∟100×75×10×2 350(单位为 mm);9 为连接角钢 ∟75×75×8×630(单位为 mm);10 为横撑角钢 ∟75×75×8×5 770(单位为 mm);25 为螺栓,直径改为 $\phi28$(mm),各种节点板与支承靴尺寸稍有不同;无 28 大节点板;其余杆件规格尺寸与西乙型万能杆件相同。

表 5.5　万能杆件规格、尺寸

编　号	名　　称	规　　格	单位质量/kg
1	长弦杆	∟100×100×12×3 994	71.49
2	短弦杆	∟100×100×12×1 994	35.69
3	斜杆	∟100×100×12×2 350	42.07
4	立杆	∟75×75×8×1 770	15.98
5	斜撑	∟75×75×8×2 478	22.38
6	连接角钢	∟90×90×10×580	8.2
7	支承角钢	∟100×100×12×494	8.84
7A	支承靴角钢	∟100×100×12×594	10.63
8	节点板	□250×280×10	9.42
11	节点板	□860×552×10　　A=3 389 cm²	35.88
13	节点板	□580×552×10　　A=2 492 cm²	19.56
15	弦杆填塞板	□80×480×10	3.01
16	长立杆	∟75×75×8×3 770	34.04
17	节点板	□626×350×10　　A=2 005 cm²	15.74
18	节点板	□305×314×10　　A=606 cm²	4.76
19	缀板	□210×180×10	2.97
20	缀板	□170×160×10	2.14
21A	支承靴		24.01
22	节点板	□580×392×10	17.85
22A	节点板	□580×566×10	25.77
23	节点板	□540×262×10　　A=1 334 cm²	10.47
24	普通螺栓	$\phi22$×(40、50、60)	
25	普通螺栓	$\phi27$×(40、50、60、70、80)	
28	大节点板	□860×886×10　　A=7 042 cm²	73.84

注:各种杆件除 1 920 用 Q235 钢制作外,其余均用 Q345 钢制作。

M 型万能杆件是早期产品,1、2、7 杆件角钢为∠120×120×10(单位为 mm),6 为∠100×100×10×580(单位为 mm);25 为螺栓,直径为 φ27(单位为 mm);其余杆件与 N 型万能杆件基本相同。

5.4.2 万能杆件组拼原则

用万能杆件组拼成桁架、墩架、塔架时,每个拼装单元的高度应为 2 m、4 m 及 2 m 的倍数。当高度为 2 m 时,腹杆为三角形;当高度和宽度为 4 m 时,腹杆为菱形;高度超过 6 m 时,则可做成多斜杆的形式。桁架、墩架、塔架中的各杆件,可根据承载能力的要求,采用 1 根、2 根和 4 根标准杆件组合,如图 5.11 所示。

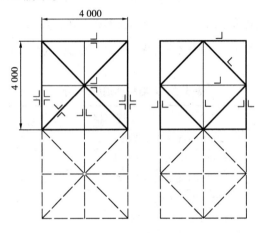

图 5.11　万能杆件单元拼装示意

5.5　自升式龙门桅杆起重机

自升式龙门桅杆起重机是一种新型桅杆起重机,目前其最大额定起重量达到在高度 100 m 时吊装 1 000 t。自升式龙门桅杆由于可以自行升高和降低,安装、拆卸更方便,使用更灵活,可以节约大量的安装、调整、拆卸等环节的时间和费用。

自升式龙门桅杆起重机由于采用"龙门"式,在一个方向上的稳定性已由结构保证,所以需要的缆风绳、地锚较少,可以降低施工成本,同时降低施工对现场环境条件和空间的要求。

自升式龙门桅杆起重机一般在其底部装有滑移轨道,在自行升高和降低的过程中利用该滑移轨道送入或移走桅杆标准节,也可以根据需要,沿轨道平行移动到其他吊装位置,进行另一个设备的吊装。

自升式龙门桅杆由下节、上节、爬升套架和标准节组成,在爬升套架上装有爬升液压缸和固定装置,其"自升"的原理如图 5.12 至图 5.16 所示。

1)铺设轨道

如图 5.12 所示,轨道需要铺设 4 条,其中 2 条供 2 个爬升套架移动,2 条供运输标准节的小车移动。为了承重和标准节定位,轨道一般宜采用滑台(型式见第 6 章)。轨道铺设要求水平。

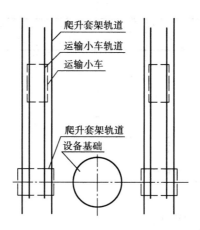

图5.12　自升式桅杆起重机轨道铺设

轨道基础一般采用"道渣"和枕木。

2)桅杆自升的工作原理

①如图5.13所示,桅杆爬升套架安装在基础轨道上,并用专用固定装置固定,在爬升套架顶部四角安装4个提升液压缸和桅杆固定装置;吊装桅杆上部2～3节标准节和横梁,在横梁上安装好起重提升机构和缆风绳,并用爬升套架上部的桅杆固定装置固定桅杆。

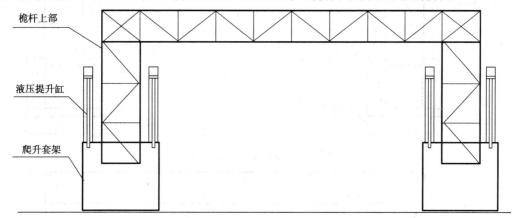

图5.13　自升式桅杆爬升前的安装

②用运输小车将桅杆的标准节运输到爬升套架下部定位,伸出4个提升液压缸的液压杆与小车连接,如图5.14所示。

③提升小车,使需要组装的标准节与已固定在爬升套架上部桅杆连接,如图5.15所示。

④检查桅杆连接牢固后,松开爬升套架上部的桅杆固定装置,进一步提升小车,使桅杆上升到爬升套架顶部,并用爬升套架上部的桅杆固定装置固定,如图5.16所示。

⑤放下小车,进行下一个标准节的运输,如此循环,整个桅杆被逐节升高到要求高度。升高过程中,应实时调整缆风绳,保持桅杆稳定。

设备吊装完成后,由于设备的阻挡,桅杆起重机不能在原地拆卸。此时,应松开爬升套架在其轨道上的固定装置,沿轨道移动爬升套架,使桅杆离开设备影响的范围,再按爬升相反的顺序拆卸桅杆。

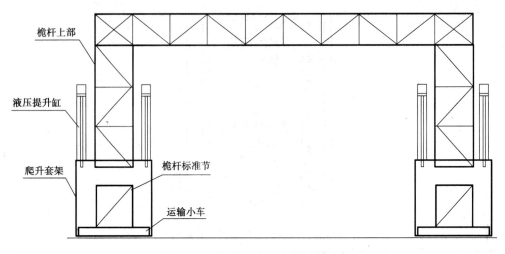

图 5.14　用运输小车运入桅杆标准节

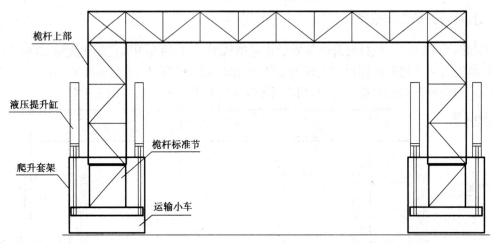

图 5.15　提升运输小车及桅杆标准节

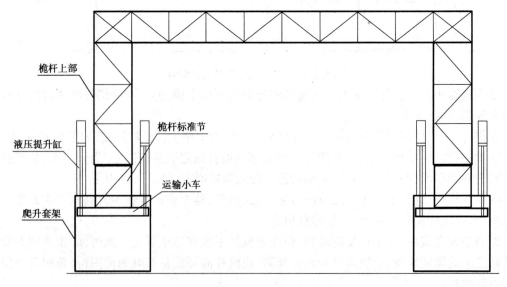

图 5.16　提升整根桅杆

自升式龙门桅杆起重机的起升机构可以采用传统的滑轮组、卷扬机,更可以采用液压提升装置(其工作原理见第7章)。采用液压提升装置可以方便地采用计算机控制,为多点联合吊装中各点的同步创造了有利条件。

自升式龙门桅杆起重机继承了原桅杆起重机简单、灵活、起重量大、能适应某些特殊吊装的要求,改进了原桅杆起重机组装、拆卸麻烦,需要缆风绳和地锚较多,工人劳动强度大等弱点。利用自升式龙门桅杆起重机可如门式起重机一样进行垂直吊装、水平运输,也可如双桅杆一样进行滑移吊装高耸设备或构件,还可以与单桅杆一样,进行单点对称吊装和多点联合吊装大面积结构。

5.6　缆索式起重机

缆索起重机用于跨度很大的情况下吊运重物。它由两个支架和支架之间钢缆组成。起重小车在钢缆上移动,进行重物的水平运送和垂直吊装。由于缆索起重机的工作范围大,吊运工作受地形影响很小,适宜在山区和峡谷等环境条件恶劣的地区应用。因此,缆索起重机广泛应用于桥梁建设。近年来,由于各种建筑结构的结构复杂程度和高度、长度、宽度、重量等大幅度增加,结构本身及附着于结构上的设备的吊装条件趋于困难,工程中常直接利用缆索起重机或将缆索起重机进行扩展和改造,进行各类建筑结构和设备的水平运送和垂直吊装。

缆索起重机的主要特点有:①工作范围大,水平运距长,兼有垂直起重和水平运输双重功能。国外有跨距达1 800 m,吊重高达200 m以上的缆索起重机。②支承钢缆高悬空中,不受地形限制,也不影响作业范围内的其他工作和交通运输,环境适应能力强。③生产率高,其小车的运行速度、吊钩起升速度、支架移动速度都比其他起重机大许多倍,高速缆索起重机的小车运行速度达670 m/min,吊钩起升速度可达290 m/min。

缆索起重机分为固定式和移动式两种。移动式根据移动形式又分为"平移式"和"辐射式"。固定式具有两个固定支架,支架顶端连接承载钢缆,起重小车支承在钢缆上,由牵引绳牵引移动,其作业范围是一条狭窄地带。固定式缆索起重机大多是小型起重机,用于吊装和运输重量不大的构件或承担辅助工作,如图5.17所示。

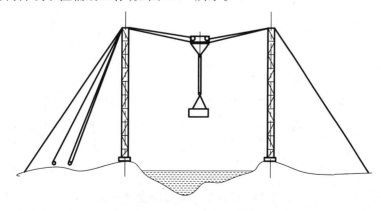

图5.17　固定式缆索起重机

平移式的两个支架可在两条平行轨道上同步移动,其作业范围是以起重机跨度为长、以起重机平移距离为宽的矩形空间。平移式起重机工作范围大,在工程中用得较多,如图5.18所示。

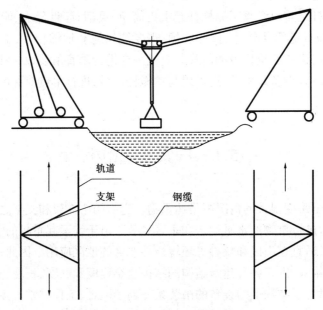

图 5.18　移动式(平移式)缆索起重机

辐射式的一个支架固定,另一个支架可绕着固定支架作圆弧形轨迹的移动,其作业范围是一个扇形空间,适用于材料场中由一点集中送料到多处,或由多处运料到一点的场合,如图5.19所示。

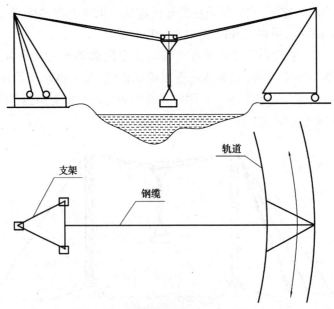

图 5.19　移动式(辐射式)缆索起重机

缆索起重机由塔式支架、承载装置、驱动装置、电气系统和安全保护装置等组成。

1）塔式支架

塔式支架是缆索起重机的支承受力构件。固定式缆索起重机的支架有桅杆式、门式和三角形三点支承式等数种；移动式缆索起重机多为塔架三点或四点支承。支架一般是焊接桁架结构或箱形结构。顶部安装有连接承载钢缆和缆风绳的连接装置，底部与轮轨台车相铰接。支架一般分段制造，便于装运和拼装。

2）承载装置

承载装置由承载钢缆、承码、钢缆的固定与调节装置及起重小车等组成。承载钢缆与一般钢丝绳绳不同，其最外层用 Z 形钢丝紧密嵌贴，形成了封闭的光滑圆形断面，减少起重小车在运行时的移动阻力，且耐磨。承载钢缆两端通过专门装置与塔架顶端相连，利用液压张紧装置或丝杆 3 调整其张紧程度。承码 6 用于支持承载钢缆，以减少其摇晃。起重小车 5 可在承载钢缆上行走，由金属架、行走轮和起升滑轮组等组成，有专门的牵引钢丝绳牵引移动。

3）驱动装置

缆索起重机的驱动装置包括吊钩升降机构、小车行走机构和塔架行走机构的驱动。各机构都有独立的电动机、经联轴器和减速器驱动。

4）电器控制系统

缆索起重机采用多个独立直流电动机驱动。外电源是 3 000 ~ 6 000 V 的交流电引入，经过可控硅整流或直流发电机以后，以直流电通入各个直流电动机带动工作机构工作。电气系统的控制多集中在主支架顶部操纵室内，视野开阔，并装有各种指示信号和声响设备。

缆索起重机上一般装有重量超载限制器、吊钩升高限位开关、小车行程限位开关、塔架行走终点开关和限位器等。中、大型机还设有大风报警信号和声响设备。

安装工程中，为适应一些高难度吊装的要求，常根据现场环境条件，将缆索起重机进行扩展应用。如上海"东方明珠"电视塔上有两个球体结构，需要将设备吊装进上面的小球体结构中。由于小球体结构标高太高，其他起重机很难发挥作用，工程师们将缆索起重机进行扩展，利用电视塔上部钢结构作为缆索起重机的一个支架，另一个支架安装在地面，形成高空倾斜承重缆索，成功地进行了吊装。

6

常用起重工艺

6.1 平移工艺

6.1.1 平移工艺概述

"平移"是起重工程中的一项重要工艺技术。所谓"平移",是指将重物放置于沿水平方向铺设的轨道上,通过牵引或顶推,使重物沿轨道移动,到达指定就位位置。

目前,一些大型结构(如机场航站楼、体育场顶盖钢结构等),工作量巨大,复杂程度较高,有的被分成几个相对独立的组成部分。施工时,为了拓展施工面、减少各部分施工的相互干扰、加快进度,常采用分别在不同的位置施工,待各部分施工完毕后,采用"平移"的方法将各部分移动到一起进行组装。图6.1是某大桥钢结构"平移"就位的实例。

图6.1 某大桥钢结构"平移"就位实例

"平移"工艺不仅可以单独进行,很多情况下还可以与垂直吊装组合使用,形成新的起重工艺方法。如在以后章节中要介绍的针对高耸设备或高耸结构吊装的"滑移法",就是平移与垂直吊装组合使用所形成的。

"平移"工艺对重物的重量和体积没有严格限制,既可以是几吨重的小型设备或构件,也可以是数百吨甚至数千吨的大型结构,国内曾有数万吨的大型构筑物平移数百米的记录。对于重量较大的设备或结构,必须对施工场地进行特殊的处理。同时,每次平移,都必须对平移路线、工艺装置等进行施工设计。

6.1.2　平移的工艺方法及工艺布置

平移的基本工艺方法概括起来有两大类,"滚运"和"滑运"。

1)滚运法

该方法是在设计好的路线地面上,用道木铺设运输轨道;在道木轨道上放置滚杠,滚杠采用无缝钢管;在无缝钢管滚杠上放置钢制拖排;设备放置在钢制拖排上;采用滑轮组、卷扬机牵引拖排,达到平移的目的。对于较小型的设备,滑轮组、卷扬机也可用手动葫芦代替,如图6.2和图6.3所示。

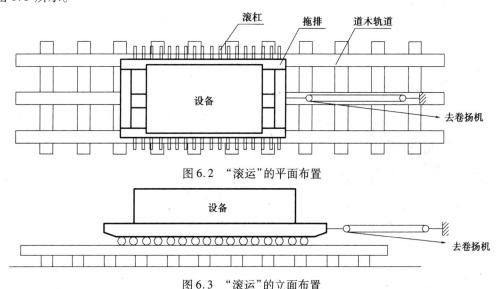

图6.2　"滚运"的平面布置

图6.3　"滚运"的立面布置

"滚运"这种方法一般用于中、小型设备或构件。重型设备或构件一般采用"滑台轨道滑运法"。

2)滑台轨道滑运法

该方法主要针对重型设备或大型结构的平移,目前该方法也用到了建筑物的整体移位上。如图6.4所示,在道木地基上铺设重型钢轨,钢轨的根数由设备或结构的重量决定。

钢制滑台放置于钢轨上,其"滑靴"与钢轨相啮合,并在"滑靴"与钢轨间涂抹润滑油,以减少摩擦,设备或结构放置在钢制滑台上,牵引装置牵引滑台移动,达到平移的目的。

对于大型结构的整体移位,为减少冲击,常用液压千斤顶的牵引或顶推代替卷扬机和滑轮组的牵引。

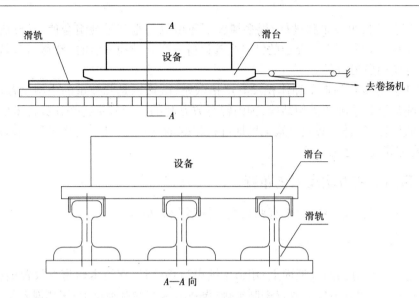

图 6.4　滑台轨道滑运法

6.1.3　滑运牵引力的计算

1)受力分析

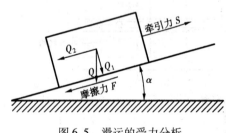

图 6.5　滑运的受力分析

受力分析如图 6.5 所示,设在倾斜轨道上,轨道的倾斜角度为 α,重物的重力 Q 可分解为垂直轨道的正压力 Q_1 和平行于轨道的分力 Q_2,重物与轨道之间产生的摩擦力为 F。

则有:

$$Q_1 = Q \cdot \cos \alpha$$
$$Q_2 = Q \cdot \sin \alpha$$
$$F = Q_1 \cdot \mu = \mu \cdot Q \cdot \cos \alpha$$

2)牵引力计算

(1)在斜面上的牵引力计算

根据力的平衡有:

$$S = Q_2 \pm F = Q \cdot \sin \alpha \pm \mu \cdot Q \cdot \cos \alpha$$

式中　μ——摩擦系数,一般钢滑台对钢轨,加润滑油,取 0.04,不加油取 0.1。

在上式中采用" $\pm$ ",是考虑了在斜坡上将重物是向上拉还是向下放两种情况。向上拉时,摩擦力 $\mu \cdot Q \cdot \cos \alpha$ 方向向下,与下滑力 $Q \cdot \sin \alpha$ 同向,应采用" + ";反之,则应采用" - ",以下均相同。

(2)在平地上的牵引力计算

通常重型设备和大型结构的平移都在平地上进行,但为了计入地基的沉陷,一般都应将轨道铺设具有一定的坡度,坡度值的大小,应综合考虑地基的承载能力和设备大型结构的重量。为简化计算,同时考虑 α 很小时,$\sin \alpha$ 与 $\tan \alpha$ 非常接近,所以牵引力 S 按下式计算:

$$S = \mu \cdot Q + \frac{Q}{n}$$

式中 $1/n$——为轨道铺设的坡度。

（3）启动系数

考虑启动时的摩擦力远大于运动中的摩擦力，一般考虑2.5~5的启动系数，所以实际牵引力应为计算值乘上启动系数。

即：

$$S_s = K_q \cdot S$$

【例6.1】某工地安装一台设备，设备基座重1 000 kN，需从设备堆放场地运输到安装位置，设采用滑台滑运方法，轨道铺设坡度为$1/n = 1/10$，试选用卷扬机和滑轮组。

【解】（1）牵引力计算：

取摩擦系数$\mu = 0.04$，

$$S = \mu \cdot Q + \frac{Q}{n} = 1\,000 \times 0.04 + \frac{1\,000}{10} = 140(\text{kN})$$

考虑启动系数为2.5，则需要的实际最大拉力为：

$$S_s = K_q \cdot S = 2.5 \times 140 = 350(\text{kN})$$

（2）选择滑轮组

查表2.11H系列滑轮组规格表，选择50 t滑轮组，6门；其工作绳数为12；设导向轮为2，花穿。

（3）跑绳拉力计算

查表2.12滑轮组载荷系数表得：载荷系数$\alpha = 0.111$

滑轮组跑绳拉力P为：$P = \alpha \times S_s = 0.111 \times 350 = 38.85(\text{kN})$

（4）选择滑轮组钢丝绳。查表2.2钢丝绳规格表，取安全系数为5，得：材料强度极限为1 440 MPa，6×37 + 1规格的钢丝绳，$\phi 20$。再查表2.11滑轮组规格表，为与滑轮组相匹配，选直径$\phi 23.5$。

（5）选择卷扬机。查表2.15卷扬机规格表，选5 t慢速卷扬机。

6.1.4 滚运牵引力的计算

1）受力分析

受力分析如图6.6所示。设在倾斜轨道上，轨道的倾斜角度为α，设备的重力Q可分解为垂直轨道的正压力Q_1和平行于轨道的分力Q_2。

其计算式为：

$$Q_1 = Q \cdot \cos \alpha$$
$$Q_2 = Q \cdot \sin \alpha$$

滚杠与轨道之间和滚杠与拖排之间均要产生滚动摩擦力F。滚动摩擦系数为长度值，其单位一般为cm，设滚杠与轨道之间的摩擦系数为μ_1，滚杠与拖排之间的摩擦系数为μ_2。则滚杠与轨道之间

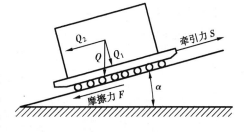

图6.6 倾斜轨道上滚运设备分析图

的摩擦力为 F_1,以及滚杠与拖排之间的摩擦力为 F_2 分别为:

$$F_1 = \frac{\mu_1 \cdot Q_1}{D}$$

$$F_2 = \frac{\mu_2 \cdot Q_2}{D}$$

$$F = F_1 + F_2 = \frac{Q_1 \cdot (\mu_1 + \mu_2)}{D}$$

式中　D——滚杠直径,cm;

　　　μ——滚动摩擦系数,cm。

几种常用的滚动摩擦系数为:

滚杠对水泥地面: $\mu = 0.08$

滚杠对道木: 　　$\mu = 0.10$

滚杠对钢轨: 　　$\mu = 0.05$

2)牵引力计算

(1)在斜面上的牵引力计算

根据力的平衡有:

$$S = Q_2 \pm F = Q \cdot \sin \alpha \ \pm \ \frac{Q \cdot \cos \alpha \cdot (\mu_1 + \mu_2)}{D}$$

(2)在平地上的牵引力计算

为了计入地基的沉陷,一般都应将轨道铺设为具有一定的坡度,坡度值应按地基承载能力和设备或结构的重量设置。为简化计算,同时考虑到 α 很小时,$\sin \alpha$ 与 $\tan \alpha$ 非常接近,$\cos \alpha$ 约等于1,所以牵引力 S 按下式计算:

$$S = Q \cdot \frac{\mu_1 + \mu_2}{D} \ + \ \frac{Q}{n}$$

(3)启动系数

考虑启动时的摩擦力远大于运动中的摩擦力,一般需考虑启动系数,实际牵引力应为计算值乘上启动系数。

即: 　　　　　　　　　　　　$S_s = K_q \cdot S$

常用滚动启动系数:

滚杠对钢轨: 　　$K_q = 1.5$

滚杠对道木: 　　$K_q = 2.5$

滚杠对地面: 　　$K_q = 3 \sim 5$

6.2 利用建筑物吊装法

此方法常用于设备(构件)的就位高度非常高的场合。对于此种情况,如采用其他吊装方法,可能出现:①起重机的吊装高度达不到要求;②起重机的吊装高度虽可达到要求,但其起重能力达不到要求;③选用额定起重量很大的起重机来同时满足吊装高度和起重能力的要求,又导致地基、道路和周围的环境条件必须经特殊处理,施工成本高、施工周期长等问题的发生。此时,采用"利用建筑物吊装法",是降低施工成本、保证施工工期的比较合理的工艺方法。

"利用建筑物吊装法"最常用的方法有两大类,一是在建筑物顶部安装起重机,利用建筑物的高度提高起重机的吊装高度进行吊装;二是直接采用建筑物做起重机的承载结构,在其上部合适位置固定提升机构进行吊装。

在建筑物顶部安装起重机进行吊装,可以安装自行式起重机,也可以安装桅杆起重机。安装自行式起重机,由于自行式起重机自重较重,现场的塔式起重机不能满足要求,就涉及自行式起重机自身的吊装、拆卸以及建筑物顶部结构的加强。在目前的技术条件下,一般在建筑物顶部标高较低、且吊装工程量较大的情况下才采用;桅杆起重机可以拆卸成较小的部件,通过现场的塔式起重机吊装到建筑物顶部安装位置,并进行安装和拆卸,可以适用于大多数工程情况,但其施工工艺复杂、技术要求高,且施工效率较低,劳动强度较大。在建筑物顶部安装的桅杆起重机,一般采用倾斜桅杆或动臂桅杆,本书主要讨论该工艺方法。

直接采用建筑物作为起重机的承载结构,一般是利用建筑物的柱、梁等作为承载结构,工艺方法较多,但都较简单,此处不再赘述。但需要注意的是,采用建筑物的柱、梁等作为承载结构,需要得到建筑物设计方的认可,某些较大型的吊装,需要在建筑物设计阶段就针对柱、梁等做出专门设计。

6.2.1 采用倾斜桅杆的基本方法与工艺布置

如图6.7所示,设备的安装位置在建筑物或高基础的顶部,一般要求建筑物或基础的顶面面积比设备大得多,建筑物或基础边缘没有比基础顶面高出很多的障碍物,建筑物或基础边缘具有足够的强度。其基本方法是:将倾斜桅杆安装于建筑物或高基础的顶部边缘,使桅杆头部伸出建筑物或基础之外。吊起被吊装设备或构件,当设备或构件高度达到建筑物或基础顶面以上时(一般安全高度不小300 mm),用桅杆缆风绳拉起桅杆,使桅杆头部回到基础范围内;设备水平位移,当设备或构件的一部分进入建筑物或基础顶部范围内后,采用牵引装置将设备或构件水平拖入建筑物或基础。图6.7中,实线是起吊位置,虚线是采用牵引装置将设备或构件水平拖入建筑物或基础的位置。

采用该方法,应注意其中一些关键部位的处理。

1)桅杆形式的选择

根据基本工艺过程的需要,桅杆形式可采用倾斜单桅杆或为倾斜人字桅杆。由于采用该工艺方法布置缆风绳和地锚较困难,如将地锚布置到地面,由于建筑物或基础较高,缆风绳影响范围太宽,缆风绳和地锚一般只能布置在建筑物或基础上。但此类建筑物或高基础顶部面积有限,在其上面布置缆风绳和地锚,缆风绳与水平面的夹角β往往大于30°,有时甚至要大

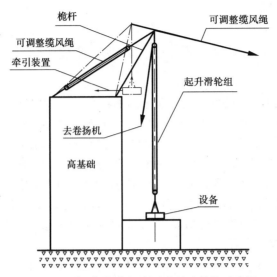

图 6.7　采用倾斜桅杆利用高基础吊装示意图

于 45°,为保证桅杆的侧向稳定性,一般采用倾斜人字桅杆为宜。

　　在吊装过程中,需要通过改变桅杆的倾角使设备或构件水平移动,进入建筑物或基础范围,此时如再限制桅杆的倾角(与铅垂线的夹角)不大于 15°,已很难满足工艺要求。但在通过减小桅杆倾角使设备或构件水平移动过程中,如将桅杆倾角减得太小,很可能导致桅杆在牵引设备的水平牵引力作用而反向倒下,造成安全事故。所以在设计吊装方案时,应仔细核算桅杆的倾角,桅杆起吊位置(图 6.7 中实线位置)的倾角一般不应大于 30°,设备牵引位置(图 6.7 中虚线位置)的倾角一般不应小于 10°。组成人字桅杆的两根桅杆的夹角 γ,在一般情况下,以 30°～45°为宜。但考虑到设备就位需要水平位移,通过桅杆底部空间,此时应结合桅杆的长度考虑夹角 γ,保证设备与桅杆之间的净距 a 离每边不小于 500 mm,如图 6.8 所示。

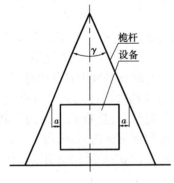

图 6.8　人字桅杆的夹角

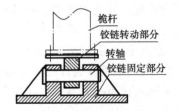

图 6.9　单向铰示意图

　　由于人字桅杆的倾角 α 较大,其底部不宜采用球铰,一般采用单向铰为宜。单向铰结构如图 6.9 所示。

2) 桅杆的安装位置

　　桅杆的安装位置在桅杆长度允许的情况下,应尽可能靠近设备基础的中心,以减少设备(构件)就位时的水平位移和工人操作时的危险。在场地条件限制只能安装于建筑物边缘的,应采取必要的安全措施,防止工人因操作失误而发生高空坠落事故。同时,应计算建筑物或基础边缘的抗压强度。

对于在高层建筑屋顶进行此类吊装,桅杆基础应选择在屋顶梁的上部,应核算梁的强度,并得到结构设计方的认可。

桅杆基础应与建筑物或设备基础进行连接固定,以防止在吊装过程中,桅杆基础在倾斜桅杆水平分力的作用下产生滑移而发生事故。

3)缆风绳及地锚的布置

在高基础或建筑物顶部布置缆风绳,往往必须"利用建筑物"作地锚,如建筑物的梁、柱等。此时建筑物的梁、柱等的受力工况与设计时规定的受力工况不同,应得到结构设计方的许可。

受建筑物结构的限制,缆风绳不可能如前述的标准布置,即在吊装平面内,可能无法布置主缆风绳。此时,应保证在吊装平面的两侧,对称布置两根主缆风绳,每根缆风绳与吊装平面在水平面内投影的夹角不应大于15°。

由于在吊装过程中,必须改变桅杆的倾角,所以缆风绳必须是可以调整的。工程中,对于重型吊装,一般采用电动卷扬机加滑轮组进行调整;对于轻型吊装,一般采用手动葫芦进行调整。但如将滑轮组或手动葫芦直接串联在缆风绳中,卷扬机的制动装置或手动葫芦一旦出现故障,均可能造成安全事故。因此为了保证吊装的安全,一般不允许在缆风绳中直接串联滑轮组或手动葫芦。如图6.10所示的结构,既可以调整,又是保证安全的措施之一。滑轮组或手动葫芦与缆风绳并联布置,桅杆倾角不改变时,由缆风绳稳定桅杆,滑轮组或手动葫芦不工作。当需要改变桅杆倾角时,滑轮组或手动葫芦工作,收紧缆风绳。当桅杆达到预定角度时,滑轮组或手动葫芦停止工作,迅速重新固定缆风绳。

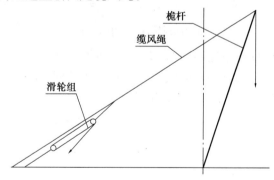

图6.10 缆风绳调整的局部结构

4)卷扬机的布置

卷扬机分为起升卷扬机和调整卷扬机,调整卷扬机一般应布置在基础顶部,以便操作时工人能直接观测到桅杆倾角的变化。起升卷扬机的布置,应根据施工现场的具体情况进行,布置的基本原则是使操作工人尽可能直接观测到被吊装设备或构件的起升情况。

6.2.2 采用动臂桅杆的基本方法与工艺布置

与倾斜桅杆比较,其副臂可以进行较大幅度的变幅。由于在建筑物或高基础上不便于布置较多缆风绳,其稳定系统一般采用两根刚性支撑,两根刚性支撑的夹角在水平面内的投影在成90°。所以,副臂在理论上可以在270°范围内进行旋转。当将起重机副臂设置于主杆的腰部(腰灵机)时,其吊装高度较高。

如图6.11所示,动臂桅杆由两根桅杆组成,一根直立,称为主杆,一般由刚性支撑稳定;一根斜立,称为副杆,其下部由铰链支撑,上部由变幅滑轮组与主杆连接。副杆上拴接起升滑轮组。副杆在理论上可以左右转动270°,可以在变幅滑轮组的作用下做变幅运动。

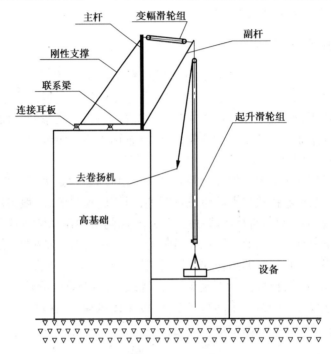

图6.11 采用动臂桅杆利用高基础吊装设备

动臂桅杆的刚性支撑布置布置如图6.12所示,两根刚性支撑一端与动臂桅杆的主杆连接,另一端与设备(构件)基础或建筑物的梁、柱连接。吊装时,基础或建筑物的梁、柱受力工况与设计时规定的受力工况不同,使用时应征得建筑物设计方的同意。

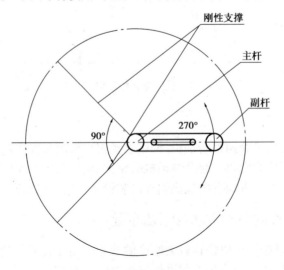

图6.12 动臂桅杆的刚性支撑布置

当设备或构件被吊装到要求高度后,可以通过转动副杆使设备或构件进入基础范围内就位。

6.2.3 工艺计算

在制订吊装方案时,应主要进行以下工艺计算:

①危险工况分析。吊装过程中,桅杆倾角在改变,桅杆、地锚、缆风绳(或刚性支撑)、滑轮组等系统的受力状况也在发生改变,整个过程中,最危险的状况才是进行工程设计的依据。

如图 6.7 所示,如在吊装的开始状态,桅杆的倾角最大,相应缆风绳与桅杆的夹角 β 最小,缆风绳拉力在桅杆轴线上的分力最大,桅杆自重弯矩最大,是桅杆受力危险工况之一。在进行设备水平牵引时,尽管桅杆的倾角最小,相应缆风绳与桅杆的夹角 β 最大,缆风绳拉力在桅杆轴线上的分力最小,桅杆自重弯矩最小,但存在较大的水平牵引力,导致起升滑轮组发生倾斜,使起升载荷在桅杆轴线上的分力增大。两种工况,谁对桅杆的影响最大,应根据具体工程情况进行分析、计算。对起升滑轮组、缆风绳、地锚等应进行同样的分析与计算,以作为以后计算的依据。

②受力分析与计算,这是后面所有工程设计、计算的基础。应计算出桅杆、起升系统、稳定系统等各个系统的内力。具体计算请参见第 2、3、4 章内容。

③桅杆的选择与校核。具体计算请参见第 4 章内容。

④缆风绳的计算。具体计算请参见第 4 章内容。

⑤地锚的计算。地锚的计算包括缆风绳地锚、卷扬机地锚和导向轮地锚等。在高基础上,一般只能利用建筑物作为地锚,除了方案编制者自己要计算建筑物的强度外,还必须征得建筑物结构设计单位和设计者的书面同意。

⑥滑轮组、跑绳、卷扬机的计算与选择。具体计算见第 2 章,这里要特别强调的是,由于是在高基础上进行吊装,起升高度较高,卷扬机容绳量的计算不可忽略。被吊装设备或构件上升的总高度与滑轮组倍率的乘积即为钢丝绳拉出长度,它必须小于卷扬机可卷入的钢丝绳长度;否则,可能造成设备无法就位的事故。

⑦高基础边缘或建筑物楼顶面强度的计算。高基础边缘或建筑物楼顶面的强度按桅杆的底部轴力进行计算,除了方案编制者自己要计算建筑物的强度外,还必须征得建筑物结构设计单位和设计者的书面同意。

⑧捆绑绳的计算与选择。捆绑绳的计算与选择包括捆绑方式、强度计算、直径(或截面)选择等。

6.2.4 工艺步骤

此类吊装工程,尽管重量不大,但高度高、过程长。尤其是在高层、超高层建筑物顶部进行吊装,多在繁华都市中进行,一旦出现危险,不仅仅带来巨大的经济损失,还可能伴随着大量的人员伤亡和极坏的社会影响。因此,该类吊装工程对工艺步骤的要求较高,主要有以下方面:

(1)吊装机具、索具的强度试验

吊装前,应对所有的机具、索具进行强度试验,应达到其自身的设计值,试验机构应是有试验资格的专门单位。

（2）试吊

正式吊装前，应按规定进行"试吊"，详细说明"试吊"的方法、步骤、技术要求、检查和调整部位等。一般"试吊"主要包括以下内容：

①将设备吊离地面约 300 mm 左右，停止半小时；

②检查设备吊索及其部件的受力状况；

③检查起升滑轮组、卷扬机、导向轮、跑绳及其部件的受力状况、固定状况和制动情况；

④检查所有地锚及其部件的受力状况；

⑤检查缆风绳及其调整部件的受力状况；

⑥检查设备自身及其部件的受力状况；

⑦改变桅杆倾角，重复上述各项检查；

⑧放下设备，进行必要的调整，一切合格后才能进行正式吊装。

（3）起升的速度和平稳性要求

起升过程中，速度应缓慢、平稳，尽量避免紧急制动。

（4）对吊在空中的设备或构件的稳定方法及要求

由于吊装高度高，滑轮组拉得较长，吊装过程中，容易发生设备在空中晃动。设备在空中发生剧烈晃动，不仅使整个吊装系统承受冲击载荷，更容易使设备与基础或建筑物发生碰撞，损坏设备或建筑物，因此应采取用牵引绳等措施稳定设备。

（5）改变桅杆倾角的技术要求

通常，改变桅杆倾角，应在设备被吊装到高于基础（或必须跨越的障碍）300 mm 以上后进行，改变桅杆倾角时应停止起升。主缆风绳在桅杆倾角达到预定角度后，应迅速重新固定在地锚上。副缆风绳在桅杆开始改变倾角时，应逐渐放松，待桅杆达到预定角度后，应迅速重新固定在地锚上。牵引设备水平位移应在桅杆倾角达到预定角度，主、副缆风绳均已重新固定在地锚上后进行。水平牵引设备时，改变桅杆倾角和起升均应停止。

（6）桅杆的安装与拆除的方法、技术要求等

桅杆的安装与拆除是此类吊装的重要工艺环节，也是最易发生事故的环节之一。由于桅杆安装在建筑物或高基础上，拆除时，如果现场塔式起重机已经拆除，往往没有其他起重机可以利用，只能依靠人工拆除，所以必须根据现场的具体情况制订详细的拆除施工方案。

除了上述 6 个方面的主要工艺步骤外，还应针对具体的技术方案进行具体分析，然后制订安全技术措施。制订安全技术措施的关键在于分析吊装过程中存在的危险源。如在设备水平牵引过程中，操作工人的操作环境是否会导致高空坠落？采用人工进行设备空中晃动的稳定过程中，是否会因为晃动力过大而导致工人被拉摔受伤？桅杆的底座是否会产生滑移等。考虑到的问题越多，安全技术措施制订得越完整，出现安全事故的可能性越小。

6.3 中心对称吊装法

6.3.1 基本工艺方法

该吊装方法主要针对中空、均质的大跨度设备或结构,如桥式起重机、大型门式起重机顶部水平框架、中、小型网架、各种钢结构桁架等。所采用的起重机一般是直立单桅杆起重机,也可以采用"万能杆件"组装成需要的形状进行。

中心对称吊装法的基本工艺方法如图6.13所示。

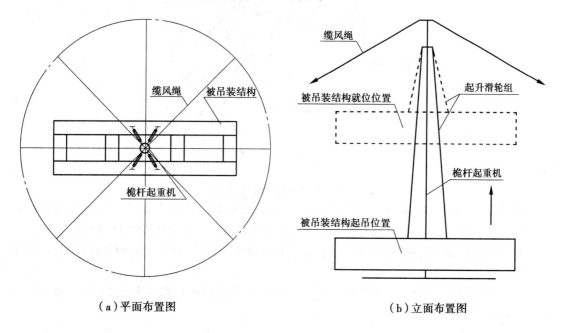

（a）平面布置图   （b）立面布置图

图6.13 中心对称吊装法布置图

被吊装设备或结构布置于其就位位置的正下方地面上,桅杆起重机布置于被吊装设备或结构的组合重心上,垂直起吊设备或结构到达就位位置就位。

桅杆起重机的提升装置,一般采用4套滑轮组对称布置,以保证设备或结构的平衡,如图6.13(a)所示。

对于设备,就位基础一般在其长度方向的两端。设备就位后支承在其下部支承设备上或基础上,如桥式起重机的轨道。

对于结构,一般情况下,到达就位位置后,会与其他结构进行连接。为便于连接施工,一般在其他结构与被吊装结构的接口位置布置有临时支撑装置。这些支承设备或基础,以及临时支撑装置,会阻挡设备或结构的垂直吊装到需要的标高,解决的办法有以下两种:

1）水平旋转法

该方法是在地面布置设备或结构时,水平旋转一个角度,保证设备或结构在垂直吊装时,能不受支承设备或基础以及临时支撑的阻挡,当设备或结构上升的标高超过支承设备或基础以及临时支撑的标高后,再通过牵引,使设备或结构水平旋转到就位位置后就位,如图6.14所示。

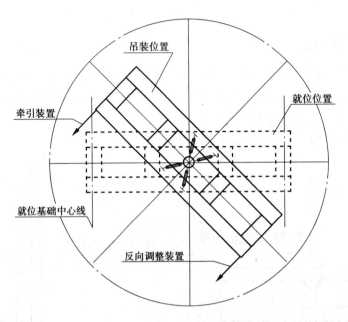

图6.14 旋转法就位布置图

水平旋转,需要采用牵引装置带动桅杆一起转动,否则,4套滑轮组会发生相互缠绕而发生事故。为了调整设备或结构的就位位置,还需要布置反向调整装置,如图6.14所示。

旋转牵引装置和反向调整装置,一般采用手动葫芦,对于特别重型的设备或结构,也可采用卷扬机。

为了使桅杆能一起转动,桅杆起重机的下部应是球铰支承,顶部应采用缆风盘与轴相配合的结构形式,具体见第4章。

2)垂直倾斜法

该方法是在地面布置设备或结构时,其轴线与就位时的轴线在水平面上的投影重合,垂直提升设备或结构到一定标高时,继续提升设备或结构的一端,另一端停止提升,使设备或结构产生倾斜,当倾斜的设备或结构在水平面上的投影长度小于就位基础或临时支撑间的间距后,再两端一起提升。当整个设备或结构越过就位基础或临时支撑的标高后,再下放就位,如图6.15所示。

与水平旋转法相比较,该方法省去了旋转牵引装置和反向调整装置,由于不需要桅杆或支承墩架一起旋转,所以对桅杆或支承墩架的两端支承形式也无严格要求,是工程中使用较多的一种方法。但应注意的是,采用该方法,被吊装的设备或结构应是一个整体。如在设备或结构上布置有集中荷载(如桥式起重机的小车),应可靠固定,否则集中荷载易沿倾斜的设备或结构滑动,导致整个吊装系统失去平衡而发生事故。

如果将多个中心对称吊装法组合使用,可以扩展成针对大面积结构吊装的"多点组合吊装法"。

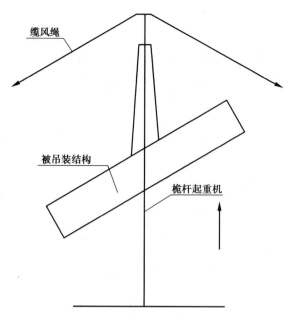

缆风绳

被吊装结构

桅杆起重机

图 6.15 倾斜就位法布置图

6.3.2 主要工艺布置

1) 吊装区域的确定

该工艺方法主要针对大跨度设备或结构,其自身的面积较大,同时还要考虑设备或结构预制组件的运输、组装,所以影响的区域较大,涉及的问题也较多。确定吊装区域时,应注意以下事项:

①对于大跨度结构,一般情况下,就位后与其他结构相连接,位置固定,不可移动。

吊装区域首先要尽可能保证被吊装结构只需要通过垂直上升便能就位,尽可能消除或减少被吊装结构在空中的水平位移或旋转。

对于大跨度设备,如桥式起重机、门式起重机等,就位后可以沿其轨道移动,吊装区域可以在沿轨道纵向方向上的一定范围内选择。

②注意吊装区域的上空是否有妨碍吊装的其他装置、结构、管道及高压电力输送线路和通信线路。对于大跨度结构,由于吊装区域基本由大跨度结构就位位置所决定,一般需要在施工组织设计时,通过合理安排施工顺序解决;对于大跨度设备,则可以通过选择吊装区域解决。

③选择吊装区域应充分考虑运输设备或结构预制组件的运输车辆和组装设备或结构的起重机械的进、退场路线,防止设备、结构组装完成或吊装就位后,运输车辆和起重机械无法退场的情况发生。

④选择吊装区域应充分考虑地面的承载能力,尤其是布置桅杆起重机基础的位置,必要时应进行专门的基础设计与处理。

⑤选择吊装区域还应考虑地下的预埋管道、电缆等情况,一般应在施工组织设计时,通过合理安排预埋管道、电缆线路、对预埋管道、电缆采取抗压防护等措施解决。

2)桅杆起重机的布置

桅杆起重机一般应布置在被吊装设备或结构的组合重心上。设备或结构的组合重心的计算根据具体的设备或结构形式,按理论力学有关章节进行。

3)桅杆起重机高度的确定

确定桅杆起重机的高度,在保证吊装高度的前提下,一般还应考虑两个问题:
①尽可能减小起升滑轮组的偏角 α,如图 6.16 所示。

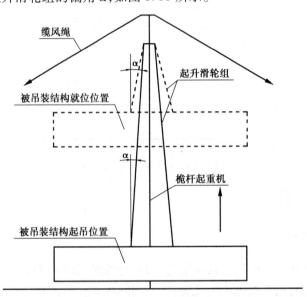

图 6.16 起升滑轮组偏角示意图

当被吊装设备或结构上升到最高位置,其起升滑轮组的偏角 α 最大,起升滑轮组的偏角 α 产生的水平分力使设备或结构承受附加轴向力。起升滑轮组的偏角 α 越大,这个附加轴向力也越大。目前没有规范规定这个偏角 α 的大小,建议不大于30°。
②桅杆起重机的缆风绳,不能与被吊装设备或结构发生干涉。如图 6.16 所示,当被吊装设备或结构上升到最高位置时,如桅杆起重机高度太低,其缆风绳有可能与其发生干涉,需要进行计算。

4)桅杆起重机的基础设置

被吊装设备或结构的重量、桅杆起重机的自重、缆风绳拉力在桅杆轴线上的分力等,都需要通过基础传递到大地,一旦基础失稳,将导致重大安全事故的发生。

基础的计算,可按桅杆底部轴力进行计算。在进行工艺布置时,应特别注意基础下是否有空洞、预埋管、线等,基础的周围是否有沟、槽(如电缆沟)等。

5)缆风绳的设置及计算

采用该工艺方法进行吊装,桅杆起重机属于直立桅杆,应按第 4 章的要求,设置 8 根缆风绳,360°均匀分布,以保证桅杆起重机向任何方向偏斜,均有至少 3 根缆风绳承担工作拉力,如

图 6.13(a)所示。

在某些特定的环境条件下,如工厂车间内,由于厂房的限制或需要利用厂房的立柱做固定缆风绳的地锚,可能无法如图 6.13(a)所示进行 360°均匀布置,可以进行调整。但应遵循一个基本原则:8 根缆风绳应对称布置,保证桅杆起重机向任何方向偏斜,均有至少 3 根缆风绳承担工作拉力。

由于桅杆起重机直立吊装,从理论上讲,工作状态属于瞬时自平衡状态,缆风绳不承担工作拉力。但事实上,桅杆不可能处于绝对直立状态,同时,桅杆轴线也不可能是一根理论上的直线,桅杆的偏斜必然产生倾覆力矩,桅杆轴线的直线度误差也必然产生附加弯矩从而产生倾覆力矩,导致缆风绳承担工作拉力。所以,计算缆风绳工作拉力时,建议按倾斜桅杆进行。考虑到缆风绳是桅杆的稳定系统,缆风绳一旦破坏,整个吊装系统将崩溃,建议在确定桅杆倾斜角度时,偏安全地确定为 10°~15°。

6) 地锚的布置

为了保证每根缆风绳受力一致,也为了保证桅杆在向不同方向偏斜时,其内力不发生太大的变化,地锚一般应按图 6.13(a)所示,布置在以桅杆中心为圆心的同一半径的圆周上。

地锚的形式可以根据缆风绳拉力的大小确定为全埋式或活动式,也可以利用现有建筑物的基础、柱、梁等。但在利用现有建筑物的基础、柱、梁等时,应得到建筑物设计方的书面认可。

6.3.3 工艺计算

采用该吊装方法,其工艺计算的主要任务有下面三项:

1) 受力分析与计算

受力分析与计算的主要任务是对整个工艺过程进行分析,确定危险工况,再根据危险工况,计算桅杆、稳定系统(缆风绳、地锚等)、起升系统(滑轮组、吊索、卷扬机等)和地基等承受的荷载。

2) 起重机及索吊具的选择、校核

根据受力分析与计算中所确定的各系统(桅杆、稳定系统、起升系统、地基等)承受的载荷,对各系统进行设计、校核和选择。

以上两项,在第 2 章和第 4 章已进行了详细论述,此处不再重复。

3) 被吊装设备或结构的强度、稳定性计算

一般情况下,采用该方法吊装大跨度设备或结构,其受力状况与其工作时的受力状况完全不同,而设计是按其工作状态进行的,所以吊装时需要对其强度、刚度和稳定性进行校核。尤其是某些大跨度结构(如网架结构、桁架结构等),在吊装状态下,其中某些杆件可能"换号",即在工作状态下是"拉杆",设计时按拉杆进行截面设计,但在吊装状态下,由于吊装支承点的改变,有可能变换成"压杆",从而在吊装中由于受压失稳而导致结构破坏。

大跨度结构种类较多,其工作状态也各式各样,对其进行吊装状态下的分析、计算,超出了本书的范围,建议参照《结构力学》《钢结构》的有关章节进行。

6.4 滑移吊装法

6.4.1 基本工艺方法

滑移吊装法主要用于整体吊装高耸设备或高耸结构。根据高耸设备或高耸结构的高度和重量,可以采用一台主吊起重机、一台辅助起重机进行吊装,也可以采用两台主吊起重机、一台辅助起重机进行吊装。

1)采用一台主吊起重机工艺方法

平面布置如图 6.17 所示,设备或结构水平卧于地面的枕木上,其吊耳应尽可能与基础中心重合,设备尾部布置一台辅助起重机。

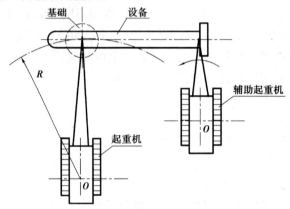

图 6.17   一台主起吊起重机"滑移法"吊装
高耸设备平面布置示意图

基本吊装方法原理如图 6.18 所示,起重机吊住设备或结构重心以上某一点(吊点)上升,辅助起重机将设备尾部吊离地面,当吊点垂直上升时,辅助起重机旋转带动设备尾部水平前移,设备旋转直立,并吊装到要求高度,达到吊装目的。

采用一台起重机"滑移法"吊装高耸设备,应特别注意以下问题:

①辅助起重机仅在高耸设备由水平状态旋转到直立状态过程中起作用。设备直立后,其重量由主起重机单独承担,所以主起重机的选择应按最危险状态、承担所有载荷选择。

②辅助起重机在其工作过程中,只承担设备的部分重量,可按设计分配的载荷选择。但应注意,辅助起重机在工作过程中需要旋转或行走,其起升滑轮组可能产生较大的偏角,起重机可能承受较大的冲击载荷。所以在选择辅助起重机时,应留有较大的载荷余量,必要时应按第 3 章校核起重机的整体抗倾覆稳定性。

2)采用两台主吊起重机工艺方法

该工艺主要针对重型塔类设备和塔架结构的吊装。随着经济建设的发展,这类重型设备的重量、高度和体积在不断增大,但限于设计理论、材料、制造工艺、道路和桥梁的承载能力、运

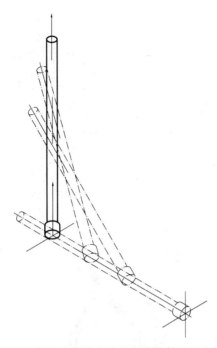

图 6.18　滑移法吊装高耸设备或构件的基本原理

行与维护成本等的限制,起重机不可能无限增大。用两台或多台额定载荷较小的起重机联合整体吊装一台重型设备,可以有效地缩短工期,降低工程成本。

如图 6.19 至图 6.21 所示,其基本方法是用两台起重机吊起设备吊点,用另一台辅助起重机吊起设备尾部,使之脱离地面,当吊点上升时,设备尾部水平前移,设备旋转直立,达到吊装目的。该方法工艺较复杂,必须编制详细的方案。

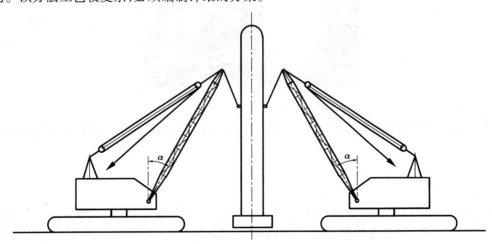

图 6.19　两台主起重机滑移抬吊基本方法(立面图)

根据设备就位后的管口方位,在基础上确定一中心线,通过该中心线的铅垂面为"吊装平面";被吊装设备水平横放在地面的枕木上,其轴线与吊装平面垂直;吊耳轴线与吊装平面重合;主吊起重机在基础两边,站立在吊装平面内。被吊装设备尾部布置一台辅助起重机,或将设备尾部放置于一拖排上,拖排下放置滚杠(如图 6.20 所示),辅助起重机可采用汽车式起重机,布置在设备尾部的侧边,将设备尾部吊离地面后,可通过旋转,使设备尾部前移。也可采用

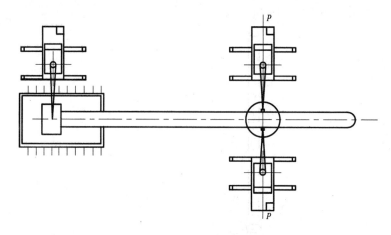

图 6.20　两台主起重机滑移抬吊基本方法(平面图)

图 6.21　两台起重机滑移抬实例

履带式起重机,布置在设备尾部的正后方,将设备尾部吊离地面后,通过带载行走,使设备尾部前移。

6.4.2　运动分析

吊装时,设备吊耳在起重机的提升下垂直上升,设备尾部水平前进,直至直立。设起重机向上提升速度不变,则设备尾部的前进速度随着设备轴线与水平面的夹角 α 的增加而改变。由图 6.22 可知:

$$V_b = V_a \cdot \tan \alpha$$

式中　V_a——吊耳上升速度;

V_b——设备尾部速度;

V_x——设备旋转速度;

α——设备倾角。

由上式可知,设备尾部速度随着设备倾角 α 的增加而增加。吊装开始时,设备倾角 α 很小,设备尾部速度 V_b 趋近于零,当 α→90°时,设备尾部速度趋近于∞。

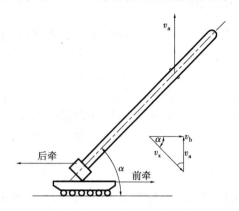

图 6.22　尾部水平速度与吊点上升速度关系分析图

1)"滞后"的危害及解决措施

在开始吊装时,由于惯性力或摩擦力的作用,设备尾部不会移动,导致设备吊耳后移,称为"滞后",如图 6.23 所示。

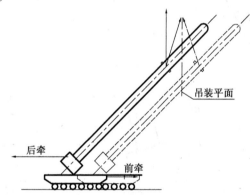

图 6.23　吊装过程中的"滞后"与"超前"示意图

"滞后"导致起重机滑轮组偏离吊装平面,形成"歪拉"。起重机滑轮组在垂直平面内与吊装平面的夹角称为"外角"。"外角"太大,会导致起重机产生严重超载、起重臂受扭、起重机旋转机构承受吊装载荷,导致操纵不灵活。上述三方面的问题都可能吊装事故的发生。

解决措施:

①如尾部采用的是拖排,则加前牵装置,用滑轮组、卷扬机牵引拖排,克服启动摩擦力。

②如尾部采用的是辅助起重机,如采用的是履带式起重机,则应使起重机向前移动,如是汽车式起重机,则应如图 6.20 所示,起重机站在设备一侧,并微动旋转,使设备尾部前移。

2)"超前"的危害及解决措施

当 α 大于 45°时,尾部速度大于上升速度,并且不断增加,一旦起重机上升需要停止或减慢,设备吊耳在惯性力的作用下,将快速向前冲出"吊装平面",称为"超前",如图 6.23 所示。"超前"会造成剧烈冲击,严重的可能导致起重机倾覆。为了避免"超前"的发生,首先应在吊装全过程中,严禁主起重机进行"紧急刹车"。如设备尾部采用的是拖排,还应加装后牵装置。

用滑轮组、卷扬机在吊装全过程中牵引设备尾部,控制"强烈冲击"的产生。

3)设备直立前的状态分析及解决措施

当 $\alpha \to 90°$ 时,尾部速度趋于 ∞ ,设备尾部将快速冲过基础,造成剧烈冲击,严重的可能导致起重机倾覆,此现象当设备尾部放置于拖排上时尤为严重。解决措施是:

①在设备接近直立前,主起重机应逐渐降低上升速度,尽可能缓慢上升。

②采用"后牵装置"控制设备尾部的前进速度。

③对于设备尾部放置于拖排上的情况,应采用辅助起重机或后拖装置使设备尾部在 α 达到90°前离开地面,主起重机缓慢上升,设备尾部在控制下缓慢前移,逐渐直立。

6.4.3 临界角分析

我们将设备重心垂线通过尾部支点时设备的倾角称为"临界角",用 α_j 表示,如图 6.24 所示。

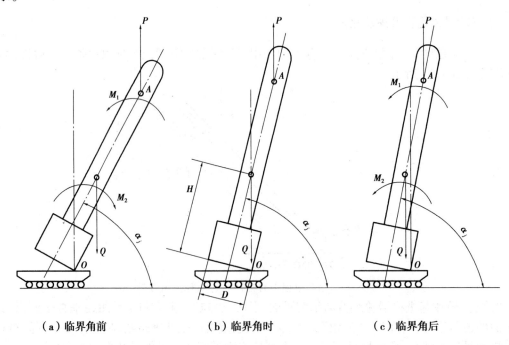

（a）临界角前　　　　　　（b）临界角时　　　　　　（c）临界角后

图 6.24 临界角分析

临界角前,起重机的牵引力 P 与设备重力 Q 方向相反,并分布于支点 O 的同一侧,对支点 O 产生的力矩 M_1 、 M_2 平衡,如图 6.24(a)所示。

当设备倾角达到临界角时,起重机的牵引力 P 与设备重力 Q 方向相反,设备重力 Q 的垂线通过支点 O ,设备处于瞬时自平衡状态,如图 6.24(b)所示。

当设备倾角超过临界角时,起重机的牵引力 P 与设备重力 Q 方向相反,并分布于支点 O 的两侧,对支点 O 产生的力矩 M_1 、 M_2 方向相同,设备无法平衡,将产生剧烈冲击导致起重机倾覆,如图 6.24(c)所示。

为了避免图 6.24(c)所示情况发生,在设备达到临界角前3°~5°,应采用辅助起重机吊起设备尾部,使设备绕吊点 A 旋转。值得注意的是,此时由于尾部速度较快,应特别注意两主起重机与辅助起重机的协调配合,否则将可能因辅助起重机的滑轮组偏角太大而导致辅助起重机超载而倾覆。

在该吊装方法中,设备的临界角只与设备本身结构有关,从图6.24(b)中的几何关系可知:

$$\tan \alpha_j = \frac{2H}{D}$$

式中　H——设备重心高度;

　　　D——设备尾部直径。

6.4.4　同步分析

在吊装过程中,设备两吊耳上升速度不一致,造成设备发生倾斜、滚动并导致起重机超载的现象称为"不同步"。其产生原因是:

①起重机性能不一致,导致其起升速度快慢不一致。

②起重机的起始点不一致,起重机的起升卷扬机卷入钢丝绳的层数不一样,钢丝绳的线速不同。

③两起重机驾驶员操作不一致。

④指挥有误。

"不同步"会造成两起重机载荷不均,导致其中一台超载,分析如图6.25和图6.26所示。

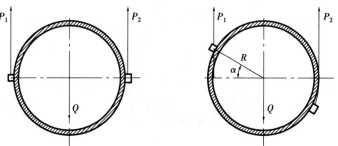

图6.25　不同步危害分析(设备未直立)

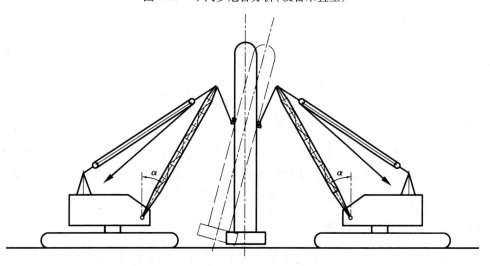

图6.26　不同步危害分析(设备已直立)

当设备"同步"时,两台起重机的载荷 P_1、P_2 相等;当发生"不同步"时,设备发生滚动,设其转角为 α,根据力矩平衡,有:

$$P_1 \cdot R \cdot \cos \alpha = P_2 \cdot R$$

由于 $\cos \alpha$ 值小于1,所以 $P_1 > P_2$,即一台起重机载荷增加。

由此可知,在设备未直立时产生不同步,造成设备绕其轴线转动,对于采用辅助起重机吊起设备尾部的情况,会导致辅助起重机的吊装垂线不通过设备尾部中心,使辅助起重机承受附加载荷,严重的可能导致辅助起重机倾覆而发生事故。如果设备尾部是放置于拖排上,则造成设备尾部在拖排上滚动,易导致拖排倾翻;同时,主起重机中的上升较快一台严重超载。

在设备直立后产生不同步,造成设备顶部倾斜,可能引起起重机臂头、滑轮组与设备顶部干涉,造成设备破坏、吊装无法继续进行等事故。因此,吊装中两起重机的不同步必须避免。为避免不同步的产生,应采取以下措施:

①尽可能选用性能相同的起重机,使其起升速度一致。

②两起重机的吊装起始点尽可能一致,使起重机的起升卷扬机的钢丝绳的线速相同。

③吊装前,两起重机驾驶员进行配合训练。

④采用监测装置,协调指挥。工程中监测的方法很多,最常用也最简单的监测装置如图6.27 所示。在设备两吊耳上设置两个标尺,用软钢丝空套在吊耳上,使其在设备旋转直立和发生滚动的过程能始终保持垂直。采用经纬仪监测两吊耳的标高是否在同一水平线上。

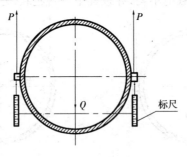

图 6.27 常用监测装置

6.4.5 设备或构件吊点的处理

合理地处理吊耳与吊索连接的工艺细节,是保证吊装安全、质量的关键之一。需要采用该工艺方法进行吊装的高耸设备或结构,其吊点主要有两种情况:第一种是设备制造厂在设备顶部设有一个专用吊耳;第二种是设备制造厂在设备重心以上某个位置设有二个专用吊耳。

1)在设备或结构顶部设有一个专用吊耳

由于设备或结构强度的限制,在设备或结构顶部设有一个专用吊耳的高耸设备或结构,一般情况下重量较轻,可以采用一台起重机进行吊装。如果高耸设备或结构自身的高度较高,一台起重机的起重能力不能满足要求,必须采用两台起重机进行滑移抬吊,则必须采用平衡梁。

2)设备重心以上某个位置设有两个专用吊耳

①如图 6.28(a)所示,如直接采用吊索捆绑在吊耳上,可能导致设备在旋转、直立过程中与吊索干涉;如采取措施强行使设备头部通过两吊索中间空挡,则可能压坏设备或使吊索拉坏

起重机吊钩的防滑装置而滑出吊钩,发生事故,所以应按图6.28(b)所示采用平衡梁。平衡梁的计算见第2章。

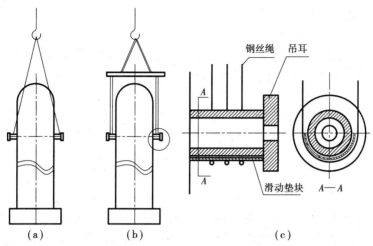

图6.28 设备具有两个专用吊耳的处理

②由于在吊装过程中,设备都会绕吊点(即在吊点捆绑处)旋转,设备吊耳与吊索之间存在相对滑动,如吊索与吊耳之间捆绑太死,不能产生相对滑动,则设备不仅不能顺利旋转,还可能导致拉断吊索而发生重大事故。正确的捆绑方法应如图6.28(c)所示,吊索空套在设备吊耳上,在吊索与设备吊耳之间加装滑动垫块,滑动垫块与设备吊耳之间涂抹润滑油。

6.4.6 起重机的选择

1)主起升起重机的选择

采用该工艺方法,对于主起升自行式起重机的型式没有特殊要求,汽车式、履带式和轮胎式均可以。关键是额定载荷是否满足要求。

(1)危险工况的确定

确定起重机的额定载荷,必须首先分析工艺过程中的危险工况。危险工况的分析与设备尾部的工艺布置有关。如果设备尾部布置的是辅助起重机,尽管辅助起重机滑轮组不可避免地会产生偏角,使主起升自行式起重机承受水平分力,但可以通过主起升自行式起重机的安全余量解决。所以,其危险工况应是在设备被完全吊装到空中,辅助起重机退出工作,设备重量完全由主起升自行式起重机承担的就位前一瞬间。如果采用的后拖滑轮组、卷扬机强制设备尾部离排,则后拖力完全由起重机承担,危险工况应是在设备尾部离排时。此时主起升自行式起重机不仅要完全承担设备重量,还要承担水平后拖力,起重机的载荷是设备重量与水平后拖力的矢量和。

(2)主起升起重机工作幅度 R 的确定

确定主起升起重机工作幅度 R 时应注意以下问题:

①尽可能地减小起重机幅度 R,可以有效地提高起重机的承载能力。但在两台起重机联合抬吊时,如果幅度太小,则两起重机的间距太小,不便于工人的操作。同时,起重臂的仰角(起重臂轴线与水平线的夹角)太大,起重臂的头部易与高耸设备发生干涉。

②如果幅度 R 太大,不仅需要增大起重机的额定载荷,同时可能会导致起重机滑轮组的

偏角增大,易形成"歪拉斜吊"。

③合适的幅度 R,应能使用尽可能小的起重机,同时能使起重机滑轮组产生尽量小的偏角,该偏角建议不要大于3°。

(3)起重机起升高度的确定

尽可能地减小起重机起升高度,可以有效地提高起重机的承载能力。但应注意,起重机的起升高度应大于设备吊耳的最大高度500 mm以上。

(4)额定起重能力的确定

确定起重机额定起重能力时应注意,每台起重机实际承受的计算载荷,建议不大于其特性曲线规定的额定载荷的75%。同时,还应特别注意两起重机的同步控制和协调。

具体确定时,应根据上述原则,结合现场环境条件、设备或结构的几何特性等综合选择。

2)辅助起重机的选择

采用自行式起重机做辅助起重机,起重机的形式建议最好采用履带式起重机,它可以随着设备尾部前进。采用汽车式起重机旋转递送,设备尾部的前进轨迹是一条"之"字形曲线,这对设备在吊装过程中的稳定不利。选择履带式起重机应注意以下要求:

①起重机的臂长最好采用基本臂。

②起重机的幅度在可能的情况下,尽可能地小。

③起重机实际承担的计算载荷,建议不大于其特性曲线规定的额定载荷的30%。

④起重机能"带载行走"的前提条件,是道路平整、地基承载能力足够、行走缓慢。

6.5　扳立旋转法吊装工艺

扳立旋转法吊装大型设备或构件的施工方法,主要针对高耸塔架类构件,其突出特点是设备(构件)上附件可在地面全部装好,减少高空作业,加快工程进度,有利于保证工程质量和安全;整个吊装过程容易控制,便于操作,易于进行方案的优化设计;操作简单,吊装时间短,工程成本低,经济合理。该工艺已多次成功地应用在大型构件与设备的吊装实践中,安全可靠。

6.5.1　基本工艺方法与工艺布置

1)基本工艺方法

该方法一般采用"人字桅杆"(或"龙门桅杆")作为起重机,如图6.29所示。在吊装开始前,"人字桅杆"直立,被吊装的塔架组装好后水平卧于地面,桅杆和塔架的底部均安装铰链,桅杆与塔架之间用滑轮组连接。吊装时,收紧桅杆缆风绳,桅杆绕其铰链旋转,由直立状态变为水平状态,在桅杆与塔架之间的连接滑轮组的作用之下,被吊装的塔架绕其铰链旋转,由水平状态变为直立状态,达到吊装的目的。

2)工艺布置

(1)吊装位置的布置

由于塔架结构体积大、高度高、重量大,采用该吊装方法将结构吊装直立后,水平移动和绕

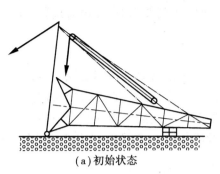
(a)初始状态

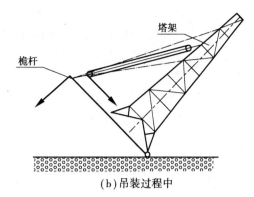
(b)吊装过程中

图6.29 人字桅杆扳立旋转法示意图

其轴线旋转困难,因此在布置吊装位置时应注意使塔架结构直立后的位置为其就位位置。为了达到这一目的,应注意如下事项:

①塔架结构的旋转铰链中心距就位基础中心的水平距离应与旋转铰链中心距塔架结构的轴线距离相等。使塔架结构从水平状态旋转到直立状态后,其轴线与就位基础中心重合。

②塔架结构的周向位置,在塔架结构吊装前,其基础的地脚螺栓已安装完毕,塔架结构从水平状态旋转到直立状态后,其各支腿上的地脚螺栓孔应完全与已安装完毕的地脚螺栓吻合,否则,塔架结构无法就位固定。一般情况下,塔架结构上的大型附属设备都会事先安装在结构上,随结构一起吊装。在确定周向位置时,还应注意这些设备与其他工艺设备具有严格的空间位置和方位的关系,检查结构直立后,这些工艺设备的空间位置和方位是否正确。

③采用该方法进行吊装,所需要的施工场地为一狭长区域,确定吊装位置的布置时,还需要考虑周围的环境条件,如地形条件、已安装的设备、设施的影响等。必要时,某些影响吊装的设备、设施不能安装。

(2)塔架的结构与桅杆的相互关系

根据塔架的结构、附着装置、现场布置等具体情况,该吊装工艺主要有桅杆与塔架"共铰"和"不共铰"两种布置。"共铰"指的是桅杆和塔架支承于同一旋转铰链上,如图6.29所示,是应用较多的一种布置。"共铰"布置,旋转顺畅,工艺和计算简单,但为保证桅杆与塔架结构之间的连接滑轮组与塔架结构轴线的夹角不小于30°,要求桅杆的高度较高,对施工场地要求较大。

在某些特定场合(如塔架结构旋转方向的前方有小山坡或其他建筑物),采用"共铰"布置桅杆无法倒下,此时,可将桅杆安装在小山坡或其他建筑物上。由于桅杆和塔架结构不在同一旋转铰链上,两铰链相隔一定的距离,故称为"不共铰",如图6.30所示。

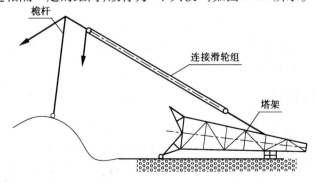

图6.30 塔架结构与桅杆不共铰布置

采用"不共铰"布置,可以利用小山坡或其他建筑物的高度,大大减小桅杆的高度和提高场地利用率,但工艺要求较高,特别是两旋转铰链的平行度达不到要求时,在吊装过程中塔架结构将严重受扭,同时其工艺计算较复杂。

(3)起扳滑轮组布置

起扳滑轮组的作用是扳倒桅杆,使塔架结构绕其旋转铰链旋转直立,达到吊装的目的,是吊装的主要装置。布置起扳滑轮组时应注意,起扳滑轮组与桅杆的连接点尽可能与连接滑轮组在同一点上,以减小桅杆承受的附加弯矩。起扳滑轮组与水平面的夹角在整个吊装过程中是变化的,开始时最大,随着桅杆被扳倒,逐渐减小。一般情况下,应保证在初始状态下不大于30°,特殊情况下,不大于45°。

(4)预抬头布置

吊装开始时,如直接在如图6.29(a)或图6.30状态扳倒桅杆,由于桅杆高度的限制,连接滑轮组与塔架结构轴线的夹角较小,连接滑轮组产生的轴向分力全部由塔架结构承担,可能使塔架结构超载而破坏。工程中,一般在塔架结构的头部布置辅助起重机,吊装开始时,先用辅助起重机抬起塔架结构的头部,同时收紧连接滑轮组。根据辅助起重机的能力,头部抬得越高越好。开始扳倒桅杆时,连接滑轮组与塔架结构轴线的夹角建议不小于45°。

(5)后拖控制布置

与"滑移法"一样,塔架结构在旋转就位过程中,有一个"临界角"的问题,当塔架结构超过"临界角"后,整个吊装系统将失去平衡,产生剧烈冲击,导致重大安全事故。工程中,一般采用布置后拖绳进行控制,在塔架结构达到"临界角"前3°~5°,后拖绳开始工作。后拖绳与塔架结构轴线的夹角最小(塔架结构直立时)不得小于45°,如图6.31所示。

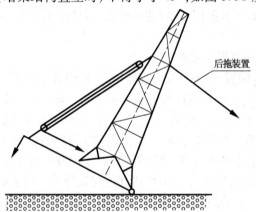

图6.31 后拖控制布置

除了上述基本的工艺布置之外,还有诸如防止变形、承载能力加强、过程监控等一系列措施布置,应根据具体工程需要进行。

6.5.2 工艺分析与计算

采用该方法进行吊装,应进行的工艺计算主要有:"临界角"计算,以确定后拖绳开始工作的时机;桅杆受力分析与计算,以设计或校核桅杆系统,选择连接滑轮组、起扳滑轮组、卷扬机、地锚、导向轮等吊装机具;后拖控制受力分析与计算,以设计后拖控制装置;塔架结构受力分析与计算,以校核塔架结构的变形与强度等。鉴于"共铰"应用较多,"不共铰"只用在特定场合,本书仅针对"共铰"进行分析。

1)"临界角"计算

"临界角"指的是当塔架结构、桅杆和连接滑轮组三者的组合重心垂线通过旋转铰链时，塔架结构轴线的倾角(与水平面的夹角)，令为 α_j。令塔架结构的重量为 Q，其重心高度为 H，桅杆的重量为 G，其重心高度为 h。连接滑轮组的重量相对较小，可以近似处理，一般将其平均分为两部分，分别计入塔架结构和桅杆的重量中，也可以将其忽略。

当吊装系统达到"临界角"时，组合重心垂线通过旋转铰链，整个吊装系统瞬时自平衡，可以认为此时起扳力和后拖控制力均为零，由图6.32所示的几何关系和力矩平衡可知：

$$Q \cdot \left(H \cdot \cos \alpha_j - \frac{B}{2} \cdot \sin \alpha_j \right) = G \cdot h \cdot \sin \alpha_j$$

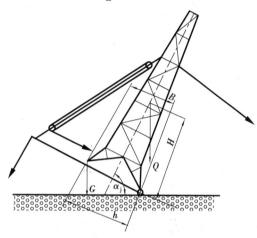

图6.32 "临界角"计算简图

一般情况下，α_j 较大，$\sin \alpha_j$ 趋近于1，为简化计算，上式可以近似地简化为：

$$Q \cdot \left(H \cdot \cos \alpha_j - \frac{B}{2} \right) = G \cdot h$$

经整理，可以得出"临界角"的近似计算公式为：

$$\cos \alpha_j = \frac{2G \cdot h + Q \cdot B}{2Q \cdot H}$$

2)桅杆受力分析与计算

(1)连接滑轮组的拉力 S 的最大值分析与计算

吊装过程中，桅杆的受力主要由三部分组成，第一部分是连接滑轮组的拉力，设为 S；第二部分是扳倒滑轮组的拉力，设为 T；第三部分是桅杆的自重。如图6.33所示。关键的问题是在什么工况下，三部分的力对桅杆的组合影响最大。

令连接滑轮组与塔架结构轴线的夹角为 β，由于共铰，β 在吊装过程中，不会发生改变；令扳倒滑轮组与桅杆的夹角为 γ，随着桅杆被扳倒，其头部垂直高度逐渐降低，γ 角也随之逐渐增大；令塔架结构轴线与水平面的夹角为 α，在开始吊装时，塔架结构处于水平状态，即 $\alpha = 0$；其他参数按图6.33设定。

由图6.33可知,连接滑轮组的拉力 S 为:

$$Q \cdot \left(H \cdot \cos \alpha - \frac{B}{2} \cdot \sin \alpha \right) = S \cdot L \cdot \sin \beta$$

即:

$$S = \frac{Q \cdot \left(H \cdot \cos \alpha - \frac{B}{2} \cdot \sin \alpha \right)}{L \cdot \sin \beta}$$

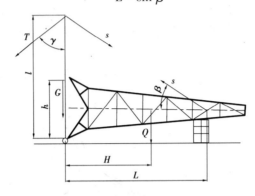

图6.33　桅杆受力分析简图

在吊装刚开始时,塔架结构处于水平状态,即 $\alpha = 0$,S 为最大,所以有:

$$S = \frac{Q \cdot H}{L \cdot \sin \beta}$$

随着塔架结构被扳起,α 角增加,塔架结构自重对旋转铰支点的力矩逐渐减小,连接滑轮组的拉力 S 也逐渐减小。

(2)起扳滑轮组拉力 T 的最大值分析与计算

由图6.33可知,以桅杆为隔离体,按力矩平衡有:

$$T \cdot l \cdot \sin \gamma + G \cdot h \cdot \sin \alpha = S \cdot l \cdot \cos \beta$$

即:

$$T = \frac{S \cdot l \cdot \cos \beta - G \cdot h \cdot \sin \alpha}{l \cdot \sin \gamma}$$

在吊装刚开始时,塔架结构处于水平状态,即 $\alpha = 0$,桅杆处于直立状态,γ 角最小,所以起扳滑轮组拉力 T 为最大,所以有:

$$T = S \cdot \frac{\cos \beta}{\sin \gamma}$$

(3)桅杆的受力分析与计算

由上述分析可知,桅杆受力最恶劣的工况在吊装刚开始、桅杆处于垂直状态时,但应考虑到在扳倒桅杆过程中桅杆自重弯矩的影响,同时还应考虑在"临界角"前,后拖控制装置工作时后拖力的影响。工程中,为保证安全,一般按照吊装刚开始、桅杆处于垂直状态时计算其轴力,同时考虑其最大自重弯矩,按偏心受压设计或校核桅杆截面。具体计算见第4章。

3)滑轮组、钢丝绳、卷扬机、地锚的选择与设计

尽管工艺要求在吊装开始时应采用辅助起重机抬起塔架结构头部,并根据辅助起重机的起重能力,尽可能地抬高,但为保证吊装安全,连接滑轮组、起扳滑轮组及其钢丝绳、卷扬机和地锚还是应按最恶劣的工况(即吊装刚开始的工况)进行选择和设计。即选择连接滑轮组及其钢丝绳应按 S 的最大值进行,选择起扳滑轮组及其钢丝绳、卷扬机和地锚应按 T 的最大值进行。具体计算方法见第2章和第4章。

4)旋转铰链的设计与计算

对于塔架结构和桅杆"共铰"的吊装系统,其旋转铰链的模型为一简单的简支梁,具体设计计算参见材料力学有关章节。除此之外,还应计算铰链基座和地脚螺栓的强度,具体设计计算参见材料力学有关章节。

5)后拖控制装置的设计

后拖控制装置包括滑轮组、钢丝绳、卷扬机和地锚,后拖控制装置在塔架结构达到"临界角"前3°~5°开始工作,以平衡在"临界角"后塔架结构和桅杆自重对旋转铰链产生的力矩。由图6.34可知,塔架结构和桅杆自重对旋转铰链产生的力矩 M 为:

$$M = Q \cdot \frac{B}{2} \cdot \sin \alpha - Q \cdot H \cdot \cos \alpha + G \cdot h \cdot \sin \alpha$$

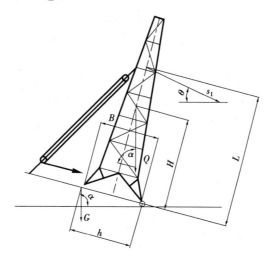

图6.34 后拖力危险工况分析

当塔架结构轴线倾角 α 逐渐趋近于90°时, M 达到最大值,为:

$$M_{max} = Q \cdot \frac{B}{2} + G \cdot h$$

因此,后拖力应按塔架结构就位时的工况进行设计计算。设后拖力为 s_1 ,后拖力与水平面的最大夹角为 θ ,后拖力的拴接高度为 L ,则在危险工况(就位时)下,后拖力的最大值为:

$$S_1 \cdot L \cdot \cos \theta - S_1 \cdot \frac{B}{2} \cdot \sin \theta = Q \cdot \frac{B}{2} + G \cdot h$$

整理该式,可得:

$$S_1 = \frac{Q \cdot B + 2 \cdot G \cdot h}{2 \cdot L \cdot \cos \theta - B \cdot \sin \theta}$$

计算出最大后拖力后,即可按第2章、第4章选择滑轮组、钢丝绳、卷扬机和设计地锚。

6)塔架结构的强度校核

采用该方法进行吊装,塔架结构会承受较大的吊装载荷。尽管在吊装工艺上采取了较多的防止变形和破坏的措施(如增加吊点、用辅助起重机预抬头等),但仍有塔架结构在吊装过程中破坏的例子。因此,必须对塔架结构的强度进行校核,并进行相应的加强。

校核塔架结构的强度应按最恶劣的工况进行,即在吊装刚开始时。为保证安全,校核时,不应计入采用辅助起重机预抬头的因素,按直接起扳进行。塔架结的结构形式很多,计算较复杂,有的还需要采用专门的计算机程序进行,具体计算应按具体结构形式和截面参数参见《钢结构》有关章节。

6.5.3 注意事项

采用该方法,应特别注意以下事项:

①塔架结构在组装过程中,当最底下一节装好后,应采用辅助起重机吊起最底下一节头部,使其绕旋转铰链旋转,检查:

a.旋转铰链是否灵活,有无卡阻;

b.塔架结构轴线是否与其基础中心重合,各支腿是否能正确就位。

上述两项检查合格后,才能继续进行整个塔架结构的组装。

②吊装开始时,应采用辅助起重机预先抬起塔架结构头部到尽可能高的位置,禁止直接扳倒桅杆。

③吊装全过程应进行塔架结构的受力和变形检测,以便及时发现问题。

④标注塔架结构达到"临界角"的明显标志,在塔架结构达到"临界角"前3°~5°时,启动后拖控制装置,使塔架结构在后拖控制下继续旋转到位,在塔架结构达到"临界角"后,起扳装置应停止工作。

习 题

一、思考分析题

1."平移"的基本工艺方法有哪两大类?它们各自的工艺布置是怎样的?请分别画出它们的平面布置图。

2.在重型设备或结构的"平移"施工方案中,必须对哪些部分进行施工设计?

3.对重型设备或结构的"平移"的轨道铺设有哪些要求?

4.在"平移"牵引力计算中,考虑"启动系数"是为了考虑哪些因素?"启动系数"一般怎样取值?

5.分析采用倾斜桅杆吊装设备,为什么宜采用人字桅杆?

6.分析采用倾斜桅杆吊装设备时,设备的就位过程,其中应特别注意什么?

7.分析采用倾斜桅杆吊装设备时,为什么桅杆底部宜采用"单向铰"?

8.分析采用倾斜桅杆吊装设备,进行"试吊"时,应注意检查哪些部位?

9."中心对称吊装法"适合吊装哪些类型的设备或结构?

10.画出"中心对称吊装法"的平面图和立面图。

11.分析"中心对称吊装法"可以扩展吊装哪些设备与构件?

12.分析采用"中心对称吊装法",在确定吊装区域时,应注意哪些事项?

13. 分析采用"中心对称吊装法",在进行桅杆起重机基础布置时,应特别注意哪些事项?

14. 采用"中心对称吊装法",在进行缆风绳地锚布置时应注意哪些事项?

15. 单台自行式起重机吊装高耸设备或构件的关键问题有哪些?

16. 如何合理确定高耸设备的吊点?

17. 在自行式起重机的操作规程中,规定不允许"歪拉斜吊",什么是"歪拉"? 什么是"斜吊"? 用两个方向上的视图分别表现"歪拉"和"斜吊"。

18. 工程中,一般采用什么措施避免高耸设备顶部与起重机臂头干涉?

19. 两台起重机滑移抬吊高耸设备或构件,基本方法是怎样的? 用立面图和平面图表示其基本布置。

20. 两台起重机滑移抬吊高耸设备或构件需要解决哪些关键问题?

21. 分析两台起重机滑移抬吊高耸设备或构件的吊装过程中,设备尾部速度的变化会给吊装带来哪些危险,应采取哪些工艺措施?

22. 分析临界角前后力矩的变化和给吊装带来哪些危险? 应采取哪些工艺措施? 如何计算设备的临界角?

23. 两起重机不同步会给吊装带来哪些危险? 施工中,哪些因素导致了两起重机的不同步? 应采取哪些工艺措施?

24. "扳立旋转法"吊装塔架类结构的工作原理是什么?

25. "扳立旋转法"吊装塔架类结构的基本布置有哪两种?

26. 采用"扳立旋转法"吊装塔架类结构宜采用什么形式的桅杆?

27. 如何分析计算"共铰"布置时吊装系统的"临界角"? 系统达到"临界角"后,应采取哪些措施?

二、计算题

1. 如图 6.1,假设"平移"的结构重量为 20 000 kN,试选择"平移"的工艺方法,计算需要的牵引力,如采用滑轮组、卷扬机进行牵引,确定滑轮组、卷扬机的布置方法并选择滑轮组、卷扬机。(假定轨道坡度设置为 1/20)

2. 某工地需要如图 6.6 所示,"滚运"一台设备上一个斜坡,已知设备重量为 200 kN,斜坡的坡度为 1:20,求其牵引力并选择滑轮组、卷扬机。

3. 某工地需安装一台钢管烟囱,已知烟囱的总高度为 70 m,就位基础高 1 m,重 600 kN,直径为 3 m,在底部 3 m 长度上为安装而加强,其直径为 5 m,钢管壁厚为 30 mm。假设其吊耳可设在高 45 m 处,重心高度为 38 m。现拟在一台自行式起重机进行分段吊装和两台起重机联合整体滑移吊装两种方案中进行选择,要求:

(1)分析两种吊装方案的吊装成本(只计算起重机的租赁费用)。

(2)如采用两台起重机联合整体滑移吊装,选择主起升起重机、辅助起重机,计算设备"临界角",计算在设备为直立时,因两起重机不同步,设备两吊耳的标高差为 200 mm 时,两起重机载荷的改变量(假设设备吊耳长度为 300 mm)。

(3)如采用两台起重机联合整体滑移吊装,分析其工艺过程,根据可能产生的危险设计工艺布置。

其他吊装方法简介

几十年来,我国起重工作者们因地制宜地创造、完善了许多优秀的整体吊装工艺方法,第 6 章所介绍的吊装方法只是其中最典型的一部分。限于篇幅,本章将简要介绍其他一些主要的吊装方法。

7.1 无锚点推吊旋转法吊装大型高耸设备或构件

无锚点推吊旋转法实际上是"人字桅杆扳倒法"的一种扩展应用,它适用于场地特别狭窄,无法布置缆风绳,同时设备或构件自身具有一定刚度的场合。该方法的基本原理如图 7.1 所示。

开始时,设备水平卧于其就位基础旁,设备底部用铰链与基础连接。桅杆倾斜立于设备中部,用滑轮组 1 和滑轮组 2 稳定,桅杆基础装于滚杠之上,如图 7.1(a)所示。吊装时,首先起动滑轮组 1,使设备绕铰链旋转到一定角度,同时调整滑轮组 2,以平衡设备对桅杆的倾翻力矩,如图 7.1(b)所示。前移桅杆基础,保持桅杆倾角,使设备进一步旋转直至直立,达到吊装目的,如图 7.1(c)所示。也可以保持桅杆基础位置不变,起动滑轮组 2,使桅杆绕其自身铰链旋转,带动设备旋转直至直立,达到吊装目的。

无锚点推吊旋转法采用设备自身稳定桅杆,可以省去大量稳定桅杆的地锚,故称为"无锚点推吊旋转法",但不是完全不用地锚。首先,与其他旋转法一样,当设备达到"临界角"后,整个吊装系统会失去平衡,产生剧烈冲击,因此,在达到"临界角"前 3°~5°,应采用后拖装置控制设备的旋转。其次,在整个吊装过程中,从理论上说,设备是平衡的,但在吊装过程中,设备不可避免地会受到干扰力的作用而产生左右晃动,严重的可能造成整个吊装系统失去平衡,因

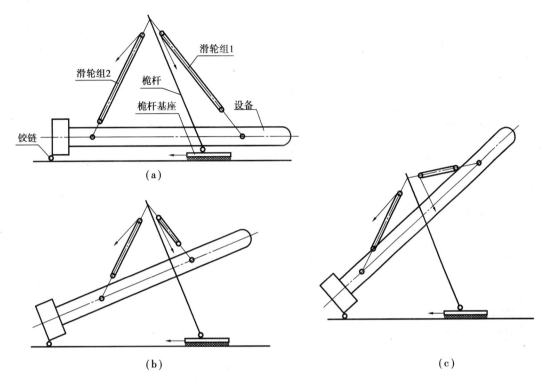

图 7.1 无锚点推吊旋转法工作原理示意图

此需要采用缆风绳对设备进行稳定。

采用无锚点推吊旋转法,桅杆适宜选用"人字桅杆""双桅杆"和"门式桅杆",以加强系统在左右方向的稳定性。在采用"门式桅杆"时应注意,在图7.1中的滑轮组1和滑轮组2一般都不是一套,而可能是两套或更多,此时如两套滑轮组不同步,拉力会产生差别,"门式桅杆"会严重受扭而破坏,造成重大安全事故的发生。同时还应注意,只要吊装一开始,桅杆基础的前牵装置受力很大,如前牵装置发生故障或破坏,桅杆基础会向后滑动,导致整个吊装系统失去平衡而发生重大安全事故,所以吊装前应仔细检查前牵装置。

7.2 液压装置顶升旋转法吊装立式设备

液压装置顶升旋转法主要针对卧式运输、立式安装的设备,它适合应用在某些吊装空间特别狭窄或根本没有吊装空间的场合,如地下室、核反应堆中。

液压装置顶升旋转法的基本方法如图7.2所示。设备卧于专用顶升车上,用铰链与专用顶升车和顶升液压缸连接。将车推于设备基础旁,开动油泵,顶升液压缸推动设备绕底部铰链旋转,直至直立并水平移动到就位基础上,达到吊装的目的。

采用该方法应注意,当设备超过"临界角"后,设备自重对底部铰链产生的力矩无法平衡,在其作用下,将产生剧烈冲击而引发事故。为了进行控制,顶升液压缸的回油油路上设置了节流阀,在设备达到"临界角"前3°~5°,应关闭主回油油路,使用节流阀,使当设备超过"临界角"后,液压缸由顶升变为后拉,以控制设备的旋转。对于横截面和质量较大的设备,还应布

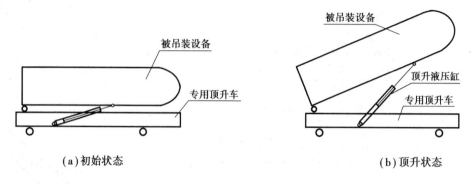

(a)初始状态   (b)顶升状态

图 7.2 液压装置顶升旋转法示意图

置其他后拖装置进行控制。

7.3 超高空斜承索吊运设备吊装法

超高空斜承索吊运设备吊装法实际上是"缆索式起重机"的一个扩展应用,它适用于在超高空吊装中、小型设备。吊装方法的基本原理如图 7.3 所示。

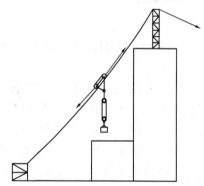

图 7.3 超高空斜承索吊运设备吊装法

将"缆索式起重机"的两个支架中的一个,安装于超高层建筑物的顶部,使承重索倾斜,进行吊装。该技术也常用于山区的上山索道。该方法的技术关键是"缆索式起重机"的结构和设计、操作技术。

7.4 集群液压提升装置联合整体吊装大型设备与构件

近年来,大型钢架、网架、屋盖结构的广泛应用,使得传统的吊装工艺难以满足施工需要,这就促进了集群液压提升装置联合整体吊装大型设备与构件技术的快速发展。该吊装方法的特点可以概括为:液压提升装置多点联合吊装,钢绞线悬挂承重,计算机同步控制。液压提升装置主要由液压油缸、钢绞线、液压泵站和计算机控制系统组成。目前,该吊装方法有两种方式,即"上拔式"和"爬升式",如图 7.4 所示。

图7.4(a)为"上拔式",又称"提升式"是将液压油缸设置在承重结构上,悬挂钢绞线的上端从液压提升油缸中心穿过,并用提升油缸中的专用锚具固定,下端与被吊装结构用锚具连固在一起,似"井台提水"样,液压提升油缸夹着钢绞线往上提,从而将构件提升到安装高度。"上拔式"多适用于屋盖、网架、钢天桥(廊)等投影面积大、质量大、吊装高度相对较低场合结构的整体吊装。

图7.4(b)为"爬升式",悬挂钢绞线的上端固定在承重结构上,将液压提升油缸设置在钢绞线下端,通过锚具与被吊装结构连接,液压提升油缸夹着钢绞线往上爬,从而将构件提升到安装高度,俗称"猴子爬杆"。"爬升式"多适用于如电视塔钢桅杆天线等吊装高度高、投影面积不太大、重量相对较轻的高耸结构的吊装。

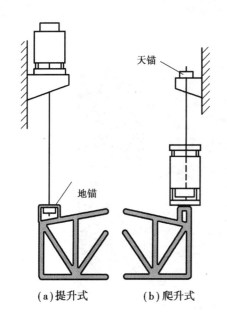

(a)提升式　　(b)爬升式

图7.4　油缸工作方式

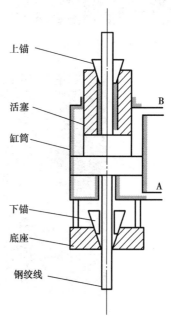

图7.5　油缸工作原理

液压提升装置的工作原理如图7.5所示。油缸的中心是空的,可以穿过钢绞线。油缸的活塞上部设有上锚,缸体下部设有下锚。当油缸从A进油、B出油时,活塞上升,此时,下锚自动松开,上锚夹紧钢绞线,钢绞线在活塞的带动下上升。当活塞的一个行程走完,停止上升,油缸改为B进油、A出油,活塞下降。此时,下锚自动夹紧,固定钢绞线不动,上锚自动松开,活塞下降回原位,准备进行下一个行程。周而复始,吊装得以完成。

液压提升油缸如图7.6所示,液压泵站如图7.7所示,液压控制系统如图7.8所示。

采用集群液压提升装置联合吊装,必须采用计算机控制,以保证各提升点的受力均按设定要求,使各套提升器能同步运行,保证设备(构件)水平、平稳地提升,并能把误差值控制在许可范围内。计算机同步控制系统的组成如图7.9所示。

图7.10是应用该方法吊装某大型桁架结构的实例。从提升装置的工作原理可知,吊装运动是有间隙的,所以其吊装速度较慢。但由于油缸的进油量和进油压力是通过电磁阀控制,因此可以方便地采用计算机对各个装置进行协调工作,实现吊装过程的智能化。同时,它可实现设备和构件安装大型化,施工机具设备小型化、简单化,计算机控制自动化,提升(滑移)工艺标准化、规范化,推广应用多元化。

图7.6　液压连续千斤顶(油缸)

图7.7　液压泵站

图7.8　液压控制系统

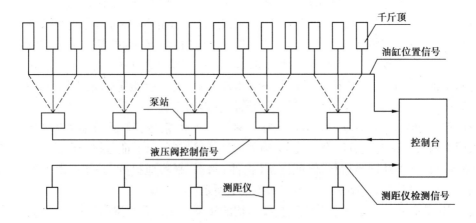
图7.9　计算机同步控制系统的组成

图 7.10 某大型桁架结构吊装实例

7.5 气顶升吊装法

"气顶升吊装法"主要针对大型扁平贮罐的倒装法组装,其工作原理是提高和保持罐内一定的空气压力,利用罐内外空气压力差将大型贮罐上部向上顶升,稳定在要求的高度,再组装大型贮罐下部,如图 7.11 所示。该方法上升平衡、安全可靠,顶升时顶盖受力均匀、不易变形,是确保工程质量且效益明显的一种大型构件整体吊装工艺方法。

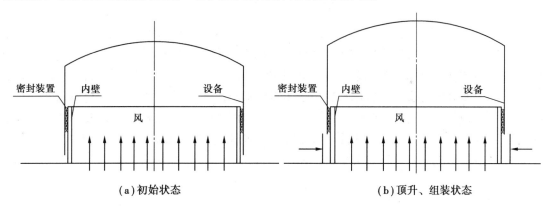

(a)初始状态　　　　　　　　　　(b)顶升、组装状态

图 7.11 气顶升吊装法示意图

采用"气顶升吊装法"吊装大型扁平贮罐的设计及选用,应遵循国家的相关标准、规范的规定。送风系统、平衡导向系统、密封装置、测控系统均需经过测试,应备有一台备用鼓风机和相应的柴油发电机组,切实保证气顶过程的连续性与稳定性。正式气顶升前应进行试气顶升,检查顶盖悬浮状态时的水平状况,相对高差应控制在 50 mm 以内,还应检查顶盖四周的密封情况,防止过大漏风量。升速以 12 ~ 14 m/h 为宜,在打入斜楔铁块的过程中,筒体内空气应保持一定压力(高于正常气顶压力 200 ~ 300 Pa)。

采用该方法,应主要注意以下技术要点:

①预应力混凝土筒体(外壳)浇筑完工,经复验符合设计要求和验收规范规定。

②环置于筒体上端的压缩环埋设工作已完成,组装质量符合设计要求,顶盖边缘与筒体内壁间距应符合要求。

③送风系统安装完成,经试运转合格。

④平衡导向系统安装完毕,经调整后,松紧合适并基本一致。

⑤密封装置安装完毕,密封带与固定件应牢固,且位置正确,限位装置焊接和配置完毕。

⑥为控制和测定气顶升时罐内空气压力的 U 形管压力计已设置完毕。

⑦在筒体内壁四周四个方位垂直方向上,清晰标示出高度值横线(每 500 mm 为一格,直至筒体上部)。

⑧应备有一台备用鼓风机和相应的柴油发电机组,切实保证气顶过程的连续性与稳定性。

⑨正式气顶升前应进行试气顶升,检查顶盖悬浮状态时的水平状况,相对高差应控制在 50 mm 以内,还应检查顶盖四周的密封情况,防止过大漏风量。

7.6　扣索悬挂、分段吊装、空中组对吊装法

大跨度结构常用在桥梁结构、两建筑物之间的廊桥结构中。这类结构的跨度特别巨大,安装高度很高,跨间的环境条件复杂,可能是河流、峡谷,也可能是其他建筑物或设备。同时,结构自重很大,但抗弯、扭的能力较差。跨间复杂的环境条件既使其他起重机很难到达合理的吊装位置,也很难在地面将大跨度结构组装成整体,在跨间设置各分段的组装支撑装置既困难,成本也非常高。针对上述问题,起重工作者们创造出了"扣索悬挂、分段吊装、空中组对"的吊装方法。

"扣索悬挂、分段吊装、空中组对"的吊装方法实际是"缆索式起重机"应用的又一扩展。如图 7.12 所示,在被吊装结构的一跨两端安装两个"索塔",两"索塔"用钢缆连接,形成一台特殊的"缆索式起重机",将被吊装结构分段在预制场内预制后,运输到现场,利用"缆索式起重机"吊装第一分段到安装位置固定,并用"扣索"悬挂稳定。用同样的方法,可进行第 2 段、第 3 段……第 n 段的吊装,直至整个结构被吊装、组对完成。如果结构跨度太大,两"索塔"用钢缆连接困难,也可以如图 7.12 所示的方法,利用辅助起重机吊装第一分段安装位置固定,并用"扣索"悬挂稳定,然后在已安装好的结构上布置起重机,吊装后续分段。

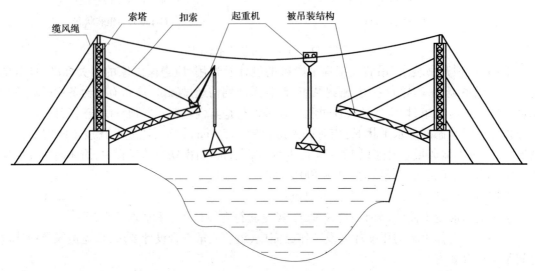

图 7.12　扣索悬挂、分段吊装、空中组对吊装法示意图

上述方法是该吊装方法的典型布置，"扣索"固定在"索塔"上，简称"塔扣"。也可以充分利用地形和其他建筑物，例如在桥梁施工中，"扣索"可以根据具体情况，固定在桥墩上；在两高耸建筑物之间的廊桥结构施工中，"扣索"可以根据具体情况，固定在高耸建筑物上，简称"墩扣"；在结构两端的地形较高时，"扣索"可以根据具体情况，直接固定在地锚上，简称"通扣"；在某些特殊情况下，也可以利用两"索塔"间的连接钢缆固定"扣索"，简称"天扣"。

"扣索"一般都设置有一对张紧滑轮组。在不同的悬挂方法中，张紧滑轮组的位置也不相同。在墩扣和天扣中，它设置在拱肋扣点前，在"通扣"中则设置在地锚前。

重型设备和结构的整体吊装工艺复杂，技术难度大，安全要求高，耗用的人力、物力和时间直接影响整个工程的安全、质量、进度和成本。因此，采用先进、合理的吊装工艺，正确地选用起重机，有针对性地制订安全技术措施，最大限度地缩短吊装工作的工期和降低工程成本，是工程建设界共同关注的关键问题。相信随着科学技术的发展，我国的工程建设者们会创造出更多更先进、合理的整体吊装方法，我国的现代起重技术会得到更大的发展。

典型设备(构件)的吊装

8.1 桥式起重机的吊装

8.1.1 桥式起重机的基本组成及常用吊装方法

桥式起重机又称"行车""天车",是在车间内工作的起重机。工作之前,需要将桥式起重机安装到车间上部的轨道上,其安装高度最常用的有 6 m、9 m、12 m、18 m、24 m 等。因此,安装桥式起重机的重要工作之一是将桥式起重机吊装到安装高度。

桥式起重机主要由运行大梁、中间端梁、边端梁、起重小车和驾驶室组成。根据起重能力的不同,运行大梁有一片、两片和多片之分,分别称为单梁桥式起重机、双梁桥式起重机和多梁桥式起重机,工程中用得最多的是双梁桥式起重机。

运行大梁和中间端梁、边端梁组成其上部水平框架,在运行大梁的两个端部装有运行机构,以便在轨道上沿车间轴向方向移动。在运行大梁的上表面,安装有小车运行轨道,起重小车安装在运行大梁上,小车上装有起重提升机构及其驱动装置、运行机构及其驱动装置,其主要功能是吊装重物,同时可以沿大梁的轴向方向(车间的横向)移动。驾驶室安装于其中一片大梁端部的下方,以便于驾驶员操纵起重机。除此之外,还有诸如人行道及其护栏、电缆滑轴架等附属装置,其组成结构示意图如图 8.1 所示。

吊装桥式起重机的方法,常用的有利用自行式起重机分片吊装法和利用桅杆式起重机整体吊装法两种。

利用自行式起重机分片吊装法,是分别将桥式起重机的各片大梁、端梁、吊装到轨道上组

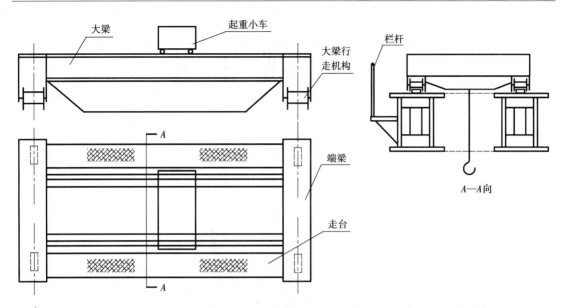

图 8.1　桥式起重机结构简图

装,然后再吊装起重小车到大梁上。该种方法相对较简单,施工效率也较高,是吊装桥式起重机的首选方法。但该方法对车间的空间高度要求较高,否则自行式起重机因无法伸出臂杆而无法工作。

利用直立单桅杆整体吊装桥式起重机,常用于在车间室内空间高度较低、自行式起重机无法伸出臂杆的单层厂房内的桥式起重机的安装。

8.1.2　自行式起重机分片吊装桥式起重机

1)基本工艺方法

根据桥式起重机单片大梁的重量,可以采用一台自行式起重机进行吊装,也可以采用两台自行式起重机进行吊装。采用一台自行式起重机进行吊装的工艺布置如图 8.2 所示。

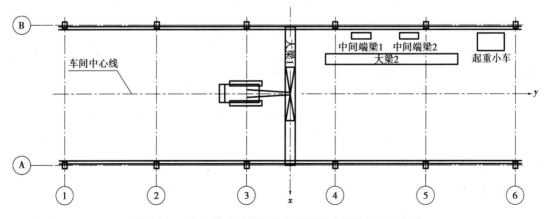

图 8.2　一台自行式起重机分片吊装桥式起重机工艺布置

采用两台自行式起重机进行吊装的工艺布置如图 8.3 所示。将桥式起重机的大梁、端梁、起重小车等运输到车间内合适位置,吊装区域建议确定在两条轴线之间(如图③轴与④轴之

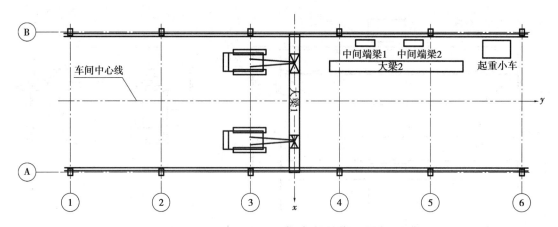

图 8.3　两台自行式起重机分片吊装桥式起重机工艺布置

间），以保证自行式起重机的臂架不受车间屋架的干涉。倾斜吊装大梁 1 到轨道上，就位后将大梁 1 向前（⑥轴方向）移动，空出吊装位置，用同样方法吊装大梁 2、端梁，并在轨道上组合成水平框架，再次向前（⑥轴方向）移动，空出吊装位置，吊装起重小车。当起重小车的底部标高超过大梁顶部标高一个安全距离（一般不小于300 mm）后，向后（①轴方向）移动水平框架至起重小车下部，起重小车就位，如图 8.4 所示。

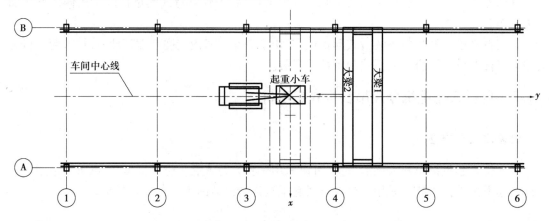

图 8.4　自行式起重机分片吊装桥式起重机工艺过程

由于主吊起重机的起重臂容易与车间的屋架等发生干涉，所以一般情况下，当一片大梁吊装完毕后，主吊起重机保持不动，利用辅助起重机或地面运输装置将堆放在车间内的另一片大梁以及端梁、起重小车等运输到吊装位置进行后续吊装。

如果采用两台起重机联合吊装大梁，在车间环境条件允许的情况下，建议最好如图 8.3 所示并排布置，以便于在吊装过程中和就位过程中需要调整大梁姿态时，两台起重机相互之间的协调。

2）工艺计算

采用该工艺方法吊装桥式起重机，其工艺计算较简单，主要有 3 项：自行式起重机基础地耐力的计算、索吊具的计算与选择和自行式起重机的选择。

上述计算与选择的基本方法，在第 2 章、第 3 章已进行过较为详细的讨论，此处重点讨论起重机及其工作状态的选择要求。

在车间内吊装桥式起重机,选择的自行式起重机应同时满足4个方面的要求:

①吊装高度的要求。吊装起重小车时对吊装高度要求最高,应按此时的要求确定自行式起重机的最大吊装高度。

②吊装幅度的要求。按照吊装工艺过程,吊装起重小车就位时,需要将组装好的大梁水平框架推回到起重小车下方,并使水平框架上的小车轨道中心线与小车车轮中心线对齐,如图8.5所示。如果自行式起重机的吊装幅度太小,桥式起重机的一片大梁会与自行式起重机的臂架发生干涉,导致起重小车无法就位,应按该状态确定自行式起重机的吊装幅度。具体计算方法参见第3章中"通过性校核"内容。

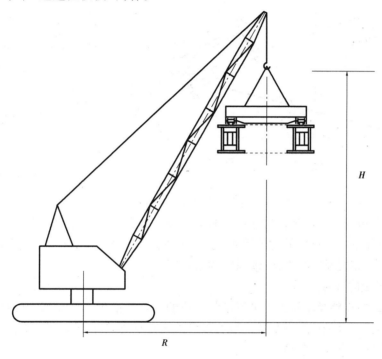

图8.5 自行式起重机的幅度计算

③除了满足吊装高度和吊装幅度,还必须满足在该吊装高度和吊装幅度状态下最大起重能力的要求。一般桥式起重机最重的部件是大梁或起重小车,应选其中较重者作为选择自行式起重机的依据。

④校核车间屋架或屋盖对自行式起重机臂架高度的限制。在同时满足吊装高度、幅度和起重能力的要求后,除了要求自行式起重机额定起重能力较大外,其工作状态下,由于臂架伸出较高、倾斜角度较大,车间屋架或屋盖有可能对其产生限制,导致自行式起重机无法达到其要求的工作状态,所以需要事先进行校核。

8.1.3 桅杆式起重机整体吊装桥式起重机

采用自行式起重机分片吊装桥式起重机这种工艺方法,适用于在车间内桥式起重机的安装标高较低、在桥式起重机上部有较大的空间的场合。对于安装标高较高、在桥式起重机上部的空间已较小、自行式起重机无法达到其要求的工作状态的情况下,一般利用桅杆起重机进行整体吊装。

1)桅杆起重机整体吊装桥式起重机的基本方法与工艺布置

桅杆起重机整体吊装桥式起重机采用对称吊装法,如图8.6所示。桥式起重机在车间地面组装(包括两大梁、小车、端梁等),其轴线与车间轴线成一定的夹角(一般约为45°)摆放,桅杆立于两大梁之间的桥式起重机轴线上,两托梁置于桥式起重机的底部,滑轮组拴接于托梁上,吊起桥式起重机,在达到轨道面高度以上一个规定高度时,旋转桥式起重机就位。

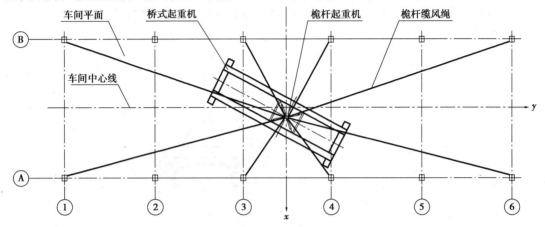

图8.6　直立单桅杆整体吊装桥式起重机平面图

利用直立单桅杆整体吊装桥式起重机的工艺布置主要包括:吊装区域的选择、桅杆站立位置的设计、被吊装桥式起重机的初始摆放,小车在大梁上的固定位置确定、吊索捆绑桥式起重机的方法、滑轮组布置及穿绕方法、缆风绳的布置等。

(1)吊装区域的选择

吊装区域是指在整个车间内可进行吊装作业的区域。由于各种原因,车间内并不是处处都可以进行吊装的,合理地选择吊装区域可以最大限度地保证吊装安全和降低施工成本。在选择过程中,必须注意以下事项:

①进、退场路线和组装场地。在吊装前,桥式起重机的大梁、起重小车、端梁、驾驶室、电气设备、走台、栏杆等各种部件,以及桅杆起重机的桅杆、卷扬机、缆风绳、滑轮组和各种吊具等,都需要运输到车间内进行组装。吊装完成后,桅杆起重机的各种组成部分需要拆卸、运输离开车间,这必然涉及运输车辆、装卸起重机等,尤其是桥式起重机的大梁长度较长(一般大于车间一跨的宽度),对运输路线和装卸方法都提出了较高的要求。在选择吊装区域时,必须考虑到运输车辆、装卸起重机等如何进入施工现场,是否需要转弯,如何转弯,装卸起重机如何站位,装卸完成后运输车辆和装卸起重机如何离开现场等问题。

桥式起重机组装完成后的面积很大,如一台额定起重量为1 600/500 kN、跨度为28 m的桥式起重机,其最大长度为31.92 m,最大宽度为10.38 m,则占地面积约为350 m²。所以在选择吊装区域时,还必须考虑所选区域内是否有足够的组装场地。由于桥式起重机组装完成后自重较大,水平移动困难,足够的组装场地还必须是以桅杆站立位置为中心的。

②地面、空中的障碍。车间内一般具有众多的其他设备,其基础可能已建好,空中也可能已建好一些设施。较高的基础可能在地面影响桥式起重机的组装,空中已建好的设施可能影

响桥式起重机的旋转就位。尤其是施工时铺设的临时用电线路,桥式起重机在旋转就位过程中如果将其碰断,可能引发重大吊装事故。所以在选择吊装区域时,还必须仔细核算这些地面、空中障碍的位置是否会影响吊装的顺利进行。

③地基承载能力。桥式起重机的自重较大,如前述额定起重量为 1 600/500 kN、跨度为28 m的桥式起重机,其自重为187 t。再加上桅杆的重量、滑轮组跑绳的拉力影响和缆风绳拉力的影响,桅杆底部对地压力很大,在选择吊装区域时,必须充分考虑地基承载能力,必要时还应进行必要的试验。

一般情况下,车间大门左右跨最易满足上述要求。

(2)桅杆位置的确定

合理选择吊装区域后,还需确定桅杆在该区域内的具体位置。假设吊装区域选择在图8.6中的Ⓐ—Ⓑ跨、③—④轴包括的范围,如图建立坐标系,以Ⓐ—Ⓑ跨的中心线为 y 轴,③—④轴的中心线为 x 轴。

桅杆位置在 x 轴上的确定:为了保证吊装时的平衡,桅杆应该安装于桥式起重机的组合重心上,由于小车、驾驶室等与大梁同时组合吊装,桥式起重机的组合重心不在大梁的几何中心($x=0$),而偏移了一段距离,确定桅杆位置时,必须计算出桥式起重机的组合重心位置。

按图8.7建立计算模型。

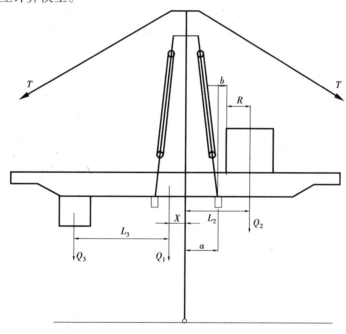

图8.7 桥式起重机组合重心计算简图

图中:

Q_1——大梁及其上副件重量,认为是均布载荷,其作用线与车间轴线重合;

Q_2——小车重量;

Q_3——驾驶室重量;

L_2——小车与组合重心的距离,由工程施工者确定;

x——组合重心偏离车间轴线的距离;

L_3——驾驶室与桥式起重机大梁几何中心(车间轴线)的距离,由桥式起重机结构决定。

按图中几何关系,可按力矩平衡求出组合重心与车间轴线的距离 x。在求解过程中,需要确定小车位置,即 L_2 的大小。由图可知,L_2 由三部分组成:小车宽度的一半 R、托梁宽度的一半 a、间隙 b。即:

$$L_2 = R + a + b$$

托梁宽度按桥式起重机的平衡和起升滑轮组的偏角 α 确定,对于此类对称吊装,α 以在 $15° \sim 30°$ 为宜。按经验,托梁宽度一般取桥式起重机跨度的 $\frac{1}{8} \sim \frac{1}{6}$。

间隙 b 是考虑滑轮组的轮廓尺寸和操作需要,一般不小于 300 mm。

根据力矩平衡有:

$$Q_1 \cdot x + Q_3 \cdot (L_3 + x) = Q_2 \cdot L_2$$

整理该式,可得:

$$x = \frac{Q_2 \cdot L_2 - Q_3 \cdot L_3}{Q_1 + Q_3}$$

如果车间③—④轴两柱的间距不大,在两柱间距的平分线上没有过渡屋架,则在车间轴线方向,桅杆应安装在两柱间距的平分线上,以保证在桥式起重机旋转就位时其边缘不与车间的柱子相碰。但有时,一些车间在两柱间距的平分线上有过渡屋架,此时桅杆就不可能再安装在两柱间距的平分线上,而应偏离一个距离。这个偏离距离应以起重滑轮组刚能躲过过渡屋架为宜,不可太大,否则,在桥式起重机旋转时,将与车间柱子相碰而无法就位。桅杆在车间轴线 Y 方向的偏移量的计算如图 8.8 所示。

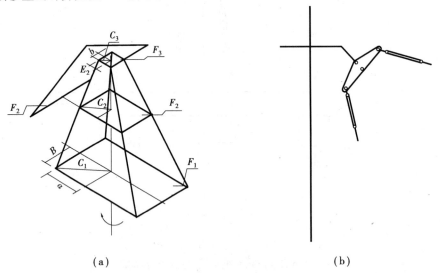

(a)   (b)

图 8.8　桅杆在车间轴线 Y 方向的偏移量的计算简图

图 8.8 中,(a) 为桅杆(Y 方向)偏移量计算模型,(b) 为桅杆吊耳处滑轮组连接细部结构图。图中:

a——托梁宽度的一半,$A = 2a$;

B——滑轮组在桥式起重机上拴接宽度的一半,一般等于桥式起重机两大梁间的净距的一半;

b——吊梁宽度的一半;

E_2——桅杆吊耳板的偏心距;

F_1——旋转时桥式起重机大梁底面标高;

F_2——过渡屋架底面标高;

F_3——吊耳板标高;

C_1——在 F_1 标高上,桅杆中心线至滑轮组的距离;

C_2——在 F_2 标高上,桅杆中心线至滑轮组的距离;

C_3——在 F_3 标高上,桅杆中心线至滑轮组的距离。

按几何关系,可计算出 C_2 值

$$C_1 = \sqrt{a^2 + B^2}$$

$$C_3 = \sqrt{b^2 + E_2^2}$$

$$\frac{C_2 - C_3}{C_1 - C_3} = \frac{F_3 - F_2}{F_3 - F_1}$$

整理该式,可得:

$$C_2 = \frac{F_3 - F_2}{F_3 - F_1} \cdot (C_1 - C_3) + C_3$$

求出 C_2 后,再加上安全间距 r,即为桅杆在车间轴线 Y 方向的偏移量。即:

$$Y = C_2 + r$$

安全间距 r 是为了考虑滑轮组和屋架的轮廓尺寸,一般不小于 300 mm。值得注意的是,上述关系是建立在 C_1、C_2、C_3 三者在同一铅垂面内的前提下,事实上,三者有可能不在同一铅垂面内。解决的措施如下:

①工艺布置时,调整参数 a、B,尽可能使其在同一平面,否则不仅上述关系不成立,更重要的是 C_1、C_2、C_3 三者不在同一铅垂面内会使滑轮组的钢丝绳发生扭转而互相缠绕,引发吊装事故。

②在 C_1、C_2、C_3 三者不在同一平面内的程度较小时,可近似认为在同一平面内,而按上述公式计算。

(3)碰撞量 Δ 和桅杆倾斜角度的计算

①碰撞量 Δ 的计算。桥式起重机在旋转过程中,可能与车间柱子相碰,制订方案时必须进行计算,如图8.9所示。

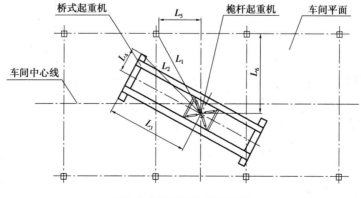

图8.9 碰撞量 Δ 计算简图

图中：L_1——桥式起重机旋转中心（桅杆中心）至车间柱的最小水平距离；

　　　L_2——桥式起重机旋转中心（桅杆中心）至桥式起重机外轮廓的最大水平距离；

　　　L_3——桥式起重机最大长度的一半与 X 方向偏移量 x 的和；

　　　L_4——桥式起重机最大宽度的一半；

　　　L_5——车间两柱子间净距的一半；

　　　L_6——车间宽度的一半与 X 方向偏移量 x 的和，车间宽度的一半可近似取为桥式起重机跨度的一半。

按图 8.9 中的几何关系，有：

$$L_1 = \sqrt{L_5^2 + L_6^2}$$
$$L_2 = \sqrt{L_3^2 + L_4^2}$$

如果

$$L_1 < L_2$$

则会发生桥式起重机与厂房柱子碰撞，桥式起重机无法旋转就位。

碰撞量 Δ 为：

$$\Delta = \left| L_1 - L_2 \right|$$

设计吊装方案时，必须保证 $L_1 > L_2$。

②桅杆倾斜量的计算。如果桥式起重机在旋转过程中与车间柱子相碰，解决办法有以下两种：

第一种是倾斜桥式起重机（图 8.10），由于有小车，难于固定，此方法较危险。

第二种是倾斜桅杆（图 8.11），这是一种常见的方法，必须计算桅杆必须的倾斜角度，以便于工艺布置。

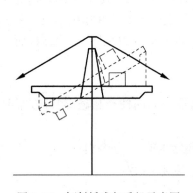

图 8.10　倾斜桥式起重机示意图

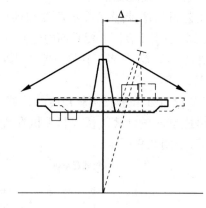

图 8.11　倾斜桅杆起重机示意图

如果采用倾斜桅杆的方法解决碰撞的问题，必须计算出桅杆的倾斜角度，并进行必要的工艺布置。

桅杆的倾斜角度 α 可近似按下式计算：

$$\tan \alpha = \frac{\Delta}{H}$$

式中　H——桅杆总长度。

为了能使桅杆能够倾斜，必须在各缆风绳固定端布置滑轮组和卷扬机，以便通过调整缆风绳倾斜桅杆。

(4)缆风绳的布置

在第4章中我们曾经讨论过,对于对称吊装,一般采用8根缆风绳,对称布置。但在厂房内,由于厂房墙体的影响和借用厂房柱子做地锚的原因,缆风绳的布置应根据厂房结构有所调整。

● 门式刚架厂房

门式刚架厂房的墙体采用的波纹纲板,吊装桥式起重机时,阻挡缆风绳的部分可以暂时不装。同时,门式刚架厂房的立柱不允许利用作为地锚,所以,其8根缆风绳可如第4章所述,在360°的圆周上均匀布置。

● 钢混结构厂房

该类厂房在进行桥式起重机吊装时,墙体一般施工完毕。墙体会影响缆风绳的布置。同时该类厂房的立柱一般可用作地锚,所以缆风绳就不能再在360°的圆周上均匀布置,而应有所调整。

调整的原则是:缆风绳在各方向上的分力应基本相同。车间内的缆风绳布置一般如图8.12所示。布置缆风绳时,还应注意缆风绳的高度不能影响桥式起重机的上升。除上述工艺布置外,还需进行滑轮组穿绕方法设计、卷扬机的布置设计、监测装置的设计与布置、动力系统的功率计算与布置等一系列的工艺布置,具体请参见前面有关章节的阐述。

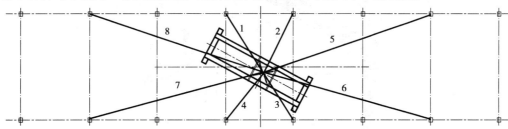

图8.12　钢混厂房内的缆风绳布置

2)工艺计算与机具选择

工艺计算与机具选择,包括:受力分析与计算;桅杆、滑轮组、钢丝绳、卷扬机、基础处理等的选择、校核。

上述内容中,第1、2项按第4章所讲内容处理,第3、4、5项按第2章所讲内容处理。

(1)基础面积计算

基础面积按下式计算:

$$A = \frac{N_d}{\rho}$$

式中　A——基础面积,m^2;

　　　N_d——桅杆底部轴力,kN;

　　　ρ——车间地面承载能力,kN/m^2。

(2)基础的处理

一般桅杆基座的面积达不到要求,必须通过基础处理增大承载面积。基础处理的方法是:在车间地面铺上一层沙子;在沙子上面铺钢板;在钢板上铺设道木两至三层;桅杆基座放在道木上。

8.2 大型门式起重机的吊装

8.2.1 大型门式起重机的基本组成及常用吊装方法

门式起重机是应用较为广泛的一种标准起重机。门式起重机的规格型号较多,一般中小型门式起重机主要用于装卸、场地内的材料的转运、部件的组装等,大型门式起重机主要用于大型工程,如大型船舶的建造等。一般中小型门式起重机的吊装可以借鉴桥式起重机的吊装方法,在第一节中已有简要介绍,本节主要讨论大型门式起重机的吊装。

大型门式起重机主要由上部水平框架、刚性腿、柔性腿、大车行走机构、起重小车、运行轨道及驾驶室、电缆轨道等附件组成,如图 8.13 所示。

图 8.13　大型门式起重机简图

大型门式起重机的突出特点是跨度、起升高度和额定起重量较大,导致各组成部件的几何尺寸及重量都较大。如某工程中的 8 000 kN/185 m 门式起重机,其跨度为 185 m,额定起重量为 8 000 kN,起升高度为 76 m,起重机最大高度为 105 m,各主要部件的重量为:两片大梁:26 800 kN;刚性腿:5 120 kN;柔性腿:2 430 kN;上小车:3 240 kN;下小车:1 550 kN;大车行走机构:4 820 kN;起重机总重量达到 47 500 kN。

从吊装施工的角度看,此类大型门式起重机的每一个主要组成部件均是一个典型结构。其中,两片大梁组成的上部水平框架是一个超大跨度的大跨度结构;刚性腿、柔性腿则是典型的高耸结构。从理论上讲,其吊装方法主要有"分段吊装,高空组装"和"地面组装,整体吊装"两种方法。

所谓"分段吊装,高空组装"法,是在地面根据起重机的能力,分段预制大梁、刚性腿、柔性腿;再根据各预制段的几何尺寸,搭设组装"胎架";分段吊装预制段到"胎架"上,在空中分别组合成刚性腿、柔性腿并采取措施进行定位和稳定,然后分段吊装大梁预制段到"胎架"上,在空中组合成大型门式起重机的上部水平框架,最后吊装上、下起重小车和其他附属装置。

该方法存在的主要问题有:需要搭设大量的"胎架"和高空施工平台;需要较大的起重机;大量的高空施工。

由于上述主要问题的存在,该方法在施工效率、施工成本、施工进度、施工质量等方面都具有先天性的不足,且更主要的是安全问题。由于施工时间较长,如果遇上暴风雨,还可能引发重大安全事故,故该工艺方法目前已较少使用。

所谓"地面组装,整体吊装"法,是在地面预先组装好上部水平框架、刚性腿、柔性腿,再一次性整体吊装。该方法是近年来新发展起来的一种吊装方法,本书主要讨论该吊装方法。

8.2.2　利用两台龙门式桅杆起重机整体吊装大型门式起重机

1)工艺布置

如图 8.14 所示,轨道安装完毕后,大型门式起重机的两片大梁在被吊装位置组合成上水平框架,其轴线与其运行轨道垂直;在水平框架的轴线延长线上组合刚性腿;在与水平框架的轴线垂直方向(与轨道平行)组合柔性腿;上下起重小车吊装上水平框架;刚性腿一端与水平框架用铰链连接,另一端放置于移动拖排上,移动拖排由牵引装置控制;刚性腿的运行机构安装在轨道上合适位置;柔性腿的"A 字头"安装在水平框架下部,柔性腿两支撑杆一端与"A 字头"采用铰链连接,另一端与其运行机构采用铰链连接,柔性腿运行机构同样由牵引装置控制;两套龙门桅杆起重机安装在水平框架长度上的合适位置,龙门桅杆起重机的底部采用地脚螺栓与其基础连接,顶部采用缆风绳进行稳定。每套龙门桅杆起重机顶部横梁上安装数套液压提升装置,其钢绞线与水平框架连接,如图 8.14(c)所示。

采用该工艺方法,关键在于刚性腿一端与水平框架的铰链连接和柔性腿两支撑杆一端与"A 字头"的铰链连接,其结构如图 8.15 所示。

上、下小车的固定位置的确定,主要考虑调整水平框架、刚性腿、柔性腿等主要部件的组合重心,通过调整上、下小车的固定位置,尽可能使组合重心与起重机中部形心重合,以使两龙门桅杆起重机承担的荷载平衡。

两龙门桅杆起重机位置的确定,应在保证刚性腿、柔性腿就位、焊接等操作空间的前提下,尽可能靠近水平框架的两端,相对于组合重心对称布置,以使水平框架在被吊装过程中的受力状态尽可能与工作时的受力状态(设计工况)相似。

龙门桅杆起重机的缆风绳布置:每套龙门桅杆起重机一般采用 6 根缆风绳。其中,1、2、3、4 号缆风绳在水平面上的投影,与大梁轴线(x 轴)夹角一般不大于 15°;5、6 号缆风绳与门式起重机轨道中心线(y 轴)平行。所有缆风绳在垂直平面内与水平线的夹角一般不超过 15°。龙门桅杆起重机的缆风绳建议采用液压提升装置,可以方便调整各组缆风绳拉力均衡,以保证龙门桅杆起重机尽可能少地受扭。

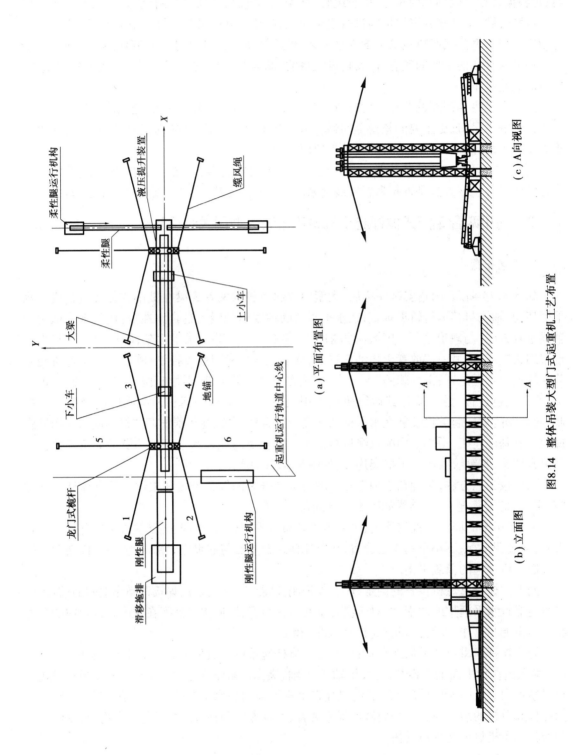

（a）平面布置图

（b）立面图

（c）A向视图

图8.14 整体吊装大型门式起重机工艺布置

刚性腿滑移拖排及柔性腿运行机构在吊装过程中的牵引装置,可以采用卷扬机、滑轮组,也可以采用液压提升装置,还可以采用液压顶推装置,无严格要求。

液压提升装置套数的确定,该工艺方法主要采用4个吊点,如图8.14(a)所示。每个吊点上布置液压提升装置的套数应根据吊装的重量、液压提升装置的能力、门式起重机大梁的几何尺寸等因素确定,可以是一套,也可以是两套或多套。

龙门式桅杆起重机的横梁由两片梁组合而成,两端支承在桅杆的顶节上并固定,在吊点处固定两片辅助支撑梁,在支撑梁上固定液压提升装置的提升油缸。液压提升装置的钢绞线通过两片辅助支撑梁的间隙下放,与被吊装的门式起重机大梁上的吊耳连接。图8.16是在一个吊点上布置两套液压提升装置提升油缸。

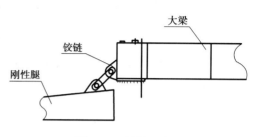

图8.15 铰链示意图

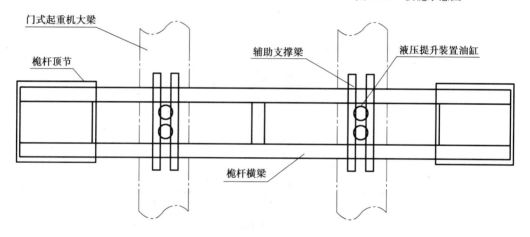

图8.16 龙门式桅杆起重机横梁上液压提升装置布置简图

2)工艺方法

吊装开始时,龙门桅杆起重机上的液压提升装置启动,向上提升大型门式起重机的水平框架,在铰链的带动下,刚性腿和柔性腿的前端随着水平框架上升;分别启动刚性腿尾部滑移拖排的牵引装置及柔性腿尾部的运行机构的牵引装置,使其尾部水平前移,直至刚性腿直立。此时,两柔性腿支撑杆尚未达到规定的夹角。停止吊装,刚性腿底部用临时垫铁支撑,通过调整临时垫铁,调整刚性腿的垂直状态及与水平框架的接口间隙,临时固定后进行焊接。对焊接质量检查合格后,吊装继续。当柔性腿两支撑杆达到与其"A"字头对口位置时,停止吊装,并微动液压提升装置,以调整柔性腿两支撑杆与其"A"字头对口间隙;临时固定后进行焊接,对焊接质量检查合格后,解除柔性腿尾部与其运行机构的铰链;吊装继续上升一个安全距离后停止,推入刚性腿运行机构并对位,液压提升机构下放,连接刚性腿与运行机构及柔性腿与其运行机构,装上柔性腿两运行机构间的横梁,吊装完成。这一过程中的一个状态,如图8.17所示。

在提升过程中应注意,当刚性腿滑移直立、达到其临界角前3°~5°时,应采用辅助起重机吊起其尾部,并慢慢放下直至直立,以避免产生冲击。

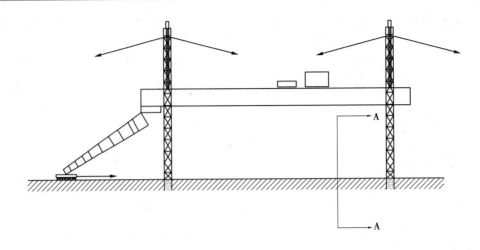

（a）立面图

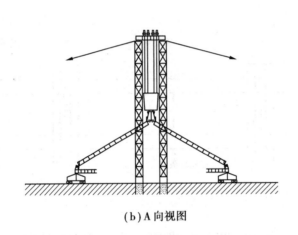

（b）A向视图

图 8.17　门式起重机整体吊装过程示意图

　　该工艺方法采用了数套至十数套液压提升装置,在吊装过程中,如果出现液压提升装置"不同步"(即某几套液压提升装置提升速度较快,另几套液压提升装置提升速度较慢),可能出现载荷的严重不均衡。其后果是:一方面,液压提升装置过载而损坏;另一方面,被吊装的大型门式起重机的大梁由于受力不均衡而发生变形。解决的办法除了在吊装过程中加强人工测量与控制外,主要采用计算机通过压力、位移、应力、应变等传感器反馈的信号控制各套液压提升装置的动作。

　　吊装完成后,龙门式桅杆起重机的拆除,其关键点在于龙门式桅杆起重机顶部横梁及安装在横梁上的液压提升装置的拆除,可以根据大型门式起重机的高度和现场自行式起重机的情况决定。如现场自行式起重机满足要求,可以采用自行式起重机拆除,这一方法最简单;如不能满足要求,则应预先在龙门式桅杆起重机的柱上安装拆卸起重机。至于龙门式桅杆起重机的格构柱,一般通过其自升装置拆除。

3）工艺设计与计算

　　该工艺方法实际是垂直吊装和"滑移法"吊装的组合,工艺较为复杂,需要进行设计计算

的项目较多,主要有:

(1)龙门式桅杆起重机基础的设计计算

设计荷载包括大型门式起重机的自重、龙门式桅杆起重机的自重、液压提升装置(包括钢绞线的重量)的自重、缆风绳的拉力影响等全部荷载。基础的结构形式较多,应根据吊装地区具体的地耐力情况,由基础专业技术人员进行设计。

(2)大型门式起重机两起重小车的位置确定

通过计算小车的位置,尽可能使两大梁组成的水平框架、刚性腿、柔性腿等主要部件的组合重心与水平框架的中部形心重合或接近,具体方法可以参考第8.1.3节。

(3)两龙门式桅杆起重机安装位置的确定

基本原则是在不影响操作和场地环境条件允许的前提下,尽可能向水平框架的端部布置。

(4)液压提升装置的选择

数套至十数套液压提升装置共同承担大型门式起重机的重量,除了必须考虑动载系数和不均衡载荷系数外,建议每套装置的承载能力都有不小于20%的安全余量。这主要是考虑到尽管采用了计算机进行控制,但这个控制有一个滞后时间,应考虑液压提升装置在吊装过程中具有足够的过载能力。

(5)龙门式桅杆起重机结构强度、稳定性校核

龙门式桅杆起重机结构分为横梁和立柱两大部分。横梁按简支梁校核其抗弯强度,其中采用4套液压提升装置(每个吊点布置一套)的受力模型如图8.18所示。集中力Q_1、Q_2包括了每套液压提升装置承担的载荷、支撑梁重量以及每套液压提升装置的自重,均布载荷q是横梁的自重。如果是采用8套(每个吊点2套)、16套(每个吊点4套)液压提升装置,应按具体的布置确定其计算模型。

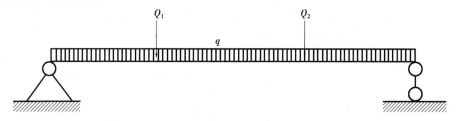

图8.18 龙门式桅杆起重机横梁计算模型

桅杆立柱的校核,应校核其整体稳定性、单肢稳定性和缀条的稳定性。具体计算方法参见第4章或《钢结构》的有关内容,这里要讨论的主要是其力学模型。

龙门式桅杆起重机由于其立柱截面较大、载荷较重,其底部与基础的连接一般采用垫铁、多个地脚螺栓连接,并进行二次灌浆,可以视为固接。顶部采用缆风绳稳定,但其主要作用是平衡立柱的构造附加弯矩和风载荷,不能完全视为铰接,所以工程实践中一般偏安全地将立柱模型视为一端固接、一端自由。

立柱理论上是轴心受压,但由于构造附加弯矩和风载荷的存在,立柱实际上是偏心受压。构造附加弯矩主要由以下因素造成:横梁施加的压力与立柱轴线不重合;立柱各标准节组装时轴线直线度误差;立柱整体安装调整时,其轴线与水平面的垂直度误差。上述3种误差产生的原因既有设计原因,也有产品制造精度和安装精度的原因,不可避免,目前也尚无规范规定上述3种误差的综合值。工程中一般是根据龙门式桅杆起重机的设计资料,并对照安装后的实

际测量加以确定。

在吊装方案设计中，龙门式桅杆起重机尚未选出，更谈不上安装后的测量，所以无法计算构造附加弯矩。工程中的处理办法一般是根据工程经验，对于截面尺寸和高度都较大的大型立柱结构，取其截面边长的 1/10 作为上述 3 个误差的综合值；对于截面尺寸和高度都较小的立柱结构，取 100 mm 作为上述 3 个误差的综合值进行试算，待选出具体的龙门式桅杆起重机后，与其设计资料核对，并在其安装后与实测数据核对，再一次进行复核计算。

风载荷的计算应分为两个方面进行，即工作状态的风载荷计算与非工作状态下的风载荷计算。

工作状态下的风载荷计算，一般取 6 级风的风压进行计算。但考虑到采用该工艺方法，吊装工艺复杂，吊装过程较长，吊装过程中还需要临时停止，以便于进行焊接作业，焊接作业除了焊接本身外，还需要做搭设、拆卸脚手架、焊接检验等一系列辅助工作，整个吊装时间长度较难控制，很难保证在吊装过程中不遇到大风，建议按当地在该季节 50 年一遇的暴风的风压进行计算。

非工作状态下的风载荷计算，是由于采用该工艺方法准备时间较长，龙门桅杆式起重机已安装但未吊装的时间也相应较长，在这个过程中，可能遇上暴风，导致龙门桅杆式起重机损坏。进行非工作状态下的风载荷计算，应取当地在该季节 50 年一遇的暴风的风压进行计算。

(6) 缆风绳拉力的计算及缆风绳的选择

普通桅杆式起重机的缆风绳的作用是平衡吊装重量所产生的倾覆力矩，但在采用龙门式桅杆起重机吊装超重设备或结构的工艺中，缆风绳已不足以平衡吊装重量所产生的倾覆力矩，所以其底部采用了固接方式。这里的缆风绳主要用于平衡风载荷和构造附加弯矩。因此，缆风绳拉力的计算，同样需要分成两个方面进行。

首先是在工作状态，所承担的载荷是风载荷和构造附加弯矩的叠加值。被吊装的大型门式起重机被吊装到最高处，风向垂直于大型门式起重机大梁（沿轨道方向），计算大型门式起重机、龙门式桅杆起重机等共同承受的风载荷。

计算构造附加弯矩引起的缆风绳拉力时，构造附加弯矩的计算原则与(5)所述相同。平衡构造附加弯矩所产生的拉力与在工作状态风载荷所产生的拉力之和，便是缆风绳在工作状态的总拉力。

其次是在非工作状态，应取当地在该季节 50 年一遇的暴风的风压，计算龙门式桅杆起重机所承受的风载荷。

选择缆风绳应以两种工作状态中较大者为据。考虑到采用钢丝绳做缆风绳，其实际拉力不便于准确在线测量，而各缆风绳拉力的不同，易导致龙门式桅杆起重机受扭。鉴于液压提升装置可以通过测量输入油缸的液压油的压力，相对准确地换算出缆风绳拉力，所以建议采用液压提升装置做缆风绳。

除了上述 6 类主要的工艺计算外，还有缆风绳地锚的设计计算、刚性腿尾部滑移轨道及滑移小车的设计计算、刚性腿及柔性腿牵引装置的的设计计算、刚性腿及柔性腿旋转铰链的设计计算、主吊耳及其焊缝的设计计算、辅助自行式起重机的选择、辅助支撑梁的设计计算等一系列的工艺计算与工艺设计。由于上述内容大多数在本书前续各章都已分别讨论过，少数内容在《材料力学》和《钢结构》中都已经讲过，这里不再重复。

8.3 大型弧形梁的吊装

8.3.1 大型弧形梁的基本特征及常用吊装方法

大型弧形梁是无柱大空间建筑常用的一种结构,如体育场馆、影剧院、展览馆、机场候机楼等。大型弧形梁一般作为主结构,两端支承于地面基础上,中间向上拱起,与其他次结构一起组成一个半椭球形空间。图8.19是某体育场馆采用大型弧形梁,与次结构一起组成无柱大空间建筑的实例,主梁采用大型弧形梁,图(a)是整体效果图,图(b)是其主梁与次梁布置的平面图。

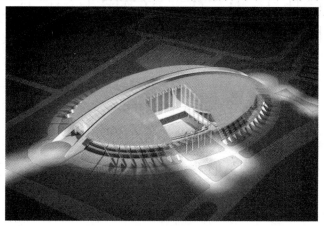

(a)整体效果图

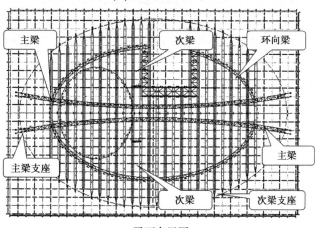

(b)平面布置图

图8.19　某体育场馆建筑实例

此类大型弧形梁的出现是由于建筑空间的需要,它承担整个结构的主要载荷。一般情况下,其跨度较大,中部起拱高度较高,相应梁的断面结构尺寸也较大,重量较重。如图8.19所示的某体育场馆的屋盖结构,主梁采用大型弧形梁,其跨度为328 m,中部拱高54 m,重28 000 kN,主梁的结构如图8.20所示。

此类大型弧形梁的吊装,目前常用的工艺方法主要有两种,即"分段散装法"和"整体滑移法"。

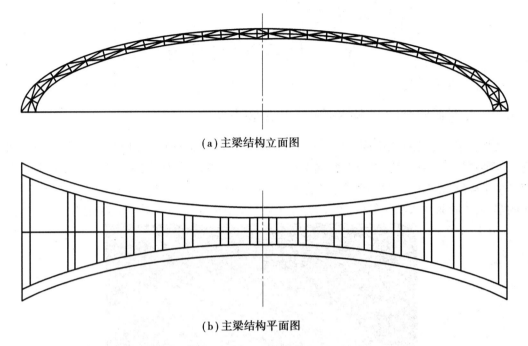

(a) 主梁结构立面图

(b) 主梁结构平面图

图8.20　某体育场馆主梁结构简图

8.3.2　分段散装法吊装大型弧形梁

1) 基本工艺方法与工艺布置

在预制场地分段预制主梁,主梁预制段长度根据现场自行式起重机的吊装能力确定。在主梁的就位位置布置组装胎架,各胎架之间的间距根据主梁预制段长度确定。胎架底部通过地脚螺栓固定于地面基础上,胎架顶部布置高度调整装置,各胎架之间搭设施工操作平台。胎架布置如图8.21所示。

吊装时,利用自行式起重机将主梁各预制段吊装到胎架上,并进行临时固定。根据自行式起重机的能力,可以是一台自行式起重机吊装主梁各预制段,也可以采用两台自行式起重机联合吊装各预制段。

通过布置于胎架顶部的高度调整装置,调整主梁各预制段的高度,使各预制段的轴线平滑连接,形成设计规定的弧线后进行焊接施工。焊接施工完成后,通过调整胎架顶端的高度调整装置,进行"卸载"后完成主梁的吊装。

2) 工艺计算

采用该工艺方法,编制放案时应做如下工艺计算:

①梁的预制分段长度的确定。由于大型弧形梁在其全长上各部位的高度不一致,所以各预制分段的长度也可以不一致,吊装高度要求低的可以长一些,吊装高度要求高的就应短一些。各预制分段的具体长度,应根据现有自行式起重机的能力、吊装方法(联合抬吊或是单独吊装)、吊装高度要求、幅度要求(由预制分段的断面结构尺寸及环境条件决定)、每预制分段的重量等因素决定。具体计算方法参见第3章有关内容。

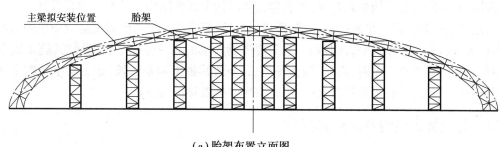

(a)胎架布置立面图

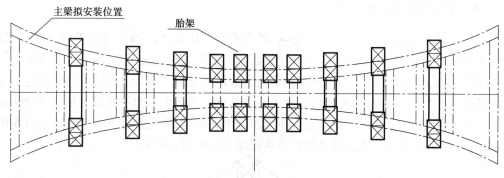

(b)胎架布置平面图

图8.21 胎架布置简图

②各胎架间距的确定,应根据每个预制分段的长度决定。

③各胎架基础的设计,应根据每个胎架承担的载荷、胎架的自重、吊装地区地耐力等因素决定。基础的结构形式较多,应请基础专业人员进行设计,并进行承载能力的试验。

④胎架的结构设计。不同部位的胎架,高度不一样,承担的载荷也不同,应根据各自的具体情况分别进行设计。由于胎架上部一般无法布置缆风绳,其稳定性只能靠其底部固定,所以进行结构设计时的计算模型应采用一端固定、一端自由的偏心压杆模型。偏心力矩主要由风载荷和胎架构造偏心组成。

由于采用该工艺方法施工时间较长,计算风载荷时,建议取施工所在地区、所在施工季节50年一遇的大风进行。

胎架的构造偏心,建议首先按工程经验取截面边长的1/10和100 mm二者中较大者进行试算,待胎架安装完毕后进行复核。

胎架一般是两个预制分段搭接之处,所以在决定胎架截面尺寸时,不仅要考虑其受压稳定性,还要考虑两个预制分段搭接的尺寸要求。

焊接施工操作平台如果与胎架设计成一体,在胎架设计时还必须考虑焊接施工平台自重及焊接设备、焊接人员所带来的活荷载。

胎架设计可参照第4章中"格构式桅杆"的有关内容进行。

⑤吊装工艺设计计算。包括自行式起重机的选择(包括其规格型号、工作状态等)、自行式起重机的基础设计、吊索、吊具的选择、预制分段上吊耳的设计等,这些在第2章、第3章均有详细讨论。

⑥预制分段的变形计算。如果预制分段较长,吊装时还应校核各预制分段的变形是否在

许可范围内,弧形梁的结构形式各异,可根据具体结构形式按结构力学有关内容进行。

采用分段散装法进行吊装,工艺方法简单易行,较好掌握。但由于需要搭设胎架的数量较多,占用大型自行式起重机的时间较长,且需要搭设大量的高空操作平台,导致其施工成本较高;由于需要大量的高空组对、焊接、检验等施工,导致其施工周期较长,施工安全与施工质量保证较困难。所以,在施工条件许可时,通常采用整体滑移吊装法。

8.3.3 大型弧形梁的整体滑移吊装

1)基本工艺方法与工艺布置

该工艺方法的工艺布置如图 8.22 所示,将主桁架以跨度方向的中线为界,在地面拼装成两个对称的吊装分段单元,吊装分段单元的轴线与安装位置的轴线重合,两吊装分段单元的结合面均处于跨度方向的中线上。由于在地面组合的吊装分段单元在水平面上的投影比就位后在水平面上的投影长,此时,弧形梁的落地端不在其就位基础上。为了使弧形梁的落地端在就位后到达就位基础上,在弧形梁的落地端下面布置滑移装置,并在滑移装置上布置牵引或顶推装置,以保证吊装时滑移装置能带动弧形梁落地端一起按需要移动。

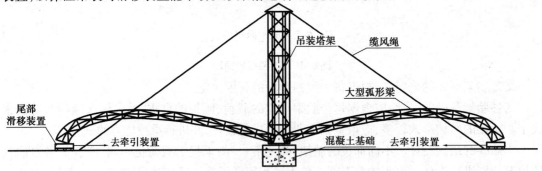

(a)工艺布置立面图

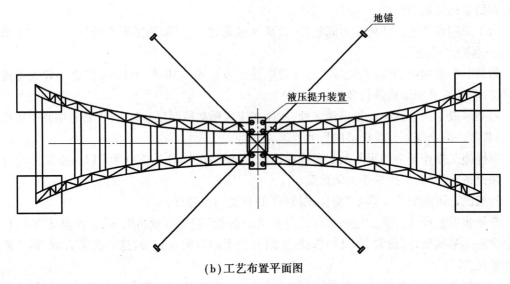

(b)工艺布置平面图

图 8.22 大型弧形梁整体滑移吊装工艺布置简图

在跨度方向的中线上安装一个提升塔架,提升塔架的轴线与跨度方向的中线在铅垂面上重合,提升塔架通过地脚螺栓固定在其混凝土基础上,顶部布置缆风绳。提升塔架的高度,以保证布置其上的液压提升装置底部与弧形梁上部最高点具有8~10 m的净空为宜。

在提升塔架上安装液压提升装置,为了尽可能减小提升塔架的高度,液压提升装置以上拔式为宜。根据弧形梁的大小和液压提升装置的额定提升能力,每个吊装分段单元可以布置一套,也可以布置多套液压提升装置,建议每套液压提升装置保留15%~20%的提升能力富裕量。在图8.22所示工程中,每个吊装分段单元布置了4套,两个吊装分段单元共布置了8套液压提升装置。

多套液压提升装置共同工作,肯定存在"不同步",一旦出现"不同步",各吊点出现载荷不均,速度快的液压提升装置超载,既可能导致液压提升装置超载损坏,也有可能导致弧形梁因各吊点载荷不均而损坏,严重的还可能导致重大吊装事故的发生。解决的办法是在弧形梁上布置应力、应变、位移等传感器,在液压提升装置上布置压力传感器等,通过控制计算机进行控制。

由于弧形梁体积庞大,不便于布置缆风绳,一般布置4根,按90°均布,主要作用是抵抗风载荷和平衡提升塔架因安装误差而产生的构造附加弯矩。在此情况下,缆风绳拉力的不均对提升塔架的影响较大。采用普通钢丝绳作缆风绳,较难在线测量每根钢丝绳的拉力,建议采用液压提升装置作缆风绳,可以通过对油压的测量,控制每根缆风绳的拉力。

在提升过程中,由于自重的影响,弧形梁会发生弹性变形,其设计弧线因自重而发生改变,这个变形会导致两个吊装分段单元在提升一侧的端面发生角度偏转,使吊装分段单元在中部结合面处无法正确就位结合。

目前,在工程中解决这个问题的办法通常是采用在每个吊装分段单元的中部(即跨度全长的1/4处)布置反向变形临时支撑。在提升高度达到设计高度后继续提升,直到每个吊装分段单元的中部标高达到设计标高后,布置该反向变形临时支撑,然后液压提升装置下放,使两吊装分段单元的结合端面平行吻合,以达到正确就位。采用该工艺方法时,需要特别注意的是,弧形梁在反向变形临时支撑处会承受较大的局部压力,有可能导致弧形梁在该处发生局部损坏,应事前采取措施进行局部加强。

当所有准备工作就绪、各工艺布置检查无误后,启动液压提升装置,将两个吊装分段单元同步整体提升,同时启动牵引装置或顶推装置,使两个提升单元的落地端同步在地面滑移;当提升端到达设计标高时,提升单元的落地端应到达其基础位置,停止提升,拆除提升单元的落地端下的滑移装置,并与基础固定;继续分单元提升,当每个单元中部达到设计标高后,布置反向变形临时支撑;提升端分单元下放至设计标高,检查无误后在空中进行合拢对口,从而完成主桁架吊装工作。

吊装过程中需要特别注意的是,液压提升装置的钢绞线只能垂直吊装,不允许产生偏角,但滑移法吊装如果提升速度与落地端的水平移动速度配合不好,极易导致钢绞线产生偏角,所以在吊装施工过程中需要注意及时调整。

2)工艺计算

该工艺方法是典型的"滑移法"吊装,工艺较为复杂,需要进行设计计算的项目较多,主要有:

(1)提升塔架基础的设计计算

设计荷载包括提升塔架承受的吊装载荷、提升塔架的自重、液压提升装置(包括钢绞线的重量)的自重、缆风绳的拉力影响等全部荷载。其基础的结构形式较多,应根据吊装地区具体的地耐力情况,由基础专业技术人员进行设计。

(2)液压提升装置的选择

数套液压提升装置共同承担大型弧形梁的重量,除了必须考虑动载系数和不均衡载荷系数外,建议每套装置的承载能力都有15%~20%的安全余量。这主要是考虑到尽管采用了计算机进行控制,但这个控制有一个滞后时间,应考虑液压提升装置在吊装过程中具有足够的过载能力。

(3)提升塔架结构强度、稳定性校核

提升塔架的结构简图如图8.23所示。由图可知,提升塔架结构分为中心柱和悬挑梁两部分。对于悬挑梁,应按一端固定、一端自由的外伸梁模型计算,不仅应计算其在弯曲平面内的抗弯强度和稳定性,还应计算其在弯曲平面外的稳定性。计算载荷主要包括吊装载荷、液压提升装置及钢绞线的自重、悬挑梁的自重3个部分。

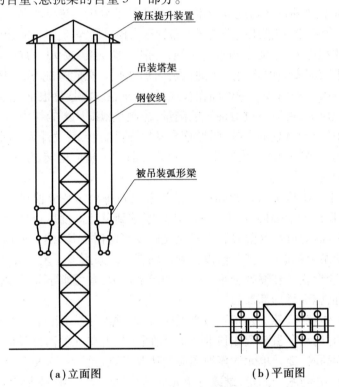

液压提升装置

吊装塔架

钢铰线

被吊装弧形梁

(a)立面图　　　　　(b)平面图

图8.23　吊装塔架简图

提升塔架中心柱的校核,应校核其整体稳定性、单肢稳定性和缀条的稳定性,具体计算方法参见第4章或《钢结构》的有关内容,下面主要讨论其力学模型。

提升塔架中心柱由于截面较大、载荷较重,其底部与基础的连接一般采用垫铁、多个地脚螺栓连接,并进行二次灌浆,可以视为固接。顶部采用缆风绳稳定,但其主要作用是平衡立柱的构造附加弯矩和风载荷,不能完全视为铰接,所以工程实践中一般偏安全地将立柱模型视为一端固接、一端自由。

中心柱在理论上是轴心受压,但由于构造附加弯矩和风载荷的存在,中心柱实际上是偏心受压。构造附加弯矩主要由以下因素造成:由液压提升装置位置布置误差引起的吊装载荷的不对称;中心柱各标准节组装时轴线直线度误差;中心柱整体安装调整时,其轴线与水平面的垂直度误差。上述3种误差的产生既有设计原因,也有产品制造精度和安装精度的原因,不可避免,目前也尚无规范规定上述 3 种误差的综合值,工程中一般是根据提升塔架的设计资料,对照安装后的实际测量加以确定。

在吊装方案设计中,设计提升塔架需要根据上述载荷计算值进行,更谈不上制造和安装后的测量,所以无法计算构造附加弯矩。工程中的处理办法一般是根据工程经验,对于截面尺寸和高度都较大的大型立柱结构,取其截面边长的 1/10 作为上述 3 个误差的综合值;对于截面尺寸和高度都较小的立柱结构,取 100 mm 作为上述 3 个误差的综合值进行试算,待设计出具体的提升塔架后,与其设计资料核对,并在其安装后与实测数据再一次进行复核。

风载荷的计算应分为两个方面进行,即工作状态的风载荷计算与非工作状态下的风载荷计算。工作状态下的风载荷计算,一般取 6 级风的风压进行计算。非工作状态下的风载荷计算是由于采用该工艺方法准备时间较长,提升塔架已安装但未吊装的时间也相应较长,在这个过程中可能遇上暴风,导致提升塔架损坏。进行非工作状态下的风载荷计算,建议取当地在该季节 50 年一遇的暴风的风压进行计算。

(4)缆风绳拉力的计算及缆风绳的选择

普通桅杆式起重机的缆风绳主要平衡吊装重量所产生的倾覆力矩,但在采用提升塔架吊装超重设备或结构工艺中,缆风绳已不足以平衡吊装重量所产生的倾覆力矩,所以其底部采用了固接方式。这里的缆风绳主要用于平衡风载荷和构造附加弯矩。因此,缆风绳拉力的计算同样需要分成两个方面进行:

①首先是在工作状态,所承担的载荷是风载荷和构造附加弯矩的叠加值。计算风载荷时,应取 6 级风的风压,被吊装的大型弧形梁被吊装到最高处,在风向垂直于大型弧形梁和平行于大型弧形梁两种工况下,计算提升塔架、被吊装的大型弧形梁等共同承受的风载荷。

计算构造附加弯矩引起的缆风绳拉力时,构造附加弯矩的计算原则与(3)所述相同。

平衡构造附加弯矩所产生的拉力与在工作状态风载荷所产生的拉力之和,便是缆风绳在工作状态的总拉力。

②其次是在非工作状态,建议取当地在该季节 50 年一遇的暴风的风压,计算提升塔架所承受的风载荷。平衡该风载荷的拉力,便是缆风绳在非工作状态的总拉力。

选择缆风绳应以两种工作状态中较大者为据。考虑到采用钢丝绳作缆风绳,其实际拉力不便于准确在线测量,而各缆风绳拉力的不同,易导致提升塔架受扭。鉴于液压提升装置可以通过测量输入油缸的液压油的压力相对准确地换算出缆风绳拉力,建议采用液压提升装置作缆风绳。

(5)被吊装的大型弧形梁的强度、稳定性及变形计算

大型弧形梁一般为杆系结构,按照该工艺方法进行吊装,被吊装的大型弧形梁的受力状况与设计状况差别较大,某些杆件还有可能由设计时的"拉杆"在吊装过程中改变成"压杆",因此需要进行强度、稳定性的校核。

对被吊装的大型弧形梁进行变形计算,主要目的是便于计算机自动控制。通过应力、应变传感器测量吊装过程中的实际变形与应力,与吊装方案设计中的设计值进行比较,计算机自动控制各液压提升装置的动作,以保证各液压提升装置的"同步"。

对于大型弧形梁的计算已超出本书范围,建议由结构设计专业人员进行,最好请大型弧形梁结构设计者进行计算或复核。

(6)反向变形临时支撑的设计计算

反向变形临时支撑的结构形式一般采用格构柱,底部固定于基础上,顶部通过调整装置支

撑在被吊装的大型弧形梁中部某一点上。计算模型一般偏安全地采用一端固定、一端自由,计算载荷一般偏安全地取吊装分段单元提升端的载荷。

除了上述6类主要的工艺计算外,还有缆风绳地锚的设计计算、弧形梁落地端滑移轨道及滑移小车的设计计算、牵引装置的设计计算、主起吊的吊耳设计计算、辅助自行式起重机的选择等一系列的工艺计算与工艺设计。由于上述内容大多数在本书前续各章都已分别讨论过,少数内容在《材料力学》中都已经讲过,这里不再重复。

8.4　建筑板型钢网架的吊装

8.4.1　建筑钢网架的基本组成及常用吊装方法

建筑钢网架广泛应用于无柱大空间建筑的屋盖,如体育馆、影剧院、展览厅、候车厅、体育场看台雨篷、飞机库、工业厂房、货场等。建筑钢网架的类型主要有板型网架结构和壳型网架结构两大类,目前国内广泛使用的是板型网架结构。建筑钢网架主要由弦杆、腹杆和节点组成。节点主要有十字板节点、焊接空心球节点及螺栓球节点3种基本形式。十字板节点适用于型钢杆件的网架结构,杆件与节点板的连接,采用焊接或高强螺栓连接。焊接空心球节点及螺栓球节点适用于钢管杆件的网架结构。建筑钢网架与建筑物的连接一般采用支座支承在建筑物的梁、柱或牛腿上。图8.24为某工程网架实例。

图8.24　某工程板型网架实例

建筑板型钢网架的安装的主要工作之一是吊装,目前国内常用的安装方法主要有满堂支架高空散装法、地面组装整体吊装(或顶升)法和平移法三大类。

1)满堂支架高空散装法

满堂支架高空散装法,一般是利用钢管脚手架的钢管,在网架就位的正下方搭设支架,在支架上铺设钢板或木板,形成一个既可承受网架重量又能承受施工载荷的平台。在该平台上布置网架组合平台,在该组合平台上组合网架,全部组合完毕后,卸载,拆除施工平台。

该方法由于吊装的对象主要是分散的杆件、节点和支座,对吊装要求不高,一般塔式起重机或中小型自行式起重机即可满足要求。但需要搭设的支架数量较大,不仅面积要大于网架在地面的投影面积,高度要满足网架就位高度的要求,还需要满足强度与稳定性要求。由于需要满足既可承受网架重量、又能承受施工载荷,所以对采用钢管脚手架的钢管搭设支架的密度提出了较高要求,使搭设支架的数量巨大,施工成本较高,一般在某些特殊场合才采用该方法。由于该工艺方法对吊装的要求不高,本书不再讨论。

2)地面组装整体吊装(或顶开)法

地面组装整体吊装(或顶升)法,主要是在地面布置网架组合平台,在组合平台上组合网架,组合完毕、检查无误后,利用多台起重机联合整体将网架吊装到就位高度,或利用多套液压顶升装置联合整体将网架顶升到就位高度,然后在空中平移,使网架支座就位到其基础(梁、柱、牛腿等)上,完成吊装。

采用该工艺方法在地面组合平台上组合网架,不需要搭设大量的支架,施工速度快,施工质量易于保证,施工成本相对较低,但需要较多起重机或液压顶升装置联合工作,吊装工艺复杂。主要有如下几点:

①多台起重机或多台液压顶升装置联合工作,需要控制计算机进行"同步"控制,否则易损坏被吊装网架。但如果采用的起重机是自行式起重机,则需要对自行式起重机控制系统进行改造,否则无法实施计算机"同步"控制。如采用的起重机是液压提升装置或液压顶升装置,在一般情况下,又需要布置支承液压提升装置或液压顶升装置的立柱,使施工成本有所升高。

②被吊装网架上吊点的设置。由于被吊装网架的支座处需要在吊装到就位高度后就位到基础上,一般难于将其设置成吊点,而将吊点设置到其他地方,有可能导致整个网架的力学体系发生改变,使"拉杆""压杆"性质发生改变。

③由于被吊装网架与其就位的基础(建筑物的梁、柱、牛腿等)轮廓尺寸相互干涉,被吊装网架的支座必须与其就位的基础错开一段距离才能吊装到其就位的基础的正上方,所以吊装达到就位高度后,整个网架需要在空中平移一小段距离才能就位,导致工艺的复杂性增加。

基于上述问题,目前工程中,对于网架,地面组装整体吊装(或顶升)工艺一般在一些特定场合采用,本书在这里不再讨论。

平移法安装网架是目前使用较多的工艺,又分为"固定支架、累积平移法"和"支架平移法"两种,下面将进行深入讨论。

8.4.2 建筑板型钢网架的固定支架、累积平移法吊装

1)工艺布置及工艺方法

建筑板型钢网架的固定支架、累积平移法吊装工艺方法主要适用于网架支撑体系布置规则、对称的场合,其工艺布置如图8.25所示。

在网架支撑体系(梁、柱、牛腿等)的轴线延长线上搭设固定支架,搭设的面积以最少能满足网架两支座(如图8.25中的①~②轴)之间的面积组合,同时考虑施工需要(如材料的临时吊装堆放、施工机具的布置等)为宜;搭设高度以与网架支撑体系标高等高为宜。固定支架一般采用型钢搭设,并在其顶部铺设花纹钢板或木板,其底部固定于混凝土基础上,上部固定于网架支撑体系的柱、梁、牛腿上,以抵抗水平顶推反力。目前工程中也有采用钢管式脚手架的钢管搭设固定支架,但由于固定支架需要承受水平顶推反力,同时,采用钢管式脚手架的钢管搭设的固定支架本身不是稳定结构,其结构的稳定性主要靠节点(如扣件)的刚性来提供,在水平顶推反力的作用下容易导致倾覆,因此建议慎重采用该类形式。

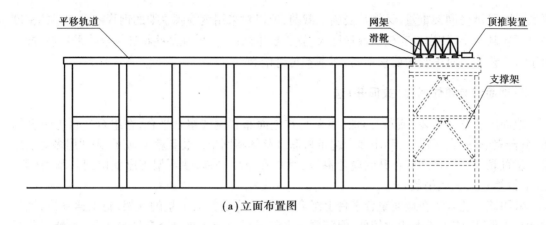

（a）立面布置图

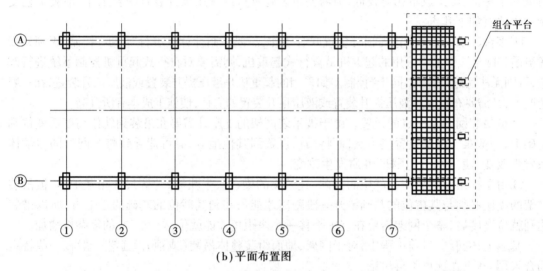

（b）平面布置图

图 8.25 支架固定累积平移法工艺布置简图

在网架支撑体系（梁、柱、牛腿等）上布置网架平移轨道梁并固定，网架平移轨道梁一般采用工字钢上固定钢轨组成。

在固定支架上布置网架组合平台并固定，网架组合平台标高与网架平移轨道梁的标高等高并对齐，网架组合平台由数段工字钢及其标高调整装置组成，如图 8.25 所示。

在网架组合平台后端布置液压顶推装置并固定，如施工现场环境条件许可，也可在前方（如图 8.25 中①轴方向）水平布置液压提升装置，改水平顶推为水平牵引。

在网架组合平台上布置"滑靴"，滑靴可采用槽钢，凹面与滑轨吻合，以起导向作用，凹面与滑轨结合面抹润滑油或填充"聚四氟乙烯"板，以减小摩擦。

基本工艺方法是首先在固定支架上组合最远端一个单元的网架（如图 8.25 中的①～②轴），检查无误后，利用顶推装置或牵引装置将其顶推或牵引到图 8.25 中的⑥～⑦轴位置停止，如图 8.26 所示。继续在固定支架上组合次远端（如图 8.25 中的②～③轴）单元的网架，检查无误后连接两个单元的网架，再一次顶推，如图 8.26 所示。如此循环，直至将整个网架全部顶推到位。

网架全部全部顶推到位后，在网架支座处布置液压千斤顶，顶起网架，装上网架支座，并利用网架分段拆卸平移轨道梁，网架安装完毕。

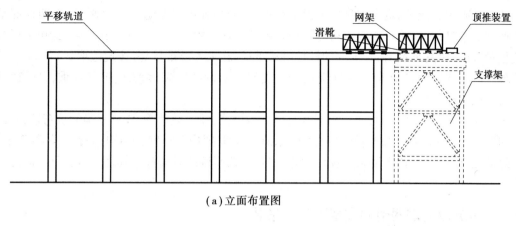

(a)立面布置图

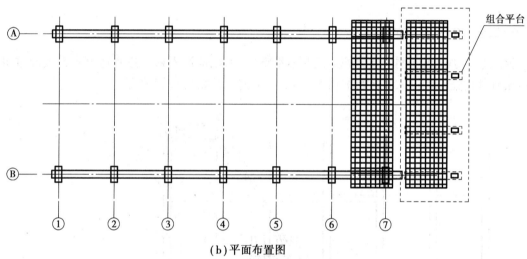

(b)平面布置图

图8.26 网架累积平移工艺过程

2)工艺计算

该工艺方法较为简单,需要进行的工艺计算也不多,首先对起重机要求不高,可根据现场起重机的能力及网架的就位高度,确定网架在地面的预组合单元的大小,也可采用塔式起重机直接吊装网架的杆件、节点和支座。其次,采用该工艺方法,网架在平移过程中的受力状态基本与设计状态相同,一般不会出现"拉"杆变"压"杆的现象。主要工艺计算如下:

(1)平移所需的顶推(或牵引)力的计算

由于采用累积平移,顶推(或牵引)载荷最大在最后整个网架组合完毕后,应按此时的载荷计算顶推(或牵引)力(具体计算方法参见本书第6章),并根据该顶推(或牵引)力选择液压千斤顶或液压提升装置。需要注意的是,液压千斤顶或液压提升装置的额定能力不能用满,建议留有15%~20%的安全余量。

(2)固定支架的设计计算

固定支架的设计计算内容相对较多,包括结构形式和承载能力。目前常采用的结构形式主要为型钢组合的框架形式。

固定支架承受的载荷由3个部分组成,第一部分是在其上组合的网架单元的重量,按组合单元的大小确定,由于固定支架顶部铺设了钢板,网架单元的重量通过组合平台、支架顶部钢板传递到支架杆件上,所以可以粗略地按均布载荷处理。第二部分载荷是施工载荷,包括组合平台重量、施工机具重量、临时堆放的杆件材料重量、施工人员重量等,按规范取 2 kN/m²。第三部分是固定支架的自身重量,由于此时固定支架并未设计完成,无法确定其自重,只能通过试算、初选、校核等步骤进行。

固定支架的结构设计与计算应根据其具体结构形式、承受载荷等,计算其梁的抗弯能力,以及柱的稳定性、连接(焊接或螺栓连接)强度等,具体计算方法可参照《钢结构》的有关内容进行。

除此之外,还有平移轨道梁的设计计算、固定支架基础的设计计算等,由于较简单,此处不再缀述。

8.4.3 建筑板型钢网架的支架平移法吊装

1)工艺布置及工艺方法

该工艺方法适用于网架下方地面已基本平整好,可以铺设平移轨道和适合自行式起重机及网架杆件运输车辆进入并运行的情况,其基本工艺布置如图 8.27 所示。

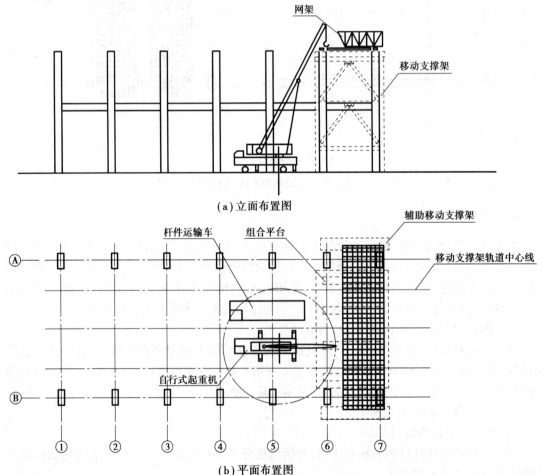

(a)立面布置图

(b)平面布置图

图 8.27 支架平移法工艺布置简图

在地面铺设移动支架移动轨道,与网架支撑体系(梁、柱、牛腿等)的轴线(Ⓐ轴和Ⓑ轴)平行,移动轨道一般以平行两条为宜。

在网架支撑体系(梁、柱、牛腿等)的一端(如图8.27中的⑥~⑦轴)搭设移动支架,其宽度略小于跨间净距,其长度以最少能满足网架两支座(如图8.25中的①~②轴)之间的网架组合,同时考虑施工需要(如材料的临时吊装堆放、施工机具的布置等)为宜。如网架各支座的间距不等,则应取最大间距两支座间的间距。如网架有悬挑段,还应在跨外布置辅助移动支架。

搭设高度以与网架支撑体系标高等高为宜;移动支架一般采用型钢搭设,并在其顶部铺设花纹钢板或木板,其底部支腿通过"滑靴"支承于移动轨道上,并通过锁紧装置锁紧。

出于降低成本的目的,目前工程中也有采用钢管式脚手架的钢管搭设移动支架。由于地面不可能绝对平整,通过一次移动,将会出现一部分"立管"底部未与地面紧密结合,从而造成另外一部分"立管"超载的现象发生,建议慎重采用。

在移动支架顶面上布置网架组合平台并固定,网架组合平台标高略高于网架支座基础顶面的标高,网架组合平台由数段工字钢及其标高调整装置组成。

在移动支架支腿下部布置液压顶推装置,如施工现场环境条件许可,也可在前方(如图8.27中①轴方向)水平布置液压提升装置,改水平顶推为水平牵引。

在网架跨中地面布置自行式起重机和网架杆件与支座的运输车辆,如图8.27(b)所示。

基本工艺方法是按顺序在移动支架上组合一个单元的网架(如图8.27中的⑥~⑦轴),检查无误后,卸载后移动支架到下一个单元(如图8.27中的⑤~⑥轴)组合网架,如此循环,④~⑤轴、③~④轴……直至组合完毕,如图8.28所示。

根据自行式起重机的能力,吊装到移动支架上的可以是杆件、支座等,也可以是在地面的预组合段,没有严格规定。不过为了提高工作效率、减少高空作业,建议选择额定起重能力较大的起重机,直接吊装网架的预组合段。

2)工艺计算

采用该工艺方法,工艺计算比较简单,主要工作有:

(1)网架组合顺序及起重机、运输车辆行车路线的规划

采用该工艺方法,起重机和运输车辆工作位置需要随着网架的组合进度而移动,应根据具体的环境条件,合理规划网架的组合顺序,并以此为根据,合理规划起重机和运输车辆的行车路线。如图8.28中,网架的组合顺序是⑦→⑥→⑤→④→③→②→①,起重机和运输车辆工作位置相应后退,如果在①轴后面有墙体或其他建筑物阻碍了起重机工作位置的继续后退,或者阻碍了起重机完成吊装工作后退出施工现场的路线,则该网架的组合顺序就是不合理的。

(2)移动支架的设计计算

与固定支架的设计计算一样,移动支架的设计计算内容相对较多,包括结构形式和承载能力。目前常采用的结构形式主要有型钢组合的框架形式。

移动支架承受的载荷由3个部分组成,第一部分是在其上组合的网架单元的重量,按组合单元的大小确定,由于在支架顶部铺设了钢板,网架单元的重量通过组合平台、支架顶部钢板传递到支架杆件上,所以可以粗略地按均布载荷处理。第二部分载荷是施工载荷,包括组合平台重量、施工机具重量、临时堆放的杆件材料重量、施工人员重量等,按规范取 $2\ kN/m^2$。第三部分是固定支架的自身重量,由于此时支架并未设计完成,无法确定其自重,只能通过试算、初选、校核等步骤进行。

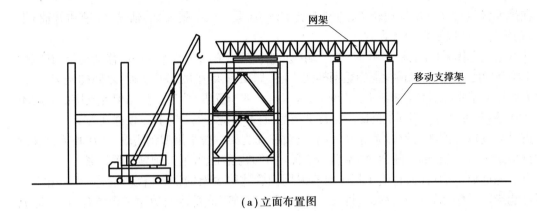

（a）立面布置图

（b）平面布置图

图 8.28　支架平移法施工过程简图

移动支架的结构设计与计算应根据其具体结构形式、承受载荷等,计算其梁的抗弯能力,柱的稳定性、连接(焊接或螺栓连接)强度等,具体计算方法可参照《钢结构》的有关内容进行。

（3）支架平移所需要的顶推(或牵引)力的计算

支架平移法移动的仅仅是支架,重量较轻,需要的顶推(或牵引)力较小,很多时候,人工即可推移,但人工推移,就位精度不够,移动速度不均匀,易产生冲击,建议仍然应布置顶推(或牵引)装置,顶推(或牵引)力的具体计算参照第 6 章进行。

除此之外,还有自行式起重机、吊索、吊具的选择,可根据吊装的预组合单元、杆件的几何尺寸、重量等具体情况,参照第 2 章、第 3 章进行。

8.5　大型建筑连廊的整体吊装

8.5.1　大型建筑连廊的基本特点及常用建造方法

大型建筑连廊是现代建筑的一种结构形式,由于建筑造型或使用功能的需要,在两个或数个建筑塔楼之间,布置连廊结构。国内较为典型的建筑有"中央电视台新址"、在建的重庆朝天门大楼等,图8.29是连廊结构的实例。

建筑连廊横跨于两个或数个塔楼之间,跨度较大。连廊结构的形式较多,有直线形的,有折线形的,也有弧形的,且布置位置较高,根据塔楼位置和建筑造型而定。为满足使用功能,连廊一般与塔楼等宽,自身高度较高,且由于上述特点,其自身重量一般也较重。如图8.29所示的连廊,跨度长约60 m,从结构的12层开始直至屋顶层,标高为 +57.220 m ~ +100.620 m,自身高度约为43.4 m。其中,连廊下部(12~13层)和屋顶层为格构式桁架结构,均为三榀桁架,桁架间距为8.4 m,连廊的总宽度为27 m;上下两组桁架之间的部分为框架结构。连廊结构总重约5 000 t。

图8.29 某建筑物两塔楼间的连廊

由于强度的需要,连廊结构一般采用钢结构,结构的各种杆件截面尺寸和厚度都较大,节点焊缝密布,典型的桁架节点如图8.30所示。

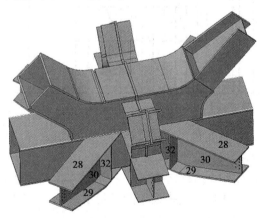

图8.30 典型桁架节点

这类节点制作精度要求较高,否则节点各接口无法与其他杆件正确连接,同时,由于焊缝密布,焊接残余应力复杂,需要采用大量的焊前预热和焊后热处理措施,并进行射线探伤检测,否则易产生较大变形,甚至产生焊缝撕裂,在施工现场制作难以达到质量要求,一般在工厂的专用平台上制作,其重量从数吨到十数吨不等,根据桁架的大小而定。

为尽可能减少高空中的焊接、焊后热处理、射线探伤等工作,结构杆件在组合时,应尽可能采用较长杆件。上述桁架节点和较长的杆件,导致每个吊装单元的重量较大,一般塔式起重机较难胜任。

在各类连廊结构形式中,如图 8.29 所示的直线型连廊从施工技术上来讲,是最简单的,其他如折线型、弧形等结构形式,需要一些特殊的施工工艺方法,这里主要讨论直线型连廊的吊装工艺。

根据目前的施工技术水平,建造此类直线形建筑连廊,主要有两种施工方法,一个是传统的"满堂支架,高空散装"法,另一个是"地面组装,整体吊装"法。

所谓"满堂支架,高空散装"法,是在建筑连廊就位的正下方,搭设满堂支架,其高度为连廊底部标高,长度为连廊跨度,宽度大于连廊宽度(主要考虑施工需要),其承载能力至少应能满足能承受连廊底部承重桁架的重量和施工载荷,如图 8.31 所示。

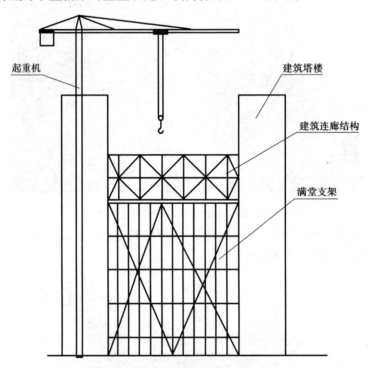

图 8.31 满堂支架,高空散装法示意图

上述方法只适合于跨度、宽度和布置高度都较小的建筑连廊,对于跨度、宽度和布置高度都较大的建筑连廊,上述方法可行性不高,主要问题有:

①"满堂支架"搭设量太大,施工成本较高。特别是对于某些布置高度较高、体积较大、重量较大的建筑连廊,支架需要采用型钢搭设才能满足承载要求,不仅成本高,而且在技术上也存在一些问题。

②大量较重的结构杆件、节点需要吊装到组合位置,需要吊装的高度较高,相应需要的起重机太大,导致施工成本较高,在某些特殊场合,甚至在技术上无法实施。

③大量的结构组对、焊接、焊后热处理、焊缝探伤等一系列工作在高空进行,效率较低,施工周期难以控制,还容易发生施工安全事故。

鉴于上述原因,目前对于布置位置较高的大型建筑连廊,通常采用"地面组装,整体吊装"法施工。

8.5.2 "地面组装,整体吊装"法吊装大型建筑连廊

该方法主要用于吊装大型结构,其基本原理是在工厂制造各杆件和节点,在连廊布置位置的正下方地面,将连廊(或其下部承重结构)组合成整体。同时,在塔楼上部合适位置安装多个吊装牛腿,在牛腿上安装液压提升装置,在计算机控制下进行整体提升到布置位置就位。

1)工艺方法与工艺布置

该工艺方法与工艺布置较为简单,如图8.32和图8.33所示。

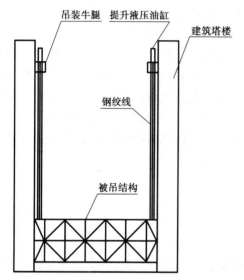
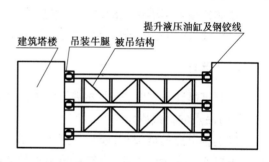

图8.32　牛腿加液压提升装置吊装结构立面布置　　图8.33　牛腿加液压提升装置吊装结构平面布置

①被吊装结构在其安装就位的正下方地面组装,注意使连廊结构上的各接头与塔楼上的相应结合点处在同一铅垂线上,水平两个方向上的误差在允许范围内。

②在混凝土结构的合适高度上安装吊装牛腿,牛腿的安装高度目前尚无规范规定,根据目前的工程经验,建议在连廊结构吊装到最高位置时,其顶部与牛腿底部的净空不小于3 m,以保证在吊装过程中,被吊的连廊因意外因素发生微小晃动时,液压提升装置的钢绞线不产生过大的偏角。

③安装牛腿时,注意其位置应在结构吊点的正上方,以保证液压提升装置工作时钢绞线处于垂直状态。

④在吊装牛腿上安装液压提升装置的提升油缸并固定。用钢绞线连接被吊装结构上的吊点和提升油缸,由于每套液压油缸的钢绞线一般为多根共同承担载荷,连接时应特别注意调整各根钢绞线的松紧程度,以使各钢绞线受力一致。

⑤液压泵站可以安装在与提升油缸同一高度的混凝土楼层内,并用液压管道与提升油缸连接。

⑥计算机控制系统通过传感器(速度、位移和应力等)与被吊装结构连接,同时连接液压

泵站和提升油缸上的电磁控制阀。

尽管该工艺方法采用了计算机自动控制,但为保证安全,仍应布置人工监测系统,通过人工监测被吊装连廊在整个吊装过程的姿态,判断各套液压提升装置是否同步。人工监测系统一般采用数台光学经纬仪,分别垂直于连廊跨度方向布置。

正式吊装前,建议反复数次提升、放下被吊装连廊结构,提升高度一般为一个油缸行程,约为 300 mm。其目的一方面是检查液压提升装置运动的可靠性,另一方面是利用钢绞线的刚性,进一步调整每套液压油缸中的多根钢绞线的松紧程度,使其受力均匀。

正式吊装时,液压泵站驱动提升油缸,向上提升结构。在提升过程中,多个提升油缸可能出现提升速度不一致(不同步),这必然反映到被吊装结构的应力、应变、位移和各部位的速度上,通过传感器输入计算机控制系统,由计算机控制系统发出指令,控制各提升油缸的速度。

在吊装过程中,如人工监测系统发现被吊装连廊结构姿态异常,应立即人工干预。首先是停止吊装,检查问题,在问题排除、人工调整连廊姿态正确后,方可继续进行吊装工作。

吊装到连廊就位位置后,继续向上提升一个油缸行程(约 300 mm)后停止,在塔楼上的各个就位结合点下方焊接"临时支撑牛腿",检查无误后下放被吊装连廊,使其支撑在"临时支撑牛腿"上,利用垫铁调整连廊在垂直方向上的就位误差在允许范围内进行焊接。需要注意的是,此时连廊在水平两个方向上的就位误差调整较为困难,应在地面组装时就调整好。

连廊各接头与塔楼上的结合点焊接完毕后,吊装结束,但此时不应立即拆除液压提升装置,应待焊缝探伤完毕,确认安全后方可拆除。

2) 工艺计算

在制订吊装方案时,应主要进行以下工艺计算:

(1) 吊点的荷载确定

确定各吊点的荷载时,通常采用各个吊点平均承担整个桁架的重量,但应充分考虑到被吊结构不可能是完全的均质,应按最重吊点的荷载确定牛腿和提升装置的荷载。

(2) 液压提升装置的选择

选择液压提升装置的额定起重量,应根据吊点载荷进行,吊点载荷包括被吊装结构施加的载荷和提升钢绞线的自重,应同时考虑动载系数和不均衡载荷系数,还应考虑一定的载重安全余量,以保证在出现不同步时的安全。这个安全余量目前没有规范规定,建议不小于 20%。

(3) 吊装牛腿的设计计算

目前工程中常采用的吊装牛腿一般由"工字钢"或"槽钢"加上加强筋板组成,如图 8.34 所示。"工字钢"或"槽钢"梁是主要承重结构,腹板筋板主要是防止"工字钢"或"槽钢"的腹板产生局部屈服,竖向筋板除了加强"工字钢"或"槽钢"的承载能力外,主要作用是保持其刚度,上、下面板和侧向加强筋板主要增强"工字钢"或"槽钢"的侧向稳定性。

吊装牛腿的具体结构尺寸,应根据被吊装结构上的吊点位置、液压提升装置油缸的几何尺寸等因素确定。

牛腿的载荷包括被吊装结构施加的载荷、提升钢绞线的自重、液压提升油缸的自重及牛腿结构的自重,其计算载荷应同时考虑动载系数和不均衡载荷系数。

由于设置的各种加强筋板较多,准确计算牛腿的结构强度,需要采用计算机分析程序进行,图 8.35 是某吊装牛腿采用 ANSYS 程序应用"有限元"分析的实例。

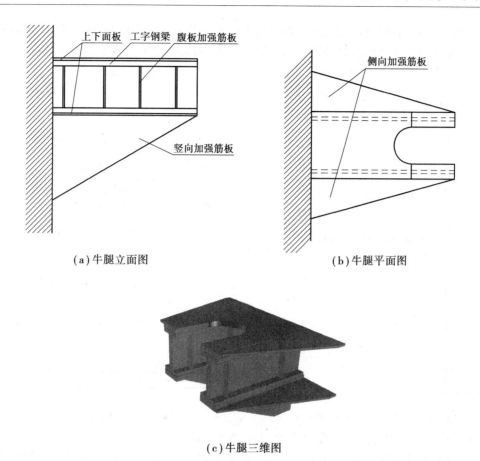

（a）牛腿立面图　　　　　　　　　　（b）牛腿平面图

（c）牛腿三维图

图 8.34　牛腿结构形式简图

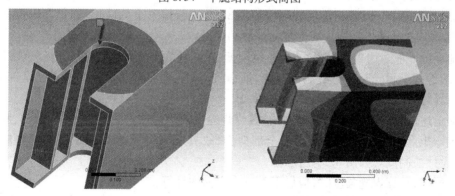

图 8.35　采用计算机分析程序分析牛腿强度实例

　　工程中,也常采用偏安全的简便方法计算牛腿的结构强度,即忽略竖向加强筋板、上下面板、腹板加强筋板、侧向加强筋板等的影响,仅计算两根工字钢梁(或槽钢梁)承受载荷时的强度。其计算模型可以简化为一端固定、另一端自由的梁,上面承受一个集中荷载,如图 8.36所示。

　　如此简化后,牛腿的结构强度计算就变成了一个简单的弯曲应力计算问题,具体计算方法这里就不再赘述。

在进行该项计算时,应注意:不仅要考虑牛腿本身的强度、刚度和侧向稳定性,还应充分考虑固定牛腿的混凝土结构及其预埋件的强度。所以,如果需要采用该工艺方法,应在结构设计时就综合考虑。

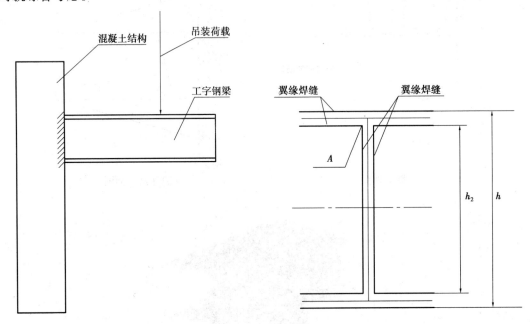

图 8.36　牛腿简化计算模型　　　　　图 8.37　牛腿焊缝示意图

(4)吊装牛腿与混凝土结构预埋件的连接强度设计计算

吊装牛腿与混凝土结构预埋件的连接一般采用焊接,连接强度设计计算的主要任务是进行焊缝设计并计算其强度。

计算焊缝强度时,计算模型同样可以如图 8.36 进行偏安全的简化,即仅考虑两根工字钢梁(或槽钢梁)与混凝土结构预埋件之间焊缝的强度。

牛腿焊缝一般采用直角焊缝,主要承受弯矩 M 和剪力 V 的联合作用,由于工字钢梁(或槽钢梁)翼缘焊缝承受竖向剪力能力较差,所以计算时,通常假设腹板焊缝承受全部剪力,而弯矩则由翼缘焊缝、腹板焊缝等全部焊缝承受。

按照上述假设,工字钢梁(或槽钢梁)翼缘焊缝主要承受因弯矩产生的拉、压力,腹板焊缝既承受因弯矩产生的拉、压力,又承受全部剪力,故翼缘与腹板结合处 A 点的焊缝应力较复杂,应是设计控制点。如图 8.37 所示。

综上所述,计算焊缝强度时,应做下面三个方面的计算:

工字钢梁翼缘最外端焊缝抗拉强度:

$$\sigma = \frac{M}{I_\mathrm{w}} \cdot \frac{h}{2} \leqslant \beta_\mathrm{f} \cdot f_\mathrm{f}^\mathrm{w}$$

式中　M——全部焊缝所承受的弯矩;

　　　I_w——全部焊缝有效截面积对中性轴的惯性矩;

　　　β_f——正面角焊缝的强度增大系数,$\beta_\mathrm{f} = \sqrt{\dfrac{3}{2}} = 1.22$;

　　　f_f^w——角焊缝强度设计值。

工字钢梁腹板焊缝抗剪强度:

$$\tau_f = \frac{V}{\sum(h_{e2} \cdot l_{w2})} \leqslant f_f^w$$

式中 V——总剪力;

$\sum(h_{e2} \cdot l_{w2})$——腹板焊缝有效截面积之和。

其中 h_{e2}——腹板直角焊缝有效厚度;一般取焊脚尺寸的 0.7 倍。焊脚尺寸即直角焊缝的边长。

l_{w2}——腹板焊缝计算长度。考虑起弧、灭弧的影响,按每条焊缝的实际长度每端减去 5 mm 计算。

工字钢梁翼缘与腹板结合处焊缝强度:

工字钢梁翼缘与腹板结合处弯矩产生拉应力为:

$$\sigma_{f2} = \frac{M}{I_w} \cdot \frac{h_2}{2}$$

式中 h_2—— 腹板焊缝的有效长度,见图 8.37。

则该处焊缝强度计算为:

$$\sqrt{\left(\frac{\sigma_{f2}}{\beta_f}\right)^2 + \tau_f^2} \leqslant f_f^w$$

(5)被吊装结构上吊点的设置

在被吊装结构上设置吊点时,要充分考虑被吊装结构的局部承载能力。对于连廊结构,主肢一般采用型钢,对于板厚较大的型钢,建议吊耳板不仅仅直接焊接在板表面,最好能和型钢的立板连接。否则,易产生钢材的"层状撕裂"而发生事故。

(6)被吊装结构的强度和稳定性的计算

大型结构吊装工艺计算的一项重要内容,是对被吊装结构的强度和稳定性的计算。从图 8.32 可以看出,被吊装结构在吊装过程中的力学体系与正常工作时的力学体系往往不同,而结构设计是按正常工作时考虑的,从而导致在吊装过程中某些杆件"换号",即从工作状态时的拉杆变成吊装状态时的压杆。因此在制订吊装方案时,应重新分析被吊结构的力学体系,按最危险状态校核其强度和稳定性。同时计算出在正常吊装过程中,各传感器监控点的应力、应变和位移,并将应力、应变和位移计算值输入控制计算机,以便计算机将传感器的实测值与其比较,发出相应的控制指令。

对被吊装结构的强度、稳定性及应力、应变、位移值的计算,已超出本书范围,方案设计时应请结构设计专业技术人员计算。

工程实例

9.1 德国某焦化厂输煤廊桥整体拆除吊装

9.1.1 工程概况

德国某焦化厂拆迁工程中,有十余座用于输煤、输焦的皮带输送机钢结构廊桥需整体拆除并吊放至地面解体。其中,最长、最高的一座输煤斜廊桥由不直接相连接的近似两等分段(高段、低段)构成,两段总长约 105 m,总重约 250 t。整个廊桥高端坐落在主煤塔上,低端支承于中转煤塔上,其顶部标高分别为 62.5 m 和 32.5 m。廊桥高段的低端和廊桥低段的高端分别坐落在中间支腿顶部箱形横梁上,其顶部标高为 47.5 m。廊桥为型钢制作而成的框架式钢构架,其顶部及两侧面铺设瓦楞钢板,底部铺设预制实心钢筋混凝土板,沿底部纵向两边铺设混凝土梯步预制块。

为减轻起吊重量,吊装前先拆除皮带输送机、电缆、混凝土梯步预制块及顶部压型板,使两段廊桥吊放重量均减轻至 105~110 t。

有关技术参数及现场条件和廊桥布置如图 9.1 所示。

①廊桥长度:全长为 104.376 m,其中高段长 52.24 m,低段长 52.136 m。

②廊桥标高:高段的高端顶部高约 62.5 m,低端顶部高约 47.5 m;低段的高端顶部高约 47.5 m,低端顶部高约 32.5 m。

③廊桥坡度:16.842°。

④廊桥横断面外边界尺寸:3.5(宽)×3.2(高),单位为 m。

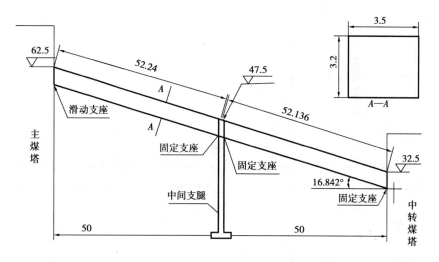

图 9.1 皮带机廊尺寸及空间位置示意图(单位:m)

⑤重量:经拆除廊桥内设备及部分顶盖压型板、侧墙压型板和混凝土构件后,两段廊桥吊装重量分别为 105~110 t。

⑥中间支腿:支腿箱形支承横梁顶部标高 43.4 m,八字形钢管柱式支腿底板边界外间距约 15 m,重量约 38 t。

⑦廊桥固定方式如图 9.2 所示。廊桥高段低端为榫卯式纵向固定支座,高端为纵向滑动式支座,廊桥低段高端和低端均为榫卯式纵向固定支座。

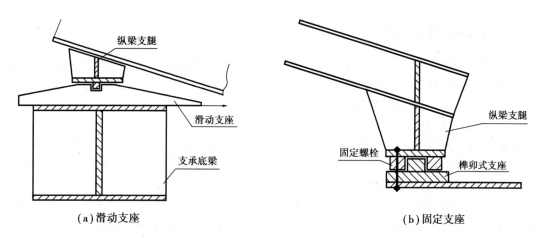

图 9.2 廊桥滑动及固定支座示意图

⑧吊装现场情况如图 9.3 所示。廊桥高段端部下方有主煤塔、焦炉、通道,中部下方有除尘室、中控室等构(建)筑物和主干道路;低段下方及四周还堆放已拆除解体或正待解体的其他设备、部件和钢结构件。虽两段廊桥不算太重,但长度较长,且由于廊桥下方有建筑物、作业场地拥挤、主干道不允许长时间中断等不利因素给廊桥吊装作业增加了难度。

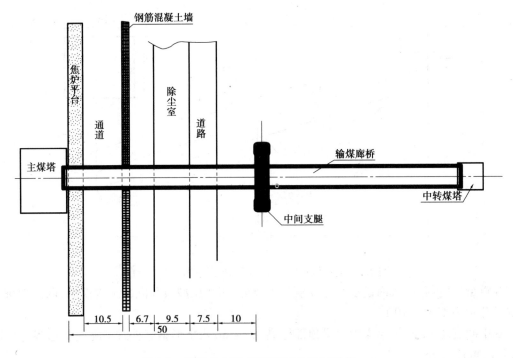

图 9.3　廊桥及中间支腿平面布置图(单位:m)

9.1.2　吊装方案

1)几种方案的选择和比较

根据现场情况和起重吊装经验,经现场勘察和初步分析、计算,提出下列几种方案进行比较:
- 方案一:采用直立双桅杆吊装;
- 方案二:采用一台大型履带吊吊装;
- 方案三:采用两台大型液压汽车吊吊装。

上述 3 种方案中,第一个方案需设置多根缆风绳而可能影响周围其他施工点的工作,且竖立桅杆、吊装廊桥和拆除桅杆作业时间过长,加之在德国一时难以租赁到高度及起重能力均合适的两套起重桅杆,故不能采用。

第二个方案虽只需一台大型履带式起重机,能满足吊装的安全、质量和进度要求,但由于实际作业时间只要 2 天,而其高额的进出场费用不会因作业时间短而有所减少,施工成本较高,故不宜采用。

第三个方案拟采用两台大型液压汽车式起重机,机动性好,作业占用场地不大,同样能满足吊装的安全、质量和进度要求,一直与我方合作的德国某起重运输公司可以按我方需要提供液压汽车式起重机,且租赁费用合理,故此方案为首选。

2)吊装方案要点

(1)总体考虑

①经现场勘察、测量和计算,并参考德方提供的液压汽车式起重机性能参数图表,确定采用 700 t(AC700 型)和 400 t(LTM1400 型)液压汽车式起重机各一台。两汽车式起重机均有液

压变幅主臂和后张拉式桁架变幅副臂。吊装分3次联合作业,先吊装廊桥高段,再吊装廊桥低段,最后吊装中间支腿。

②先进行图上作业(可用计算机CAD或坐标纸),即按适当比例绘制吊装平面图和各起重机作业立面图,确认起重机各次站位、作业臂长(主臂加副臂)、作业幅度、回转半径、吊臂变幅及转臂等在该吊车性能参数范围内,且作业中吊车各部位不与现场构(建)筑物、设施等发生干涉。同时,确认两段廊桥在吊离支承座和下落过程中不受任何阻碍,且廊桥能吊放至地面预定位置,不与任何构(建)筑物及地面堆放的设备和钢结构件发生干涉。此外,还需保证两台汽车起重机在作业前能驶入预定位置,并给起重机下一次站位及吊装作业结束后退场留出必要的通道。吊装平面布置图如图9.4所示。

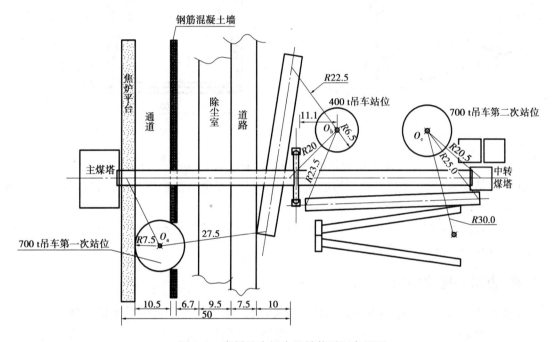

图9.4　廊桥及中间支腿吊装平面布置图

(2)施工步骤

①廊桥高段吊装。如图9.4所示,700 t吊车从通道中驶入,站位于O_a处,其吊臂吊住廊桥高段高端,400 t吊车站位于O_b处,其吊臂吊位廊桥高段低端,将廊桥高段吊放在预定位置。

②廊桥低段吊装。廊桥高段吊装完成后,700 t吊车移位于O_c处,与仍站位于O_b处的400 t吊车分别吊住廊桥低段低端和高端,将其吊放至地面预定位置,如图9.4所示。

③中间支腿吊装。如图9.4所示,400 t吊车站位不变,捆绳系于中间支腿顶部箱形横梁,吊起支腿,使两支腿底板与地脚螺栓脱离后,仍站位于O_c处的700 t吊车作为辅助,吊住支腿下部,两车配合,通过吊臂变幅、转臂,将中间支腿吊放至地面预定位置。

9.1.3　安全技术措施

①为避免廊桥吊离支座瞬间,吊车因克服固定支座榫条与卯槽之间的摩擦力而增大起吊负荷并承受冲击力,事先在廊桥固定端准备两台10 t液压千斤顶,在吊车吊住廊桥并受力至廊桥全部重量的临界状态时,用千斤顶将廊桥固定端顶起,使榫条脱离卯槽,吊车则可按预定最

大受力,平稳安全地完成吊装作业。

②为在吊装廊桥低段时保证中间支腿的稳固,在其顶部箱形梁上牵拉两根缆风绳,其中一根的另一端固系于中转煤塔,另一根的另一端系于焦炉除尘室塔楼钢筋混凝土柱上。

③吊点采用原廊桥安装时使用的吊点,其位置及捆绳如图9.5所示。

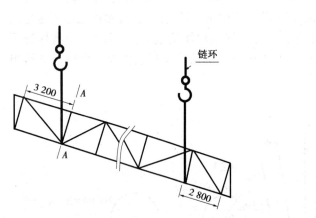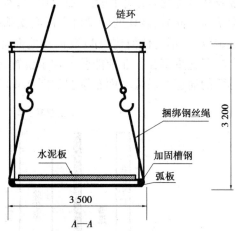

图9.5　廊桥吊点及捆绑示意图(单位:mm)

④廊桥吊点捆绳处,须用槽钢支撑加固,并采用弧形板进行保护,避免廊桥纵梁受力处变形及钢丝绳受损,如图9.5所示。

此外,考虑廊桥处于露天及焦化厂不利环境已十余年,其支承及固定处已锈蚀,为便于脱位,事先应用洗油或松动剂浸润。

9.1.4　方案实施及小结

①德方两台吊车及运输副臂、配重、垫路板等部件、附件的十余台辅助车辆按计划抵达现场,用一天时间分别在预定位置 O_a、O_b 两处完成站位、组装。第2天,完成廊桥高段的吊装和700 t吊车的第二次站位。第3天,完成廊桥低段和中间支腿的吊装。第4天,两台吊车拆卸副臂、退场。

②实际作业情况表明,吊装方案是正确、周密的,也是最佳的,主要表现在:

a. 400 t吊车仅一次站位,便完成了廊桥高段、低段和中间支腿的吊装。700 t吊车仅移位一次,除承担廊桥高段、低段吊装及中间支腿吊装辅助外,还利用第4天提前完成廊桥吊装作业所空余的时间,配合我方将中转煤塔钢结构分三段拆除吊放至地面。如果方案考虑不周,吊车多一次站位,则至少要多耗费一天的时间,不仅租赁费用要增加,对现场道路及其他作业点的影响也随之增加。

b. 吊车实际站位以及两段廊桥落地位置与设计方案相差仅1 m多。如事先考虑不周,将可能使吊装作业受阻甚至失败。

c. 对于廊桥支座处的结构,不仅从图纸中作了解,且察看了实际情况,所采用的千斤顶辅助等措施是完全正确和必要的。

③采用吊车实施机械化吊装作业,关键首先是掌握拟用吊车的性能参数,一是看实际吊装的需要,二是看提供吊车方的吊车能否满足此需要。本例中,起重机的液压变幅主臂和桁架后张拉

式变幅副臂的最佳组合尤为重要。其次是对现场吊装对象、场地、道路、空间、障碍及吊车站位作业处的地面承压能力等技术参数要掌握准确,否则将导致吊装作业不顺利,甚至失败或出现事故。再次是吊装作业指挥者的经验、能力及与吊车司机和各关键位置观察人员的沟通、配合。

9.2　150/75 t×33 m 桥式起重机整体吊装

9.2.1　工程概况

某电机厂重装车间一台 150/75 t×33 m 桥式起重机(以下简称 150 t 起重机),因技改扩建需要,要求与在同层(标高 23 m)轨道上运行的另一台 550/250 t×33 m 的桥式起重机互换车位,并将小车供电方式由原角钢滑线改为软电缆拖动。

该 150 t 起重机为太原重型机器厂 20 世纪 60 年代生产的产品,总重 210.80 t,相当于现在一台同规格 250 t 桥式起重机的重量。其大车桥架和小车车架均为铆接结构,桥架大梁为正轨箱形梁,小车轨距为 5.50 m,外形尺寸为 33.87 m×9.78 m×4.97 m(含小车高度),如图 9.6 所示。

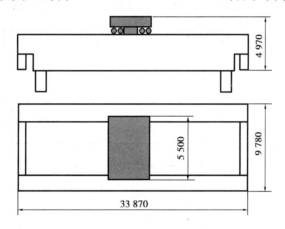

图 9.6　150 t 起重机外形尺寸示意(单位:mm)

车间为钢结构厂房建筑,跨距 36 m,柱距 12 m,梯形屋架间距为 6 m,屋架下弦标高 31 m,屋顶标高 35.5 m;配置双层桥式起重机,上层轨道标高 23 m,下层轨道标高 16 m,如图 9.7 所示。因该车间生产任务繁重,业主要求尽量缩短施工周期,减少施工过程对车间场地的占用,并且,除施工区域外车间内其他区域不能停产。

9.2.2　吊装方案选择

(1)起吊方法的选择分析

目前,吊装桥式起重机最常用的方法有自行式起重机分片吊装和桅杆式起重机整体吊装两种。由于该 150 t 起重机桥架和小车车架均为老式铆接结构,如采用解体分片吊装的方法进行,一是施工周期较长,二是解体后重新组装很难保证起重机原有精度和几何尺寸,同时因该工程为技改扩建项目,原车间厂房已经成型,受厂房高度的限制,自行式起重机难以发挥作用,所以不宜采用自行式起重机分片吊装方法,以采用桅杆式起重机整体吊装的方法进行为宜。

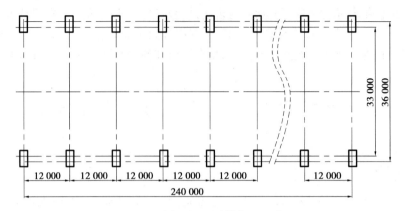

（a）车间平面图（单位：mm）

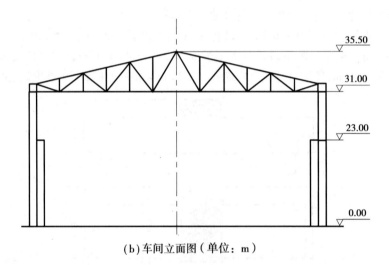

（b）车间立面图（单位：m）

图9.7　车间布置图

（2）方案确定

经上述分析、对比,结合多年吊装桥式起重机的经验,确定采用两次立、拆200 t桅杆整体吊装的方法。具体做法是:

①竖立200 t桅杆整体吊下150 t起重机。

②用65 t汽车吊放倒桅杆。

③将550 t桥式起重机开到桅杆另一侧预定位置。

④再次竖立200 t桅杆整体吊装150 t起重机就位。

⑤拆除200 t桅杆,完成两台起重机的位置互换。

9.2.3　吊装方案

本工程150 t起重机吊装换位,实际是将其从轨道吊下至地面再吊上去的两次吊装过程,每次吊装所采用的工艺方法完全相同,只是施工顺序正好相反。本方案仅以将桥式起重机从轨道吊下至地面进行叙述。

吊装平面布置图如图9.8所示。

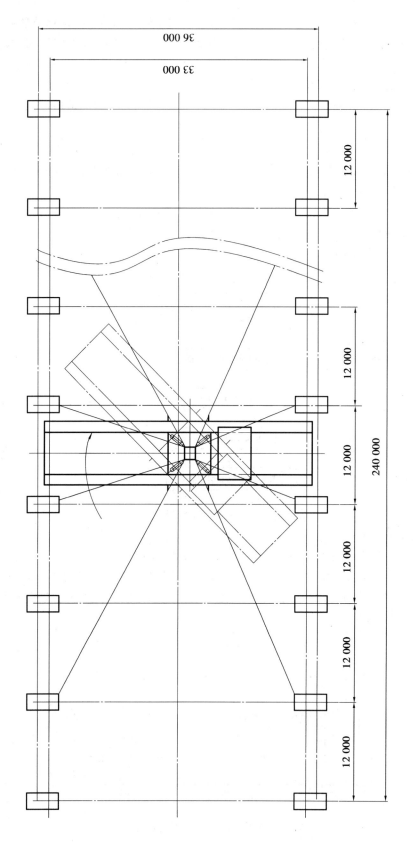

图9.8 吊装平面布置图（单位：mm）

说明:由于 200 t 桅杆的最大起吊能力为 32 m 高度时,吊装 200 t。为保证吊装安全,使起吊重量不超过桅杆的允许承载能力,起吊前需拆除桥式起重机部分构件或附件,所以,吊装计算重量取 195 t。

(1)吊装前的清理、准备工作

①吊装位置设在车间西端,因此,在吊装前应清除施工范围内地面的障碍物,如加工件、钢构件等,以使吊装工作顺利进行。

②150 t 起重机为整体吊装至地面,位于起重机大梁下的司机室和修理室均需随同吊装。司机室和修理室高度约为 2.2 m,所以要预先设置 4 个高 2.3 m 的钢支凳,起重机吊装落至地面时,将起重机大车桥架平放于 4 个钢支凳上。

③拆除起重机主、副吊钩组,再用 25 t 汽车吊拆除大车行走传动机构等附件。

(2)吊装工艺流程

吊装工艺流程如图 9.9 所示。

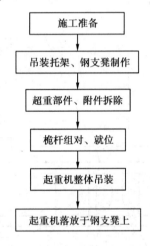

图 9.9　吊装工艺流程图

(3)吊装托架的设置

150 t 起重机吊装,如采用传统大车桥架捆绑方式,则会因厂房高度的限制,在起吊到一定高度时,起升滑车组产生很大偏角;此外,4 个捆绑点多股绳缠绕,钢绳受力不一致,吊装就位后在高空摘除捆绑绳操作困难、不安全。所以,采用在大车桥架两主梁下翼缘处设置专用吊具(吊装托架),如图 9.10 所示。

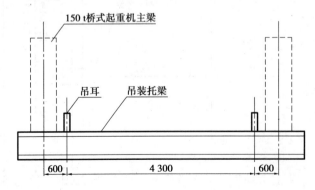

图 9.10　专用吊装托梁(单位:mm)

（4）吊装过程

吊装过程如图9.11、图9.12、图9.13所示。

图9.11 吊装开始时状态

图9.12 桥式起重机旋转

图9.13 桥式起重机开始下放

9.3 深圳会议展览中心大跨度、大截面箱梁吊装技术

9.3.1 工程概况

1)概述

深圳会议展览中心是深圳市政府 2003 年度重点工程,整个建筑物长 540 m,宽 282 m,占地约 22 万 m²,建筑面积 28 万 m²,由南北展览厅、地下车库及各类相关配套设施组成,是集展览、会议、商务、娱乐等为一体的公共设施。展览厅位于地面一层,南北对称分布两侧,长 540 m,宽 126 m,平面呈长方形状,屋顶标高为 +30.00 m,室内净高可达 13 ~ 27 m,126 m 跨无柱钢结构为会展中心创造了一个开阔、自由的空间。会议厅位于展览厅之上,楼面标高 +45.00 m,长 360 m,宽 60 m,顶部标高 +60.00 m,采用无柱钢结构屋盖,建筑面积 2 200 m²,分 +45.00 m 和 +55.00 m 两层布置,如图 9.14 所示。

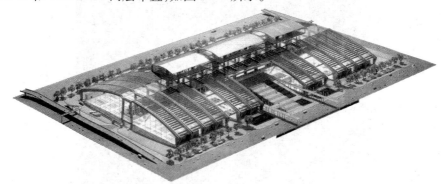

图 9.14　展览中心平面图

2)结构特点

展厅钢结构位于建筑物中央部分的两侧,屋顶钢结构系统由箱梁、连系檩条和支撑组成。双箱形钢梁成门型钢架支撑体系;从展厅边缘跨 126 m 到中心框架,两端分别与Ⓐ和Ⓚ轴标高为1.6 m 的支座铰接;中间分别与Ⓔ和Ⓕ轴标高为 28.4 m 的支座在安装阶段成定向滑移连接,在屋面钢结构安装完成时铰接。钢箱梁分为拉杆下张弦双箱梁和立柱双箱梁(在伸缩缝及边缘位置,为下张弦单箱梁及立柱单箱梁)。钢箱梁宽度为 1.0 m,高度 2.6 m,其中下张弦梁采用一个由 3 根直径为 150 mm 或 140 mm 拉杆组成的下张弦系统。箱形檩条截面为 500 mm × 1 000 mm,间隔为 6 m,跨越主梁并支撑屋面结构。下张弦拉杆采用高强钢棒 S460,立柱支撑的间距为 18 m,断面为 600 mm × 450 mm 的箱形结构柱。

会议厅屋顶钢结构延续了展厅的结构概念,双铰门型钢架由双箱梁(1 m × 2 m)组成,跨度60 m,置于标高为 45 m 钢筋混凝土的悬臂梁端,箱形檩条置于主钢箱梁之间,用来支撑屋面结构。

会展中心的部分区域在 ±0.00 m 以下,分布有地下通道、地下室及沟槽。除Ⓔ ~ Ⓕ轴的

会议厅及⑥~⑧轴的多功能厅外,在展厅的入口处及靠Ⓐ和Ⓚ轴的区域在±0.00 m标高以上都有土建结构。

3)工程施工难点分析

工程中钢结构件跨度达126 m,并且涉及大跨度薄壁双箱梁钢棒拉杆组合的钢结构,在整个结构的安装过程中,以下弦高强钢拉杆的箱梁安装难度最大,有以下难点:

①该箱梁结构跨度为126 m中间无支撑柱,箱梁安装时需预起拱,最大预拱量为199 mm。

②箱梁的下弦高强钢棒安装张拉完成后,需进行箱梁的胎架释放稳定性计算,各组胎架释放的同步性要求高,释放控制难度大。

③在胎架的释放过程中,箱梁端部节点的水平位移量、中间节点的垂直向下位移量必须控制在设计要求的范围。

④薄壁、大截面巨型双箱梁制作及变形控制。

⑤薄壁双箱梁钢棒拉杆组合钢结构的分段安装及变形控制技术。

⑥高强预应力预埋锚栓的分析与应用。

9.3.2　吊装工艺原则

根据设计要求、施工现场环境及总控进度计划,依据安装施工现场的机具、工人的熟练程度和习惯擅长的施工方法,尽可能推广先进的吊装工艺,增加一次性吊装重量,力求减轻劳动强度,缩短安装周期,做到技术可行,施工安全可靠,保证质量,施工成本经济合理。

9.3.3　展厅钢结构吊装工艺

展厅钢结构的吊装,难度最大的是其主梁(钢箱梁)及其立柱的吊装。

1)展厅钢箱梁的吊装方法的选择

展厅钢箱梁是一个典型的大跨度结构,长约126 m,单根箱梁重量约为170~300 t。对于此类大跨度结构,目前可选的吊装方法主要有单根箱梁整体吊装法、双箱梁分段吊装法、单根箱梁分段吊装法三种。

(1)单根箱梁整体吊装法

该吊装方法主要存在下列问题:对起重机的额定起重能力要求较高,需要两台300吨以上大型起重机进行抬吊,由于一部分区域存在地下室,大型起重机布置在地下室顶板上,将大大增加地下室顶板的加固费用;同时,对组装场地要求较高,由于受运输通过性能和码头吊装能力的影响,钢箱梁只能按分段单箱梁进场,需要在现场组对,但施工现场各工种交叉作业,组对场地达不到要求。

(2)双箱梁分段吊装法

该吊装方法主要存在下列问题:尽管该方法可以采用一台起重机,但对其额定起重能力仍然较高,在某些部位吊装时,仍需要布置在地下室顶板上,增加了地下室顶板的加固费用;需要在施工现场组对,同样存在组对场地困难的问题;同时,双箱梁分段在空中组对时,需要采取较多的质量控制措施,才能保证空中组对的质量。

（3）单根箱梁分段吊装法

与上述两种工艺方法相比较，所需要的起重机额定起重能力相对较小，在某些部位需要布置在地下室顶板上时，对地下室顶板的加固要求也相对较低；同时，尽管在空中组对时也需要相应的质量控制措施，但与双箱梁分段吊装法比较，要相对简单。

综上分析，在本工程中，单根箱梁分段吊装法较合理。

根据施工的需要，展厅入口处的排架箱梁 GJE-3、GJE-3A 分为两段，GJE-1D 分为 9 段，其他型号分为 7 段（如图 9.15 所示），单段单箱梁最重约为 49 t。

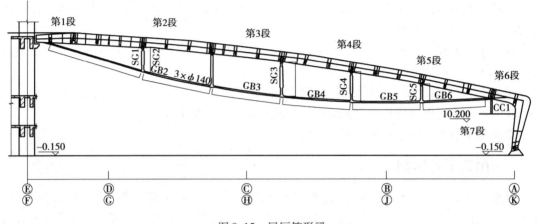

图 9.15　展厅箱形梁

2）吊装设备布置

在展厅Ⓐ轴～Ⓔ轴和Ⓕ轴～Ⓚ轴分别布置履带吊 150 t 一台、汽车吊车 50 t 各两台。150 t 履带吊负责展厅钢箱梁的吊装，50 t 汽车吊主要负责展厅钢箱檩条、拉杆、钢柱等的吊装（檩条最重的型号为 LT3，重量为 10.5 t）。

3）吊装顺序

（1）整体吊装顺序

根据土建施工进度，南北区展厅同时进行。南区从①轴～⑫轴依次完成，北区从①轴～⑧轴依次进行吊装；另一起重机在完成会议厅钢结构吊装后从⑪轴～⑧轴依次完成入口排架及部分展厅钢结构吊装。

（2）分段单箱梁吊装顺序

为保证箱梁安装直线度，根据箱梁结构，从支腿一端依次向滑动支座一端进行吊装。逐一吊装同分段位置的单片箱梁，立柱或拉杆吊装交叉进行，整条双箱梁吊装、调整就位。就位以后，严格按焊接工艺焊钢箱梁。对于张弦梁，焊接完成后根据设计要求进行张拉。入口处的双箱梁为安装定位方便，采取从Ⓕ轴往Ⓗ轴方向的顺序安装。

4）安装胎架设置

南北区展厅各设置 3 套安装胎架，根据展厅箱梁的分段情况，每套有 5 组不同高度的胎架，每组胎架由标准节和非标准节组成，并且能根据有立柱钢箱梁和无立柱钢箱梁的有无拼装起拱及分段位置不同引起的各组高度不同调整。胎架布置如图 9.16 所示。每组胎架顶上的横梁上设置 8 个 32 t 的螺旋式千斤顶,便于箱梁调整就位。

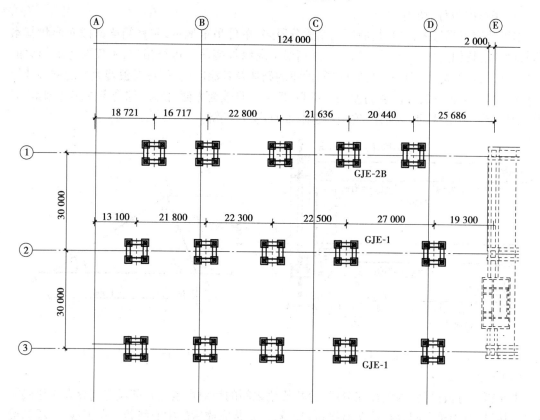

(a)胎架布置平面图

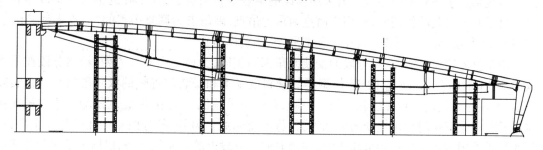

(b)胎架布置立面图

图 9.16　胎架布置图

　　支撑胎架是箱梁安装的基础环节和重要保障措施,应进行精心设计与布置,以确保结构安装稳定。胎架设计为格构式桅杆,每个胎架由 4 个小胎架组成。胎架结构的强度、稳定性计算要充分考虑分段箱梁及檩条自重、胎架自重、风荷载,并利用 ANSYS 有限元分析软件对主要的荷载进行多种工况分析(包括胎架组轴心受压最大、胎架组偏心受压最大、胎架组偏心受压最大并组合风载等),确保安装支撑(强度、刚度、稳定性要满足)、箱梁调整就位、满足拉杆或立柱安装、满足施工人员操作、满足易于拆卸转运等要求。

5)吊具设计及吊点设置

（1）吊具的设计、使用

本钢结构工程量大，尤其是展厅主箱梁分段多、单件吊重偏重，并且箱梁横截面形状基本相同，设计吊具如图9.17所示。如果采用箱梁上翼缘焊接吊耳进行吊装，不仅要考虑箱梁的加强问题，吊耳的焊接、切割及打磨问题，油漆的破坏及补涂问题，而且要浪费大量的钢板及焊接材料。另外考虑到展厅吊装高度相对不高，拆装吊具较为方便、快速，综合考虑多种因素，展厅箱梁吊装采用吊具，不仅通用、安全、实用，而且高效、经济。

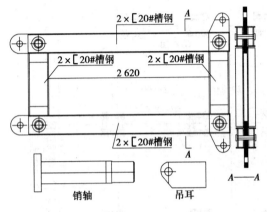

图9.17　箱梁吊具图

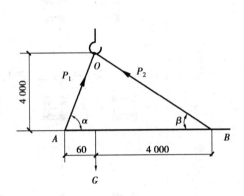

图9.18　一点半吊装法

（2）吊点设置

由于箱梁分段吊装，因此存在分段、分片箱梁之间的组对焊接。相邻段之间存在主箱梁翼缘对接接口，双箱梁之间存在檩条对接接口。箱梁安装完成后的中心线是一条弧线，各段箱梁的分段线垂直于该对称中心线。若采用传统的两点平行吊装法，几十吨的钢箱梁难以顺利就位。为了便于吊装就位调整，采用主吊点为承力吊点、副吊点为调整吊点的"一点半吊装法"，如图9.18所示，即一点主吊，另外一点副吊（兼调整作用）。

由于整榀箱梁呈曲线，每分段的安装倾角都不相同，为使高空对口方便，箱梁分段在吊离地面500 mm时应进行调整倾角，使钢梁的倾斜度基本和安装位置时的倾斜度吻合。在实际吊装中，应注意使副吊点在已就位箱梁一侧，并使副吊端低于主吊端，让副吊端先于主吊端就位，否则，箱梁就位时副吊绳受力瞬间增大，将严重超载。另外，各分段箱梁在安装校正后，在其两则采用固定措施将箱梁可靠固定，并及时安装分段上的两榀间檩条，以增强结构的整体稳定性，抑制箱梁在风荷载等外力作用下发生倾覆的可能性。

6)展厅箱梁卸载

（1）卸载单元的确定

为了确保钢箱梁卸载安全性和均匀性，尽量按钢结构独立单元整体卸载，减小卸载时不同轴线的钢箱间的相对位移。为保证钢箱梁的铅垂方向和沿轴线方向的位移满足设计卸载要求，将展厅钢箱梁分区卸载，南侧分为5个区，北侧分为3个区。南侧分别为①～④轴线（不含①、④轴线）、④～⑤轴线（不含⑤轴线）、⑥～⑧轴线（不含⑥、⑧轴线）、⑧～⑩轴线（不含⑩轴线）、⑩～⑫轴线（不含⑫轴线）共5个区。北侧分别为①～④轴线（不含①、④轴线）、④～

⑤轴线(不含⑤轴线)、⑥~⑧轴线(不含⑧轴线)共3个区。

(2)卸载之前檩条连接方式

钢梁按分区卸载,卸载之前按设计意图应把屋面所有的主钢结构包括檩条的荷载全部加上。但因为钢梁卸载要引起垂直方向和沿轴线方向的水平位移,特别是有钢柱的轴线与没钢柱轴线间的檩条将产生较大的相对位移。在钢梁分区卸载之前,对于有钢柱的轴线处的檩条端部,不能完全固定,应用临时安装螺栓连接,并允许檩条能在垂直于轴线的铅垂面内做微小的相对转动和水平移动。对于两端都连接在没有钢柱的钢梁的檩条,从理论上讲,若能做到各轴线均匀同步卸载,则檩条处不存在附加力。实际上,由于安装时存在安装偏差,卸载时肯定存在不能完全同步。因此,在檩条的一端也应按上述方法用安装螺栓连接。

(3)卸载之前支撑连接方式

分区卸载之前,水平支撑全部安装完毕,但两端都不能固定死,可做微小的移动和转动。垂直支撑在卸载之前不安装,等卸载完成后再安装固定。

(4)各轴线钢箱梁同步卸载

为确保箱梁能按设计要求产生相应的铅垂和水平方向的位移,确保箱梁卸载过程中的箱梁和胎架的安全可靠,必须采取措施使卸载过程箱梁的移动较平稳,千斤顶与箱梁下翼缘板能产生相对位移而不使千斤顶倾斜。为此,确定分区内的箱梁必须同步卸载。

(5)均分6次卸载

根据各千斤顶处箱梁的铅垂位移设计值,八等均分,即千斤顶分8次卸载,每次下降量为该处的1/8铅垂位移设计值。实际上由于屋面安装未完成,其他荷载未加上,位移量可能要小于设计值。实际操作证明,卸载6次时,千斤顶已经不承力,即卸载完成。完全卸载前,箱梁已经焊接成型,已有一定的承载力,把每组胎架内侧的4个千斤顶同时全部拆除,然后由20名(或40名,当双轴线卸载时)操作工人分别分6次均量卸载20个(或40个)千斤顶。

7)钢立柱吊装

(1)立柱概况

展厅箱梁第①、④、⑤轴线及展厅北侧第⑧、⑨、⑩、⑪轴线都有钢立柱。箱形立柱,其上部与主梁下双檩条的铰轴座连接,下部与地面的柱铰座铰接。铰支座的构造为立柱上的一块耳板与支座处的两块耳板用直径为$\phi 120$铰轴连接,轴间间隙为2 mm,耳板间的间隙为3 mm。立柱的长度和重量如表9.1所示。

表9.1 立柱长度、重量表

立柱型号	GZ1	GZ1	GZ1	GZ2	GZ2	GZ3	GZ3
立柱长度/mm	28 200	27 200	25 800	23 400	20 800	17 800	14 200
立柱重量/t	14.02	13.52	12.83	9.69	8.62	7.07	5.64

(2)安装方法

因箱梁就位时对接口较多,若先吊装立柱后吊装钢箱梁,不仅增大钢箱梁的对接难度,而且必须给立柱设临时支撑,所以,立柱在钢箱梁吊装就位后安装。由于50 t的汽车吊起吊高度有限,立柱吊装时不可能越过钢箱梁上表面;而且即使越过钢箱梁上表面吊装,立柱的就位也很困难。为此,吊装立柱时,我们采用类似于"一点半吊装法",即倾斜吊装立柱,吊点设在重心以上300 mm处,使立柱上口先就位,而后就位下口,避免吊车的起升高度不足。同时,因吊车吊装的行程大幅度缩短和吊装高度大大减小,不仅减少油耗而且节约作业时间,因而更安全、更经济。

(3)吊具的设置

立柱的重心高度大多在十来米标高以上,若为处理吊耳设置脚手架平台等,显然很不经济。为此设计了活动的箱型夹具,如图9.19所示。夹具上焊接3个吊耳——侧面的两个辅助吊耳及正面的一个吊装吊耳。正面的吊装吊耳能保证立柱吊装就位时不发生侧向倾斜与扭转,使立柱的上口在安装间隙很小的情况下顺利就位。侧面的吊耳分别与立柱的下口耳板用 $\phi32$ 的钢丝绳连接起来,靠 $\phi32$ 的钢丝绳的拉力,保证立柱起吊后活动夹具不活动,确保立柱安全吊装就位。初就位后卸吊钩,吊装夹具因自重的作用,能自动滑落到地面。

(4)牵引绳的设置

在立柱底端底铰孔上另外设置两根 $\phi14$ 的麻绳,在立柱吊装就位时靠人牵引麻绳,使立柱上端铰孔与箱梁铰孔对正。

(5)立柱吊装

用前述50 t的吊车将立柱吊离地面,立柱此时约呈45°倾斜状。在立柱就位前,用麻绳调整使其立柱上部铰孔对正主梁铰孔,穿上铰孔间轴销,利用安全吊笼作操作平台。穿好上部轴销后,慢慢回放吊车钢丝绳,立柱下部渐渐接近地面。拆除麻绳及 $\phi32$ 的钢丝绳,然后将立柱下部铰孔与已预埋好的立柱铰支座孔对正、安装。立柱吊装如图9.20所示。

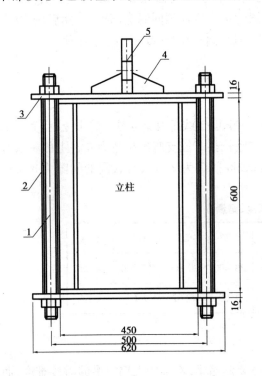
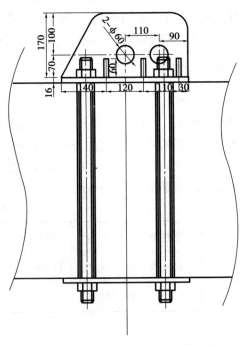

图9.19 立柱吊装夹具

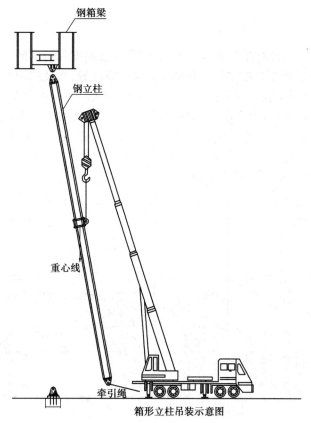

钢箱梁

钢立柱

重心线

牵引绳

箱形立柱吊装示意图

图 9.20　立柱吊装示意图

9.3.4　会议厅钢结构吊装工艺

1) 吊装方法

由于会议厅钢屋顶位于标高 +45.0 m 以上,在标高为 +45 m 的混凝土基础平面之上有台阶式会议室,餐厅、电梯井、电梯房、机房等大量构筑物,因而不可能直接利用在标高 +45.0 m 混凝土平面设置轨道式塔式起重机对会议厅屋架进行吊装。另外,由于支撑大梁跨度较大(30 m),也不宜采用轨道滑移方法进行局部组合吊装。若在 ±0.000 m 层设置行走式塔吊,则塔身的高度太大(因为最高箱形钢梁安装点为 +60 m,在各个吊装位置得加固)。另外,会议厅的钢梁跨度为 60 m,即使用很大的起重量塔吊,也不能满足各个位置双片吊装的要求。综合考虑以上各因素,会议厅钢结构的吊装采用履带吊车站位于 ±0.000 m 层上进行。

2) 单箱梁分段吊装法

会议厅的单箱梁重达 110 t,跨度为 60 m,若整体吊装将大起重量的履带吊车站位于展厅位置,这必将影响展厅钢结构的安装。基于与展厅箱梁一样的原因(箱梁要分段制作、运输、码头吊装能力及展厅北侧地下室的加固等),以上因素都比较适合分段单箱梁吊装。

3) 箱梁分段

会议厅的各轴线钢箱梁共分为 6 段,各轴线的分段位置相同,最重的单段分片箱梁约为 34 t。

4）吊装设备

①会议厅檩条、钢柱、拉杆虽然起重量不大，但受安装高度和跨度的影响，只能用较大吨位的起重设备。另外由于展厅北侧在⑤～⑫轴线有地下室区域，涉及结构加固，所以考虑在满足吊装能力的前提下，北侧用较小起重量的吊车，南侧用较大起重量的吊车。

②在展厅Ⓐ～Ⓔ轴布置履带吊车 M250-250T 一台，在展厅Ⓕ～Ⓚ轴布置履带吊车神钢 7150-150 t 一台。履带吊车 M250-250T 主要负责会议厅南侧及部分北侧钢结构的吊装，履带吊车神钢 7150-150 t 主要负责北侧部分钢结构的吊装。两台吊车同时兼顾檩条、钢柱、支撑等所有钢构件的吊装，吊车布置图如图 9.21 所示。

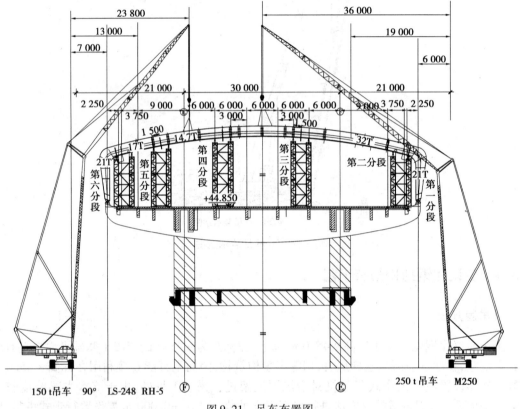

图 9.21　吊车布置图

5）吊装顺序

①轴线的吊装顺序。吊装会议厅的履带吊车是站位于展厅标高为 ±0.000 上作业，因此会议厅各轴线的吊装作业必须先于展厅各轴线的吊装作业。所以会议厅按④～⑫轴线依次吊装。会议厅在吊装④轴线时，此时展厅的吊装计划应在①～④轴线区域作业。

②分段单箱梁吊装顺序。分别由南北两端往中间同时吊装，250T 吊车（主臂 51.8 m，副臂 36.6 m）负责南侧的吊装即第 1 到第 3 段，150T 吊车（主臂 53.64 m，副臂 27.43 m）负责北侧即第 6 到第 4 段的吊装。在第 3 段收口。

6）安装胎架设置

会议厅设有两套胎架，每套胎架有 5 个不同高度的胎架，胎架底部尺寸为 4 m×4 m。每个胎架分为两部分——塔身和头部。塔身分为3节,能适应会议厅标高为 +49.85 m 及标高为 +54.6 m 土建结构对安装胎架不同高度的需求,各个胎架都便于在 45 m 标高板上移动。

7) 吊耳的设置

由于会议厅箱梁吊装高度较高(超过 60 m),装拆吊具费时、费力,而箱梁相对较轻,在箱梁上翼缘焊接吊耳不用考虑箱梁内部加强;另外,会议厅箱梁距混凝土面较低,人员上下较为方便;再加上部分箱梁翼缘板较薄,综合考虑各种因素,为了提高效率、节约设备租赁成本,会议厅箱梁采用焊接吊耳进行吊装。

根据"一点半"吊装法的原理,设置吊耳的位置如图 9.22 所示。

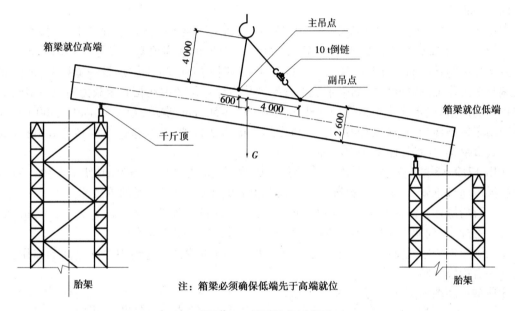

图 9.22　吊耳的位置设置

8) 地下室加固

(1)土建结构

钢结构吊装时土建结构 ±0.000 m 以下部分的施工基本完成,吊车只能站位于 ±0.000 m 层进行吊装作业。吊车行走吊装区域的楼板由纵横交错的钢筋混凝土梁支撑,各梁基本为多跨连续梁。⑤~⑥轴通道处的纵向梁截面为 600×1 800,跨距为 15 000,梁间距为 3 000。其余处纵向主梁最大的截面为 1 200×1 200,最小的截面为 600×1 000,跨距为 6000、9 000、10 000,梁间距为 9 000;纵向次梁截面大多为 400×1 200,跨距大多为 9 000,梁间距不大于 3 000。

(2)施工荷载

①住友 LS528SⅡ型 150 t 履带吊车 39.624 m 主臂工况时装车身配重约为 140 t,履带接触地面面积约为 15 m²,空载平均接触地面动压力约为 9.33 t/m²;在吊装作业工况时,单件最大起重量为 39 t,平均接触地面最大压力约为 11.9 t/m²。

②住友 LS248RH5 型 150 t 型履带吊车 39.62 m 主臂工况时装车身配重为 157.5 t,履带接触地面面积约为 18.75 m²,空载平均接触地面动压力约为 8.4 t/m²;在吊装作业工况时,单件最大起重量为 33.5 t,平均接触地面最大压力约为 10.2 t/m²。

③住友 LS248RH5 型 150 t 型履带吊车 53.34 + 30.5 m(塔身90°)塔式工况装车身配重约为 171.5 t,履带接触地面面积约为 18.75 m²,空载平均接触地面动压力约为 9.2 t/m²;在吊装作业工况时,单件最大起重量为 20 t,平均接触地面最大压力约为 10.2 t/m²。

(3)吊车路线选择

根据该区域的钢结构的安装位置,首先,考虑在满足起重机吊装能力的前提下必须避免吊车的履带直接压上土建 ±0.000 m 以上的混凝土柱的预留钢筋;其次,必须充分利用土建的结构,吊车的履带尽可能避免压在楼板或梁的跨中,减小因吊车荷载产生的弯矩值;第三,吊车在加固区域尽可能减少转弯次数(因履带吊车外形尺寸较大,转弯时不仅需要较大的转弯半径,还会产生较大的摩擦力)。

(4)加固方法

①用 φ48 × 3.5 的脚手架钢管顶紧 ±0.000 m 层钢筋混凝土板或钢筋混凝土梁,脚手架钢管顶部设型号为 M36 可调式螺杆支座,确保每根立柱对楼板达到顶紧支撑且加大脚手架钢管与混凝土结构的接触面。在脚手架钢管立柱靠楼板底部约 150 mm 处,加设一道拉杆,加强立柱顶端整个工作面的刚性。根据脚手架钢管的承载力计算及考虑在相同承载力情况下节约脚手架钢管的用量,确定脚手架钢管的立柱间距在 350 ~ 450 mm,步距为 1 000 mm(或900 mm)。在履带吊车每条履带通过区域的地下室,搭设约 3 m 宽的排架;在履带吊车的转弯处,搭设成满堂红式脚手架,并且柱距减小 50 mm。

②用 φ219 × 8 的钢管顶紧吊车行走路线上的次梁,降低次梁的跨距,或使吊车的荷载直接由次梁传递到钢管上,避免次梁随吊车的荷载引起的弯矩,提高次梁的承载能力。

③铺石粉层作为缓冲措施。在吊车履带与楼板之间铺上厚为 200 mm 宽为 2 500 mm 的石粉层,一方面起到减震作用,另一方面起到分散吊车的集中荷载的作用。

④用钢板作为刚性支撑面。石粉层上铺厚为 12 mm 的钢板,起到刚性支撑面的作用,确保吊车在石粉层上顺利行走。

⑤典型加固图如图 9.23 和图 9.24 所示。

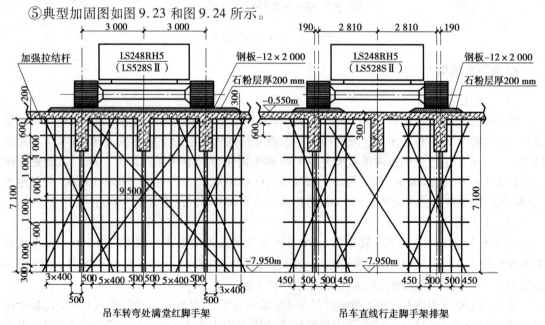

图 9.23　吊车通过地下通道时的加固图

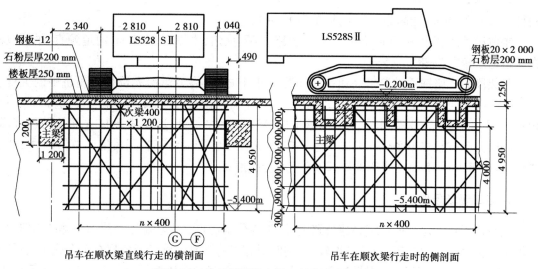

图 9.24 吊车沿混凝土梁上行走时的加固图

9.4 沪宁高速(江苏段)锡澄运河大桥整体牵引安装施工工艺

9.4.1 工程概况

1)概述

锡澄运河桥位于沪宁高速公路江苏境无锡段,在锡山堰桥乡与前州乡的交界处,跨锡澄运河。大桥位于 $R = 4\ 005$ m 的平曲线上,采用 88 m 下承式简支钢桁梁一跨跨越,弯桥直做。大桥为左右两幅,先后分开修建,左右两幅的主梁、墩台、基础均不相连。左幅钢桥已安装到位,并已通车运营,建设期间交通维持基本正常运营,本施工方案为右幅施工。锡澄运河大桥结构形式如图 9.25 所示。

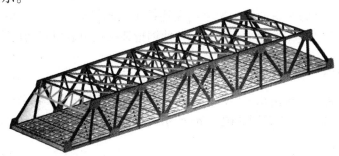

图 9.25 锡澄运河大桥结构形式

大桥总跨度为 88 m,主桁高度为 11 m,单幅宽度为 21.5 m,单幅结构总重为 1 300 t。钢桥主要构件材质为 14MnNbq 级钢,角钢、槽钢等型材材料材质为 Q345D 钢。现场节点均为高强度螺栓节点,主要钢构件为焊接 H 型钢和箱型钢结构。

现场安装主要钢构件包括:主桁上下弦杆、主桁直斜腹杆,上下平横梁和桥门架、横联等。

构件最长为 20.9 m,最高为 3.7 m,最重为 18.4 t。

锡澄运河河宽 55~70 m,河道与高速公路成 67°夹角,水深 5~5.5 m,河道顺直、平缓,现在航道通航净空为 28 m×5 m。

无锡段的三座钢桥是沪宁高速扩建工程的重中之重,锡澄运河大桥是三座桥中的关键。南京—上海方向(南幅)施工周期为 2005 年 4 月,上海—南京方向(北幅)施工周期为 2005 年 10—11 月。沪宁高速公路作为全国最繁忙的高速公路之一,已经不满足日益增长的经济需要,为此,江苏省投资 108 亿元人民币进行扩建,扩建后将带动江苏省国民生产总值提高 1%。要求 2005 年 4 月 15 日南半幅通车,2005 年底全线通车。

2)施工现场条件

大桥位于正在运营的沪宁高速公路上,施工为分幅进行。现场施工只封闭一侧的道路,另一侧道路仍处于交通状态,施工场地较小,同时对施工有限制。施工现场现在正在施工引桥部分,到现场开始安装钢桥时,引桥桥面应已基本完成,南京侧引桥能够满足 50 t 履带起重机工作和作为构件拼装场地使用。上海侧在开始拖拉时能满足施工需要。现场拼装时,引桥桥面应完成 100 mm 厚混凝土的浇筑,桥面沥青在钢桥安装结束后施工,以免施工中损坏。

9.4.2 施工方法

选择可采用的施工方案有整体拖拉过河、悬臂拼装、浮拖法、满堂支架浮吊安装等数种。

考虑到锡澄运河有繁忙的水上运输,为不影响航道通航,同时综合考虑安全、工期、施工成本要求,决定采用整体拖拉过河的施工方法。该方法不影响航道通航、工期最短、费用适中、安全可靠。具体做法是:将钢桥在一侧引桥和拼宽支架上进行现场组装,使用工具式导梁,通过计算机控制的水平牵引油缸进行整体拖拉过河。施工平面布置图如图 9.26 所示。

9.4.3 施工方案

1)基本方法

如图 9.27 所示,在被平移的钢桁架梁前端连接工具式导梁,工具式导梁长 52 m,整个钢桁架梁和工具式导梁放置于滑轨上,通过牵引,使钢桁架梁从组装位置到达安装位置就位。

2)钢桁架梁的组装

钢桁架梁的组装在大桥南京一侧的引桥上进行,由于引桥的宽度较钢桁架梁窄,需要另外布置加宽承重支架,其平面布置图如图 9.26 所示。

3)导梁

设置导梁,是为了减少移动轨道的铺设,使其在钢桁架梁前端移动到达第一个临时桥墩时,导梁已支撑在第二个临时桥墩时的移动轨道上(如图 9.27 所示),以保持钢桁架梁在移动过程中的稳定。由于采用了导梁,减少了大量的移动轨道的铺设工作量,使施工成本大幅度降低。

导梁为用于钢梁拖拉的临时结构,主要构件为焊接 H 型钢和成品型钢,焊接 H 型钢材质为 Q345B,成品型钢材质选用 Q235B 级钢。钢桥拖拉时所使用的导梁重量约为 270 t。

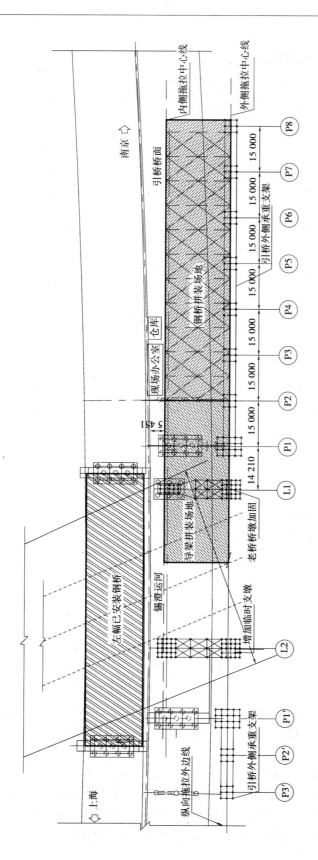

图9.26 锡澄运河大桥整体拖拉过河的施工平面布置图

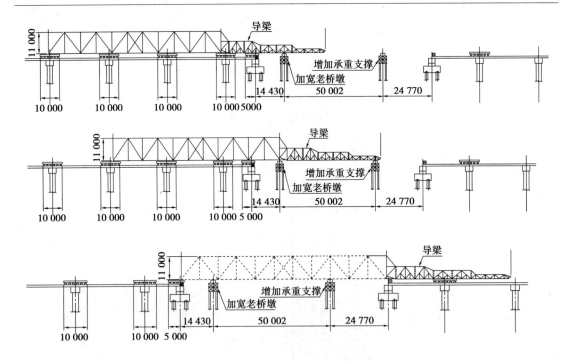

图 9.27 锡澄运河大桥整体拖拉

导梁两侧为桁架结构,根据高度分为 2 m 段、4 m 段和 6 m 段,长度为 53 m,中间联结为横联和上下纵联结构,横联形式均为桁架结构,其结构形式如图 9.28 所示。

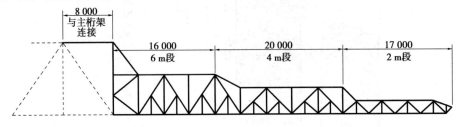

图 9.28 导梁结构图

4)引桥外侧的承重支架

锡澄运河桥钢构件为在南京侧进行整体拼装。钢桥主桁中心线宽度为 21.5 m,拼装长度 88 m。钢桥拼装时为单向施工,而引桥有效宽度不超过 19.5 m,且桥梁位于半径为 $R = 4\,005$ m 的平曲线上,所以引桥桥面宽度不能满足拼装需要。为此,引桥外侧从地面安装承重支撑架,拓宽引桥桥面,以满足拼装场地。在拼装完成后,利用外侧的承重支架作为下滑道的支撑架,作为钢桥拖拉时的支架。引桥外侧的承重支架设计以拖拉时的最不利工况设计,同时考虑拼装时的需要。

在南京侧引桥外侧每间隔 15 m 设置一组承重支架。如图 9.29 所示。

P4,P5,P6轴线支架基础采用截面为 $\phi400$ 的预制混凝土桩。P4,P5,P6轴线的 6 根预制混凝土桩为一组,每个轴线两组承台,然后在上面做 4.8m×2.8 m 混凝土独立承台基础。

预制混凝土桩入土深度约 20 m,混凝土桩单桩承载不小于 30 t。混凝土桩共 36 根。预制

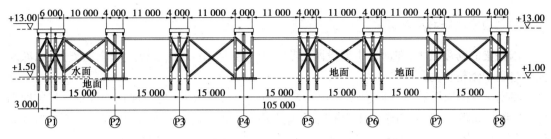

图 9.29　承重支架立面图

混凝土桩等级为 C25。

混凝土桩基施工采用静压沉桩方法施工,沉桩前必须处理架空(高压线)和地下障碍物,场地应平整,排水应畅通,并满足打桩所需的地面承载力。预制混凝土桩接桩采用焊接形式,桩顶钢板采用 Q235B 材质,焊接时应先将点焊固定,然后对称焊接,并确保焊缝质量和焊脚尺寸。

当遇到桩身突然发生倾斜、移位或有严重回弹,桩顶或桩身出现严重裂缝、破碎等情况时,应暂停打桩,并分析原因,采取相应措施。

桩顶钢筋贯入混凝土承台长度不小于 $35d$,承台混凝土等级为 C25,厚度为 1 000 mm,在基础承台上放置预埋件,用以固定钢管柱。

然后全部用 $\phi609 \times 12$ 的钢管接长作为钢管柱,在钢管柱上面架 $H700 \times 300 \times 13 \times 24$ 的钢梁来构成承重支撑平台。

P1 轴线在地面打入 20 根 $\phi609 \times 12$ 的钢管桩,入土深度为 18 m。而后全部用 $\phi609 \times 12$ 的钢管接接长作为钢管柱,在柱顶安装 $H700 \times 300 \times 13 \times 24$ 的钢梁做承重支架平台。P1 轴线位置承重支架在钢桥拖拉到位后,利用此支架行横向移动,承重支架的设计也对此进行考虑,进行了相应的加强。

对 P2,P3,P7,P8 轴线位置地基进行处理,上面铺设路基板,在路基板上做 7 根钢管柱,钢管柱上面架设 $H700 \times 300 \times 13 \times 24$ 的承重梁来构成承重支撑平台。地基处理采用以下措施:首先挖出表层的回填土或泥土,用压路机碾压,而后在上面铺设碎石,再用压路机碾压,使得地基承载力不小于 10 t/m²。

南京侧共设 8 组承重支架,在相邻的承重支撑平台采用 $H400 \times 200 \times 8 \times 13$ 钢梁连接,间隔一组承重支架的位置设置垂直支撑,以抵抗水平力。垂直支撑采用[20a 槽钢。

在上海侧的引桥外侧,因导梁到达对岸后滑行和钢桥临时支撑及横向移动需要,设置三组承重支架,如图 9.30 所示。

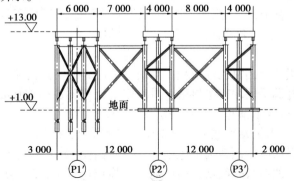

图 9.30　上海侧承重支架布置

5)河道中的临时承重支架

因桥梁的跨度较大,在河道中架设两个临时承重支架,作为在拖拉过程中的支点,以减小拖拉过程中钢桥应力。

将南京侧的原桥墩进行加宽和加高处理,作为一个临时墩 L_1,另在河道中设置一组临时墩 L_2。L_1 和 L_2 间距为 52 m,和导梁长度相当,避免在拖拉过程中钢桥出现悬臂现象。河道中临时墩 L_1 与主墩距离较近,采用 H400 × 200 × 8 × 13 连接临时墩支架和主墩,以加强其稳定性。

6)滑道系统

钢桥滑道系统采用上滑道 + 滑块 + 下滑道形式,如图 9.31 所示。

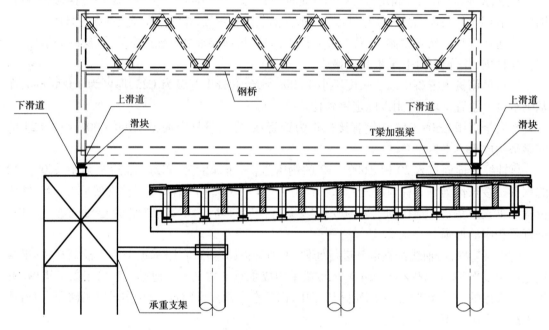

图 9.31　滑道系统布置示意图

(1)上滑道

以钢桥主桁架下弦作为上滑道,因主桁架在安装时有一个预拱度,此预拱度在拖拉时应调平。预拱度根据设计图纸要求,最大拱度为 147 mm,起拱方式为在节点处起拱。预拱度调平的方法是在下弦杆下面垫放硬木方,木方下面做成一个平整面,以便添加滑块。因滑块添加为每间隔 2 m 添加一块,所以调平硬木方为 2 m 设置一块。

(2)滑块

滑块采用带橡胶板的聚四氟乙烯滑板。滑块最下层为聚四氟乙烯板,上层为橡胶层,滑块与主桁架和导梁下弦杆调平硬木直接接触。滑块规格为 350 mm × 450 mm,厚度为 20 mm。在拖拉过程中,每间隔 2 m 在下滑道上添加一块。

在拖拉过程中,滑块滑板始终在下滑道钢梁上覆盖的不锈钢钢板之间滑动。聚四氟乙烯滑板与不锈钢钢板的滑动摩擦系数为不大于 0.05,静摩擦系数为不大于 0.07。摩擦系数随荷载压在聚四氟乙烯板上的滞留时间增长而增加。在拖拉过程中,短暂停留后再启动的摩擦系数变动不大,但当停留时间较长时,摩擦系数应按静摩擦系数计算。为安全起见,本方案中所有与摩擦系数相关的计算均按静摩擦系数取值。

（3）下滑道系统

引桥上的下滑道设置于引桥桥墩附近,对于 30 m 跨 T 形梁下滑道,长度为 7.2 m,对于 15 m 跨 T 形梁下滑道,长度为 3.2 m,在南京侧设置 5 组,在上海侧设 2 组。南京侧引桥外侧承重支架上的下滑道长度为 4.5 m(⑰轴线长度为 6.5 m),间隔约为 15 m,共设 8 组;上海侧引桥外侧承重支架上的下滑道长度为 4.5 m(⑰轴线长度为 6.5 m),间隔约为12 m,共设 3 组。河道中临时墩 L_1 和 L_2 上的下滑道长度为 6.5 m,内外侧各两组。

外侧承重支架及河道中临时墩上的下滑道钢梁采用规格为 H875 × 400 × 16 × 25/12 焊接 H 型钢,材质为 Q345B。引桥桥面上的下滑道钢梁采用规格为 H650 × 400 × 16 × 25/16 焊接 H 型钢,材质为 Q345B。在下滑道钢梁上表面通长覆盖 2 mm 厚的抛光不锈钢钢板(A304 材质)。不锈钢钢板与钢梁焊接固定。

为便于拖拉过程中添加滑块,下滑道钢梁两端做向下的弧形坡度,坡度为 1:10。

（4）引桥桥面下滑道

为不使下滑道钢梁直接作用于引桥桥面,对单片 T 形梁产生很大集中荷载,在 T 形梁上增加平衡梁以分散受力,下滑道钢梁作用在平衡梁上。每个下滑道钢梁下横向方向布置 3 ~ 5 根平衡梁,平衡梁采用双拼热轧 H 型钢 H500 × 200 × 10 × 16,每根平衡梁长度 7 m,下面覆盖 3 ~ 4 个腹板,使滑块向下传递的力通过平衡梁分配给 3 ~ 4 个 T 形梁共同承担,如图 9.32 所示。

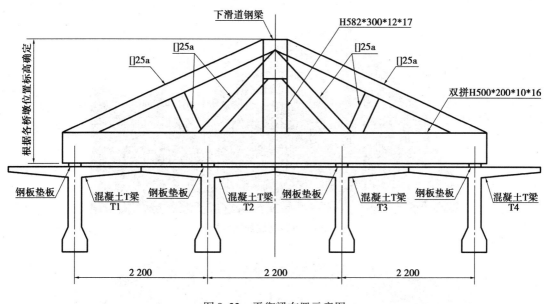

图 9.32　平衡梁布置示意图

7)钢桥整体拖拉

钢桥拼装在引桥桥面上进行,使用 53 m 的悬臂导梁,利用加宽处理后的老桥墩和河流中间设置的临时支撑支点,整体拖拉过河。

拖拉方法采用计算机控制液压整体拖拉技术。牵引设备选用 2 台 200 t 油压千斤顶,40 L/min 油泵站,计算机控制柜,钢绞线采用 10 根 φ15.24 mm 两组。钢桥梁及导梁、滑道等合计重量按 1 600 t 计算,桥梁上固定的滑道与四氟乙烯滑板的滑动摩擦系数取为 0.07,则总的拖拉力为112 t,每组千斤顶所需最大拉力为56 t,千斤顶能满足要求。桥梁的拖拉工艺流程如图9.33所示。

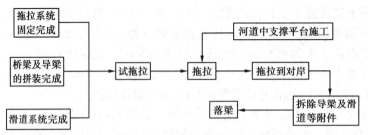

图9.33 拖拉工艺流程图

拖拉设备采用计算机控制油压千斤顶系统,固定于对岸第三个引桥桥墩位置和外侧拼装支架上。拖拉施工应选在风平浪静时,以减少天气因素,对拖拉产生不利的影响。五级风以上不能拖拉。

拖拉速度为5~7 m/h。拖拉分两天进行:第一天导梁拖拉到对岸临时墩(L_2位置)上,钢桥到达第一个临时墩(L_1)上;第二天钢桥从L_1位置拖拉安装位置。

8)拖拉过程

拖拉过程如图9.34和图9.35所示。

图9.34 组装完成的钢桥桁架

图9.35 拖拉过程中的钢桥桁架

9.5 大型体育场飘带式屋盖钢结构吊装工艺

9.5.1 工程概况

1)概述

广东奥林匹克体育场钢结构工程是近些年来国内少有的大型体育场钢结构工程,是全国第九届运动会的主会场,它是一座集体育场与酒店于一体的现代化大型体育场馆,如图9.36所示。该体育场馆位于广州市东圃黄村,占地30万 m^2,建筑面积14.56万 m^2,分地下一层和地上7层,看台可容纳80 012个观众,由广东省体育运动委员会投资兴建、美国NEB设计集团和华南理工大学建筑设计研究院设计、广东建设工程监理公司监理、广东省建筑工程集团有限公司总承包,屋盖钢结构由广东省工业设备安装公司组织施工。

图9.36 体育场馆实景图

广东奥林匹克体育场屋盖钢结构安装技术主要包括预埋技术、测量技术、吊装技术、焊接技术、屋面板维护系统施工等方面的技术内容。

2)结构概况

钢屋架屋盖设计新颖、独特,总重约1.2万t,采用东西两条飘带式桁架结构。飘带式屋架全长828 m,宽78 m,飘带最高点73 m,最低点约50 m。钢屋架分别由径向主桁架、环向主桁架、径向次桁架和环向次桁架组成,投影面积约6万 m^2。整个钢屋架靠21根塔柱上的42片榀主桁架支承,每榀主桁架长75.1 m、高5.6 m、宽仅0.6 m,每根塔柱上有2榀主桁架,主桁架悬臂54 m,用铰支座支承,铰支座边上4.8 m处有一个悬空的后支座。每榀主桁架的后部有2根拉索予以调节平衡,两个塔柱之间20~40 m不等,两柱之间有1榀环向主桁架,3榀径向次桁架。钢桁架由进口H型钢焊接而成,由于采用飘带式设计,每根柱(甚至同根柱)上的每榀主桁架标高都不相同,相邻柱间标高最大相差7 m,8 000个高空焊接接头无一相同。采用的型钢及重量也因其承力不同而不同,如图9.37、图9.38所示。

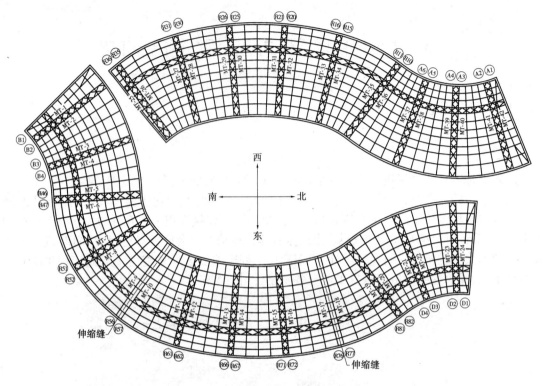

图 9.37　体育场屋盖钢结构平面图

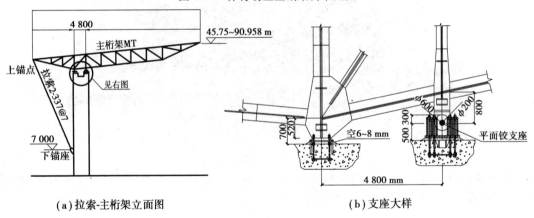

（a）拉索-主桁架立面图　　　　　　　（b）支座大样

图 9.38　单片径向主桁架立面示意图

3）钢屋盖特点

本工程结构体系为框架、空间钢桁架结构。设计空间造型复杂,观众席为花瓣形,钢屋面呈波浪状,建筑平面布设轴线多,形成由 92 条径向轴线和 7 条环向轴线组成的网状闭合图形。图形分布有 19 个圆心,半径各不相同,最大半径接近 562 m,附属工程也分布有圆心 15 个,径向主桁架分别安装在 21 组变截面的塔柱顶上,每组塔柱顶的三维坐标各不相同。

钢屋架工程难点有:

①造型新颖,结构复杂,施工难度大,而且是高空作业。

②为 H 型钢桁架结构等强度对接,空中对接难度大,吊装工艺要求高。

③制作和安装精度高、难度大:各构件三维坐标不一,主桁架安装误差≤2 mm;测量控制难度大。

④焊接难度大:钢结构板厚达125 mm,空中接头多,且为全溶透的Ⅰ级焊缝,100%通过超声波检验。

⑤工程量大,工期要求高:屋盖总重量达12 000 t,工期只有5个半月。

⑥在两组塔柱的主桁架之间,由径向次桁架和环向桁架构成一个悬空框架(称为一跨)。每跨有三榀径向次桁架呈等距分布,其间用环向桁架相连。径向次桁架每榀整重33~37 t。环向桁架分上、斜、下三根弦杆,如图9.39所示。

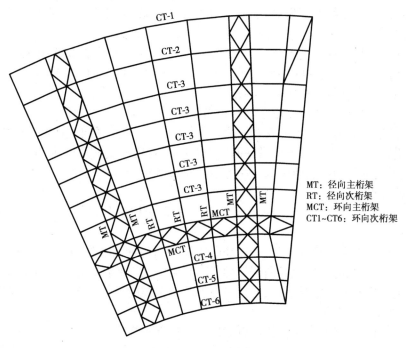

MT:径向主桁架
RT:径向次桁架
MCT:环向主桁架
CT1~CT6:环向次桁架

图9.39 钢屋架平面图

9.5.2 吊装方案的选择

吊装方案的制订受各种条件的制约,如环境、工期、安装工艺及经济条件等。

(1)环境条件

整个工程工期比较紧,不可能根据钢屋架的吊装要求来安排其他机电和土建工程的施工工序。而且在钢屋架吊装时,体育场的看台等土建结构已经完成,考虑到主桁架重心偏移,所以采用场外吊装。

主桁架是用轴与事先固定在柱上的铰支座相连的,但由于两榀主桁架有标高差,两榀主桁架的轴不是穿在同一条轴线上,只能单榀主桁架吊装。

(2)起重设备的限制

每榀主桁架重约120 t,就位高度约50 m(柱标高),周边地区的最大吊车性能在这样的吊装高度和回转半径内,只能吊一榀主桁架。

(3)工期要求

原总体施工进度安排钢屋架安装有10个月的工期,后由于设计图纸延误等原因,仅剩下5个半月的施工时间。

（4）桁架吊装方案的选择

综合考虑以上因素，并结合钢结构的受力顺序（环向次桁架→径向次桁架→环向主桁架→径向主桁架），设计了下述 3 套吊装方案进行选择。

● 方案一：在体育场内组装两片径向主桁架（共约 250 t），在看台大柱上做一些支承点，用两台吊车抬吊的办法将桁架吊装就位。在两片径向主桁架完成后，以两片环向主桁架组装成一组，用吊车吊至空中与径向主桁架对焊。这一方案的优点是不用搭脚手架，可利用径向主桁架的马道进行焊接操作。

该方案缺点是：

①每组环向桁架需在地面拼装，而且尺寸要相当精确，否则与径向主桁架在空中无法连接。由于钢屋盖形状不是一个平面而是曲面，这一点较难做到。

②把两柱间三片与径向主桁架外形尺寸相同的径向次桁架分成多段，增加了焊接接口。

③吊车起吊能力要求较高（中间段吊车的回转半径达 40 多 m）。

④安装顺序与设计传力顺序有一些差别。

⑤径向主桁架的抬吊和铰支座穿轴有相当的难度。

● 方案二：以径向桁架为主的安装方法。吊装顺序是：单片径向主桁架→塔柱上两片径向主桁架空中组装→拉索固定→把两塔柱间三个径向次桁架分成前后两半部分，吊装后半部并连成整体，然后再在场内吊装前半部分→各条环向次桁架。

该方案的优点是：

①加工制作比较容易。由于径向桁架外形尺寸是一致的，只是杆件和接点不同，所以便于工厂加工。

②便于定位。钢屋盖呈飘带状，通过径向桁架不同的标高及仰角角度变化而形成。以径向桁架为定位标准，只要把每片径向桁架的标高和仰角控制住就能达到设计的效果。

③容易进行桁架的空中对接，只要径向桁架的定位准确且伸出来的牛腿（焊接接点）加工正确，环向桁架就容易对接。

④焊接接点最少，同时可避免厚度较大的杆件在空中焊接。

⑤吊车的吊装能力可充分发挥。吊装重的径向桁架，其回转半径小，在中间位置回转半径大时吊装较轻的环向杆件。

⑥安装顺序可完全与结构传力顺序一致，不会附加安装应力。

该方案的缺点是：空中焊接点分散，从操作和安全角度着想要搭设脚手架。就此工程而言，由于屋盖前后两端都有 18 m 长的下层装饰板，端头还有不锈钢圆弧板，需要搭设脚手架才能施工。即使采用第一方案，两端的脚手架也不能免除，而脚手架量最大在两端，由于看台呈阶梯状，所以中间脚手架高度较小。

● 方案三：从塔柱出发，把钢结构分成许多井字形小块在空中对焊。用这种方法，在空中定位和对焊都相当困难，而且有大量的厚板在空中对焊，工期和质量都无法保证。

按照安全、质量、工期、成本的要求进行综合比较，我们选取方案二。

9.5.3　吊装方案

1）起重机的选用及定位

本工程主桁架吊装选用了 500 t 汽车式起重机，另用 150 t 汽车式起重机辅助吊主桁架之间的连接杆件及吊拉索，分两个工作面同时施工。主桁架分三段在场外加工，在现场采用卧式拼装。由于主桁架侧向稳定性差,长75.1 m,重120 t,且前重后轻,在翻身过程中为防止变形,采用6个吊点,用300 t起重机为主和150 t起重机为辅两部吊车同步进行。径向次桁架和环向桁架的吊装以250 t起重机为主,300 t起重机做主桁架翻身,150 t起重机吊屋面板及檩条。

本工程施工周期非常短,为保证工期,尽可能提高机械化施工程度,本工程采用了150 t以上大型起重机9台,50 t以下的小型起重机6台。

2)起重机一个位置的多点吊装

500 t汽车式起重机的优点在于起吊能力强,配以超级提升装置,扩大了起重机的工作半径,但它的移位需要拆杆、倒杆,需要搬运配重、支脚,极为麻烦,一般移位需用4 d。42片主桁架分布于不同位置,频繁的变动吊车位置,将浪费许多宝贵的吊装时间。

为节约宝贵的时间,采取吊车一位多吊,对吊车的占位位置进行了严格地计算、复核,测量了相关建筑物的尺寸、高度,对主桁架的重心及吊车工作半径作精确计算。这样采用了一位多吊共节约了10次吊车移位时间(约40 d)。

3)吊装技术难点及其措施

(1)倾斜吊装

一般大型设备及构件的吊装,都要求确保被吊物体水平,目的是使其受力均匀、吊装平稳。由于42片主桁架的安装倾角都不相同,高空就位时角度调整较为困难,加之铰轴支脚与轴座的插入间隙太小,主桁架上弦前后端高差最大达16.2 m,为满足安装要求采取了主吊点为承力吊点,副吊点为调整吊点的"一点半吊装法"。

实际吊装中,应注意使副吊点在已就位桁架一侧,并使副吊点端低于主吊点端,让副吊点端先于主吊点端就位,如图9.40所示。

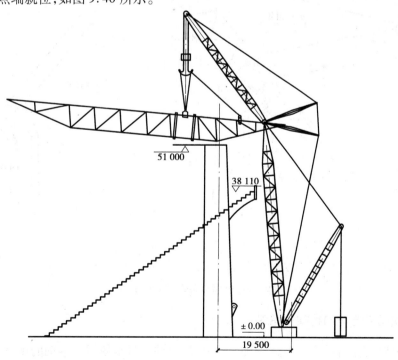

图9.40　主桁架吊装示意图

吊装时,每榀主桁架的仰角都不相同,最小的为 2.5°,最大为 12.5°,辅吊点同时也增强主桁架的稳定性,由于主吊点不在节点上,采用专用夹具夹住上弦,在主吊点两边用杆件与下弦连接,可改善上弦的受力状态,避免上弦的局部变形。利用临时杆件,把主桁架的中间部分作局部加强,增强其侧向刚度。

（2）主桁架的就位和临时固定

主桁架安装精度要求高,支座允许误差≤2 mm。主桁架插入铰支座槽内的两个孔板与槽的侧向间隙,每边只有 3 mm。铰支座轴径 φ200 mm,重 200 kg;铰支座孔 φ200.3 mm,间隙只有0.3 mm;主桁架孔板上的孔是 φ202 mm。支座有 8 个螺栓孔,要同时就位,所以主桁架吊装的垂直度和仰角精度要求都相当高,穿轴的难度相当大。由于在吊装时已调好仰角,一般不用在高空再调整。为解决穿轴难题,在铰支座边做了一个托架,并在任意方向都可用千斤顶调节,把 200 kg 的轴节先对着铰支座的孔调整好,待主桁架就位并与铰支座孔对齐后用千斤顶顶入。

单榀主桁架的临时固定,利用柱面上 4 m 多的空间布置临时支撑,在 54 m 悬臂上用 2～3 组缆风绳将其固定在两边相邻的柱上,如图 9.41 所示。

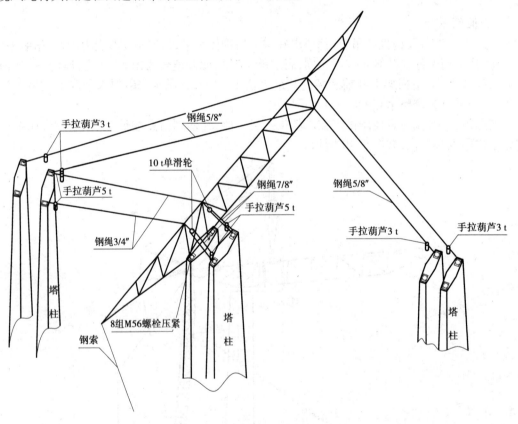

图 9.41　单榀桁架临时支承示意

4)径向次桁架与环向桁架的吊装

径向次桁架与径向主桁架等高、等长、外形尺寸相同,只是使用工字钢的规格不同,每榀重量只有 30～40 t。将每榀径向次桁架分成两段,分别由场内外吊装,难点在于定位和安装的顺序安排。由于屋盖钢结构呈飘带式,故每榀径向次桁架的标高、仰角都不相同。其受力方式是:环向次桁架→径向次桁架→环向主桁架→径向主桁架→塔柱。安装顺序必须与设计的传力方式相一致。为此,在完成相邻塔柱上的径向主桁架后,先吊装两柱间后半部分的径向次桁架。为支撑该半榀桁架,用一根 $\phi 630$ 的钢管作临时支撑,作用一是支撑,二是用来调节径向次桁架的标高。半榀桁架长约 30 m,一个支点并不稳定,因此同时在径向主桁架上立若干小桅杆,吊住一些环向桁架与之相连,待完成后半部分桁架及环向主桁架后,再吊装前半部分径向次桁架及其环向次桁架。

吊装径向次桁架场外段时,经计算吊装半径一般为 23 m 左右。吊装高度一般为 45 ~ 66 m。钢屋架场外边缘高度一般为 38 ~ 55 m,选用吊车的主臂最好高出钢屋架场外边缘,履带式吊车回转机构离地一般有 2.5 m 高,所以场外选用型号为 LS368-RH5 的 250 t 塔式工况履带吊进行吊装。该吊车主臂为 54 m,副臂为 48 ~ 61 m,26 m 半径时起吊能力为 24 t。

为了加快钢屋架安装施工进度,场外也可采用 150 t 履带吊,吊装部分环向桁架、边缘桁架及配合其他吊装工作。

对径向次桁架场内段吊装,其吊装半径一般在 25 m 左右(有部分吊装半径达 38 m),吊装高度一般为 48 ~ 71 m,所以也选用主臂 60 m、副臂 60 m 的 250 t 塔式工况履带吊,型号为 CC1400 型,吊装半径为 28 m 时其起吊能力为 22 t。

安装径向次桁架场外段、场内段之前先安装至少 3 组环向桁架和设置临时支撑立柱,以便径向次桁架支撑和定位。安装场外段径向次桁架时,必须增加临时支撑,或在吊车不松钩的情况下进行安装、施焊。

吊装到位后再依据次桁架的实际标高和倾斜角度进行精调,然后进行环向桁架的组装和焊接,测量标高时,有意地超出图纸标高 30 ~ 50 mm,以补偿桁架自重产生的下坠弹性变形。

9.6 某厂尾气排放塔扳倒法吊装技术

9.6.1 工程概况及特点

1)概述

该脱硫厂原有 3 套装置,天燃气脱硫净化能力为 30×10^4 m^3/d。由于目前居民生活及生产用天然气需用量逐年增加,该厂需扩建一套 100×10^4 m^3/d 的天然气脱硫净化装置以满足市场需求。该工程项目的重点是必须首先安装一座总高度为 100 m 的钢结构尾气塔,否则其他施工项目无法开展。

尾气塔主要由塔架、尾气烟囱、梯子、平台及附件等组成。塔架为四棱台式空间桁架结构,总高度 90.00 m,总重 97.00 t,安装就位于 ±0.00 的基础上。塔架横截面为正四边形,塔底每边长 16.0 m,向上分段逐渐缩小,顶部最小截面每边长 4.0 m,如图 9.42 所示。

塔柱材料分为两部分,42.379 m 以下为 $\phi 325 \times 12$ 无缝钢管,42.379 m 以上为 $\phi 325 \times 10$ 无缝钢管,材质均为 20$^\#$钢。主要斜腹杆为 $\phi 219 \times 7$ ~ $\phi 114 \times 6$ 各种无缝钢管,材质为 20$^\#$钢。其余斜腹杆为 ∠63×6 ~ ∠180×10 等各种角钢,材质为 Q345-BZ。塔架全部采用焊接连接。

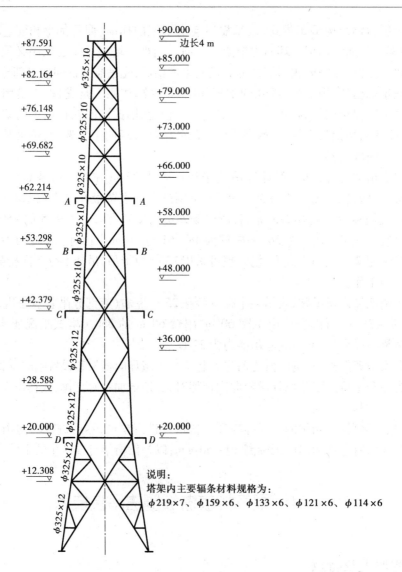

图 9.42　塔架外形及吊点设置示意图

对接焊缝要求全部焊透,达到一级焊缝质量标准;横杆和主要斜腹杆及柱脚板连接焊缝,要求不低于二级焊缝质量等级;其余焊缝不低于三级焊缝质量等级。塔架外表面涂两道 H88-1 型环氧带锈防腐涂料底化,再涂 3 道 H88-2 型环氧带锈防腐涂料面化,颜色为银灰色;塔架顶部 10 m 范围内钢结构涂刷有机硅耐热漆 4 遍,并要求在火炬顶部 5 m 范围内做宽为 1 m 红白相间的警示带。塔架在 + 12.308 m、+ 20.000 m、+ 28.588 m、+ 42.379 m、+ 58.298 m、+ 62.214 m、+ 69.682 m、+ 76.148 m、+ 82.164 m、+ 87.559 1 m、+ 90.00 m 处共设有 11 层平台,每层平台用直爬梯相连,通过直爬梯可以从塔底上至顶部。

尾气烟囱共分为 1 个底座和 8 个筒节,筒节为 φ1 200 mm 钢板卷管。烟囱总高度为 100.00 m,内衬耐热浇注料,总重约 110.90 t,与塔架位于同一安装平面。烟囱筒身位于塔架的中心,通过各层平台与塔架相连接,并设有底座基础稳固,筒身焊缝要求不应低于三级焊缝质量等级。

该尾气塔建成后将成为当地最高的建筑物。含有硫等有害杂质的原料天然气经脱硫装置处理后会变成符合生活和生产需要的净化天然气,净化生产过程中的尾气经处理后,由尾气烟囱排放到大气中,达到降低污染保护环境的目的。

2)施工现场特点

①新装置紧邻老厂区,场地宽阔、平整,站地总面积近 4 万 m^2(约 250 m × 160 m)。地面和空中均无障碍物,但进场道路狭窄且需穿越原有装置区。

②尾气塔基础施工以完毕,其他设备基础及建筑物尚未开始施工,有利于塔架地面制作组对及吊装准备工作的开展。

③塔架及烟囱基础标高均为 ±0.00 m,基础表面高出周围地平现有高度约 0.3 m。塔架基础尺寸为 2 m × 2 m,烟囱基础尺寸为 3 m × 3 m(图 9.42)。

④根据工程项目总体进度安排,要求塔架首先进行施工并尽快完成以便为其他施工作业创造条件。

⑤为保证制作质量,要求尾气塔架必须在地面整体组对焊接好,且完成防腐后一次吊装就位。

9.6.2 吊装方案选择

本工程尾气塔吊装方案选择主要考虑以下几方面:

①保证塔架的制作安装质量,便于塔架的拼装、焊接、防腐。

②有利于减少高空作业时间和工作量,保证吊装过程的安全可靠。

③能有效利用现场的有利条件及施工单位自身拥有的机具、人员和技术优势。

④吊装费用与工程承接费用相适应,并能取得较好的经济效益。

⑤能最大限度地满足工期要求。

根据以上几点要求,首先确定塔架和烟囱需分别吊装,以减小塔架整体吊装的重量,将塔架吊装就位、找正后,再利用塔架结构分段吊装烟囱。

针对塔架吊装这一关键环节,就以下几种方案进行了对比分析,见表 9.2。

表 9.2 塔架吊装方案

吊装方案	优缺点	可行性(可操作性)	费用及经济效益	结 论
两台 200 t 以上大型吊车抬吊	机动灵活,吊装准备时间短、功效高、工期短,但操作配合要求高,对场地条件要求高且进场困难	安全可靠性较差(起重机滑轮组偏角太大),吊车需到外地租赁,难以实施	费用较高与工程承接费用不相适应	不采用
双桅杆滑移抬吊法	工艺本身很成熟,且有良好的场地条件,并能利用已有机具,但需要的桅杆很高,需增加桅杆制作。所需缆风及地锚量大,吊装准备时间长,对塔架制作施工会造成影响	对工期影响较大。针对塔架吊装可操作性较差(滑轮组偏角太大)	人员、机具、材料投入较大,周期长,因而费用较高	不采用

续表

吊装方案	优缺点	可行性(可操作性)	费用及经济效益	结 论
人字或A字桅杆扳转法	工艺成熟且有良好的场地条件,缆风及地锚量小,但已有机具不能满足其要求,需重新制作桅杆	桅杆底座两铰腕的制作要求较高。重新制作桅杆对工期有影响	重新制作桅杆及铰腕制作费用较高	不采用
单桅杆扳转法	是工程施工单位具有的成熟吊装工艺,只用一根桅杆与塔架不共铰时,对铰腕的制作要求不高,且所需桅杆高度不大,现有机具能完全满足要求,吊装准备时间相对较短,但需设置两副桅杆侧向稳定控制缆风绳	可行性和可操作性均满足实际要求	机具、材料所需费用相对较少,能取得经济效益	确定为本工程尾气塔架的吊装方案

经分析对比,尾气塔架吊装方案选用单桅杆不共铰双转法扳转吊装工艺。烟囱在塔架吊装就位找正后,利用塔架结构,采用倒装法分段吊装。

9.6.3 塔架吊装现场平面布置

吊装施工现场的平面布置,既要首先满足吊装设计和安全吊装的要求,也应合理利用场地,保证施工道路畅通。针对本工程的实际情况,应避免对塔架制作施工造成影响,还应考虑吊装准备工作能与塔架制作同期进行,同时还应避免对厂区原装置的生产造成影响。

按此原则进行的吊装平面布置如图9.43所示。

9.6.4 塔架方案概述及吊装程序

1)单桅杆不共铰双转法吊装工艺概述

吊装准备工作完成后,在起板中心线上沿塔架组对反方向一侧距离塔架铰腕约10.5 m处(即烟囱基础旁)设置桅杆铰座,并竖立一根截面为1 400 mm×1 400 mm,有效长度为40 m的格构桅杆,桅杆由前后扳吊索具及两侧耳绳稳固。在塔架反方向设置一套后溜索具,以确保塔架扳转至自动回转角后能平稳就位。起扳索具、桅杆、桅杆与塔架间的扳吊索具、后溜索具,位于起扳对称中心线所在的铅垂面内,耳绳则位于该铅垂面的两侧。塔架组对验收合格、吊装系统安全检查、试吊无问题后,方可开始起扳。起扳索具由卷扬机牵引,索具的长度逐渐缩短,而桅杆与塔架间的扳吊索具的长度保持不变,桅杆与塔架绕各自的铰座转动,桅杆被逐渐扳倒而塔架被扳起。在此过程中,调整耳绳的松紧控制桅杆的侧向偏移,当塔架被扳起至自动回转角减少10°时,启动后溜索具,使塔架逐渐平稳就位,如图9.44所示。

2)吊装施工程序及顺序

①吊装前期施工准备(含技术准备)。
②地锚设置及塔架和桅杆铰腕制作。
③卷扬机安装及桅杆地面组对。

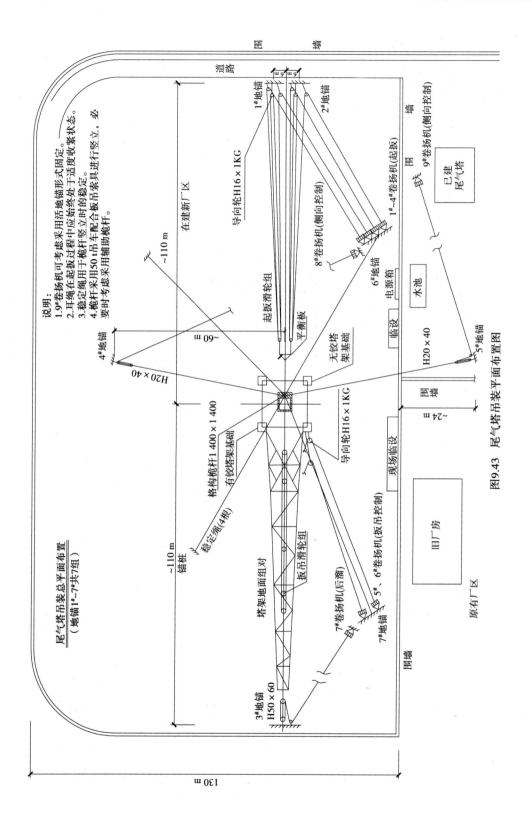

图9.43 尾气塔吊装平面布置图

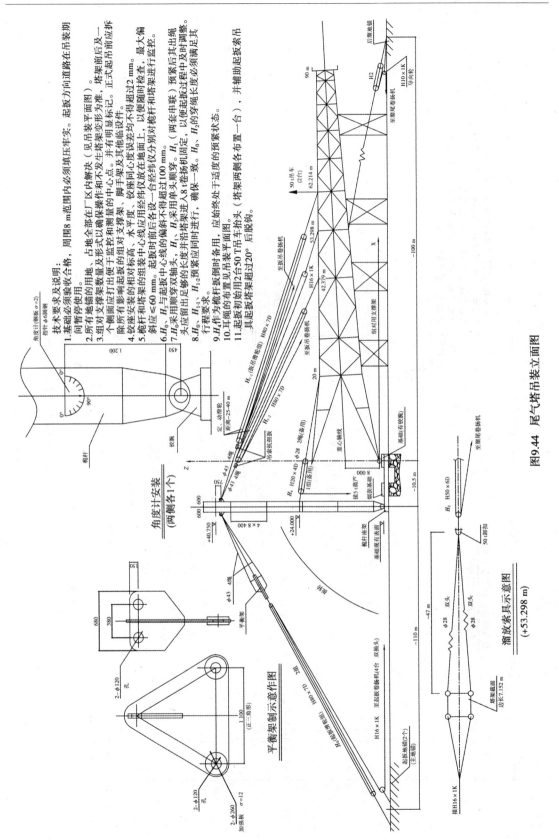

技术要求及说明：

1. 基础必须验收合格，周围 8 m 范围内必须填压牢实（见吊装平面图）。起板方向道路在吊装期间暂停使用。
2. 所有地锚的用地，占地全部在厂区内解决。
3. 组对支撑架数量及形式以确保操作和不发生塔架变形为准。塔架前后及一个侧面应打出便于支撑架的组对中心点。并有明显标记。正式起吊前应拆除所有影响起板的相对标高、水平度、脚手架及其他临设件。
4. 绞座安装的相对标高、水平度，经绞座同心度误差均不得超过 2 mm。
5. 桅杆和塔架的相对中心线应放在地面上，以便安装中心误差不得超过 60 mm。起板前各设一台经纬仪分别对桅杆和塔架进行监控。
6. H_0、H_2 与起板中心线的偏斜不得超过 100 mm。
7. H_0 采用单头顺穿。H_1（两套申联）预紧后其出绳。H_1 采用顺穿双轴式，H_2 采用单头顺穿并前后同时固定，以便起板过程中及时调整。H_0、H_2 预紧应同时进行，确保一致。H_0、H_2 的穿绳长度必须满足其行程要求。
8. H_0、H_2 预紧应处于适度的预紧状态。
9. $H_{1,2}$ 预紧见吊装平面图。
10. 起板初始用 2 台 50 T 吊车抬扛（塔架两侧布置一台），并辅助起板索吊其具起板塔架超过 20° 后脱钩。
11. 耳绳作为桅杆进 8 卷扬机使用。

角度计─安装
（两侧各 1 个）

平衡架制作示意图

平衡架操作示意图

溜放索具示意图
（+53.298 m）

图9.44 尾气塔吊装立面图

④起扳索具安装。

⑤桅杆竖立稳定绳及两侧稳定控制绳(耳绳)设置。

⑥桅杆扳放索具安装。

⑦桅杆竖立及调整。

⑧前吊索具(扳吊控制索具)安装。

⑨前后扳吊索具调整。

⑩耳绳及稳定绳调整。

⑪溜放索具设置。

⑫吊装系统试吊及检查和确认。

⑬正式吊装。

⑭塔架就位及找正固定。

⑮前后扳吊索具拆除。

⑯桅杆拆除。

⑰后溜索具拆除及清场,并进行烟囱吊装准备。

根据以上吊装程序绘制尾气塔吊装施工进度网络图。

9.6.5　主要吊装施工步骤及技术措施

(1)前期吊装施工准备

①熟悉吊装施工现场,掌握与吊装有关的设计技术资料,特别是及时掌握与吊装有关的设计变更内容,掌握设计变更内容。

②解决与吊装有关的障碍物及用地占地等问题。

③对塔架基础进行复测检查,并对基础周围进行必要的填压处理。

④解决吊装所需的全部机具及材料。

⑤解决吊装所需的用电量(本工程用电量约为 150 kW)。

⑥对所有参与吊施工的人员进行吊装方案的技术交底及进行吊装操作安全规程学习,确保人人熟知方案,从一开始便杜绝违章操作。

⑦搭建施工所需的临时设施。

(2)地锚设置

本吊装方案主要地锚采用全埋式钢管地锚(参见起扳地锚制作示意图)。地锚的位置按照经纬仪放出的起扳中心线确定。主地锚(起扳地锚)共 2 个,对称布置于中心线两侧,与桅杆连线形成的夹角约为 5°,相距桅杆约 100 m(见吊装平面布置图)。后溜地锚设置 1 个,布置于起扳中心线塔架起扳相反方向,距塔架约 110 m 处。耳绳地锚设置 2 个,与桅杆横向中心线平面的夹角为 10°~15°。

地锚应确保一定的深度和长度,埋管及千斤绳的位置必须保证受力方向位于起扳中心线上。

(3)塔架和桅杆铰腕制作

塔架设置两副铰腕,桅杆设置一副铰腕。由于采用了不共铰扳转工艺,因此桅杆和塔架铰腕可分别制作,但必须保证桅杆和塔架的起扳中心线一致。

桅杆铰腕与底板焊接前用桅杆底节做翻转试验,确保自身的回转要求及与起扳中心线一致;塔架铰腕制作时,必须保证两铰轴的相对标高和同轴度要求,偏差均不应大于 2 mm,并要求在塔架现场拼装组对时,必须保证其轴线与起扳中心线一致。

为保证塔架制作的连续性及减少吊装作业量,塔架铰腕与底板焊接前采用本单位成熟的模拟合铰工艺进行翻转试验。为使铰腕翻转灵活,铰孔与轴接触处应满足模拟合铰工艺的粗糙度和公差配合要求,并涂抹润滑脂。

(4)卷扬机设置及桅杆地面组对

本吊装方案所需卷扬机共9台,其中4台10 t卷扬机用于扳起塔架,2台5 t卷扬机用于耳绳,1台8 t卷扬机用于后溜,2台8 t卷扬机用于前置扳吊索具。卷扬机用地锚固定。

主桅杆为1 400×1 400角钢格构式桅杆,共有4个标准节、1个头部节和1个底节,分段运到现场后在地面进行组对。由于桅杆各段的制作质量已保证了对直线度的要求,因此组装时应确保各段接合面良好,螺栓拧紧均匀一致。铰腕与桅杆底部的焊接必须能保证扳转时位于起扳中心线上。桅杆组对时用一台8 t吊车配合。

(5)起扳索具安装

主桅杆地面组对完成后,即应进行起扳索具的安装。塔架起扳索具为2套H80×7D滑轮组,其一端通过平衡架与桅杆头部以固接方式相连,另一端分别与两个主地锚相连。两套滑轮组与起扳中心线成约5°的平面夹角,跑绳采用顺穿双抽头的穿绳方法,经H16×1KG$_B$导向滑轮与起扳卷扬机相连。

起扳滑轮组穿绕跑绳的长度必须满足扳倒桅杆所需的行程长度。

(6)桅杆稳定缆风绳设置

竖立主桅杆之前,应在桅杆顶部缆风盘上先挂好稳定缆风绳。桅杆竖立就位后、塔架扳吊索具未绑扎调整好之前,桅杆主要靠稳定缆风绳及起扳索具稳固,但塔架扳吊之前必须松开前侧稳定绳。4根稳定绳固定于各自的锚桩上并各加挂一个5 t葫芦(但塔架扳吊之前必须松开前侧稳定绳)。

2根侧向缆风绳固定在各自的地锚上,并各穿挂1副滑轮组,其跑绳各与1台卷扬机相连。侧向缆风绳在扳倒桅杆扳起塔架的全过程中起着控制桅杆侧向稳定的作用。为保证侧向缆风绳在控制桅杆侧向稳定的同时不会对塔架起扳产生附加载荷,侧向缆风绳应布置于扳转轴中心线后侧,与转轴中心线成10°~15°的平面夹角。侧向缆风绳滑轮组穿绕长度应满足随桅杆扳倒耳绳长度发生变化的最大值。

由于塔架的底部尺寸很大,其侧向偏移的控制可通过塔架组对质量及前后扳吊索具安装质量来保证,同时,在扳吊过程中用经纬仪进行监测并通过前吊索具卷扬机进行及时调整。

(7)桅杆竖立

主桅杆采用50 t吊车配合扳吊索具进行竖立,必要时采用辅助桅杆。竖立前,塔架前后扳吊索具、耳绳、桅杆稳定绳等在桅杆一端必须全部穿挂绑扎好,调整用的卷扬机必须准备就绪。起扳索具应处于较松弛的状态,扳吊索具则应及时收紧,两侧耳绳和稳定绳则应确保桅杆的稳定。

桅杆铰腕的转动情况应在竖桅杆的扳吊过程中仔细检查,以确保起扳塔架时无偏斜、卡死等现象出现。

桅杆竖立后,应有1.5°~3°的前倾角,以确保扳起塔架就位所需的角度。

（8）扳吊索具安装及吊点捆绑

桅杆和塔架靠扳吊（前吊）索具连接,起扳力通过桅杆和扳吊索具的传递使塔架扳起,因此它和起扳索具一样是整个吊装系统中最重要的部分,对其安装必须有严格细致的要求。

扳吊索具本身的受力及对塔架产生的应力取决于索具在塔架上绑扎点位置。本方案在塔架62.214 m和42.379 m处设置两个主吊点,绑扎两套H80×7D的滑轮组,中间53.298 m用一个平衡轮将两套滑轮组串联,如图9.44所示。

扳吊滑轮组与桅杆连接一端通过4根φ43 mm钢丝绳吊索,系结在桅杆头部吊耳轴上,与塔架连接的一端绑扎在塔架的两主肢上。滑轮组及吊索形成的平面应和起扳中心线与塔架轴线处于同一铅垂面内,绑点应尽量靠近主肢节点,并采取加强措施。为便于索具调整和预紧,两套滑轮组的出绳头沿塔架拉出各与一台卷扬机相连。

（9）索吊具及耳绳调整

起扳索具和塔架扳吊索具的调整必须同时进行,耳绳应与桅杆稳定绳配合进行调整。调整好后,桅杆应有1.5°~3°的前倾角,前后扳吊索具及两耳绳的预紧程度应一致。检查合格后,必须松开桅杆稳定绳（如采用了辅助桅杆应予拆除）。

（10）溜放索具设置

溜放索具与塔架相连的一端吊点设在塔架53.298 m处,通过两副φ28 mm钢丝绳吊索与滑轮组连接。塔架上的捆绑点为起扳方向背向的两根主肢,滑轮组固定在后溜地锚上,如图9.44所示。溜放索具的受力方向必须与起扳中心线一致,滑轮组穿绕跑绳的长度必须满足溜放塔架就位所需的行程长度,并且在自动回转角之前溜放索具应有适当富余长度,以便保持自由松弛状态。

（11）吊装系统试吊及检查、确认

塔架制作验收合格、整个吊装系统全部设置安装完毕后,必须对照吊装方案和有关起重操作规程、规范进行一次全面的检查,对隐蔽工程和安装偏差及有关变更必须如实记录（变更必须经吊装技术负责人同意,并经重新核算无问题后方可使用）。还必须按正式吊装要求进行一次吊装操作程序交底,明确岗位责任,明确指挥信号。吊装所需检测仪器（如经纬仪、电流表等）必须全部准备到位,检查卷扬机的运转及制动装置必须正常,确认无问题后方可进入试吊程序。

（12）试吊

试吊检查分两个阶段进行:

第一阶段重点检查塔架及基础的受力和变形情况,以及主要索吊具受力后的工况是否符合要求。试吊时,应采用逐渐增加负荷的方式,缓缓起扳塔架（边加负荷边检查各主要受力点）至刚好离开组对支撑点停止。若试吊过程中出现任何异常,均应立即停吊并迅速卸荷,同时投入应急组进行处理,处理好后试吊应重新进行。

第二阶段是在确认第一阶段合格的基础上对整个吊系和塔架进行的综合全面检查。试吊时,启动起扳卷扬机缓缓将塔架扳起1 m,然后停吊不少于30 min,进行全面检查,主要内容如下:

①塔架水平推力对基础的影响情况。

②各吊点绑扎绳的受力情况及吊点处塔架的受力情况,严格检查有无局部变形。

③前后扳吊索具的受力有无超负荷现象,有无偏斜、偏转、绞绳、受力不均等现象。

④桅杆有无变形情况。

⑤检查塔架及桅杆有无侧向偏摆情况并找出原因。

⑥耳绳是否起作用,有无受力不均现象。

⑦塔架及桅杆铰腕的受力的情况,有无偏转、偏心、靠边挤压等现象;还应检查铰座耳板焊缝受力情况及塔架主要受力处焊缝情况。

⑧各台卷扬机的操作配合是否协调,对指挥信号是否适应。

⑨严格检查所有地锚的受力情况,有无土层松动情况。

⑩检查所有卷扬机的运行及润滑情况是否良好,制动装置及其他零部件有无问题。

⑪检查周围环境对吊装的影响情况。

试吊的所有操作均按正式吊装要求进行。在满足停吊时间不小于 30 min 的条件下,确认无问题后,方可进行正式吊装。

（13）塔架正式吊装

两个阶段的试吊均合格并经吊装指挥组确认后,由吊装总指挥发布正式吊装命令,方能正式起吊。正式起吊应在第二阶段试吊起扳高度的基础上进行（不宜放下后重新起扳）;吊装操作岗位人员应与试吊时保持一致,以保证工作的连续性;起扳辅助吊车应预先准备好。吊装操作中应着重注意如下事项:

①吊装指挥应站在便于全面观察和清楚传递（接收）信号的位置。副指挥的位置应相对固定,着重控制桅杆和塔架的偏移方向及溜放索具的受力。

②正式起扳前必须完全松开桅杆前侧稳定绳;扳转前期溜放索具必须保持自由松垂状态。

③耳绳必须始终保持一定的受力状态,随时控制桅杆的侧向偏移。

④因本方案采用固接法固定前后的扳吊索具,扳转至脱杆角（约 55.5°）时桅杆不能自动脱开,随着扳转的继续,桅杆将由受压改为受拉。在此阶段,必须密切注意桅杆铰座和顶部吊耳的受力变化情况,应配合采用收紧扳吊索具的方式继续扳转。

⑤两台起扳卷扬机的配合必须协调,听从指挥,确保起扳方向与塔架中心线保持一致。所有卷扬机均统一编号,以方便指挥信号的传递。

⑥扳转过程中必须严格监控塔架和桅杆铰腕的转动和受力情况及各个锚点的受力情况,随时向指挥汇报。

⑦吊装指挥（1 名）负责吊装全过程的统一指挥。副指挥（2 名）着重控制侧向偏移和溜放,避免出现重大偏斜、溜放失控、起扳与溜放对拉等现象。

（14）塔架就位及找正

首先应做好塔架就位及找正的准备工作。塔架每一层高四边形截面边长的中点应划出标记点,作为找正测量基准点。基础上的预埋板必须按塔架实际制作尺寸放样后安装好,灌浆养护期应足够;找正所需的工具应备齐;临时找正用的垫铁应规范地放在预定的位置上并初步找平。当塔架扳转至自动回转角后,人员应各就各位。塔架在溜放索具的控制下缓缓落位时应通过监测经纬仪及时判断柱脚落位后有无较大偏差,以便及时采取补救措施。柱脚应落于基础底座板中心线上。塔架就位后,先采用临时措施稳固,将扳吊索具和桅杆完全放松后,再进行找正工作。

塔架找正用 2 台经纬仪进行测量。用 2 个 100 t 千斤顶及垫铁组配合后溜索具进行找正调整。

塔架精确找正完毕、验收合格后,进行柱脚施焊。焊接牢固后,再进行索具吊具及桅杆的拆除。

(15)索吊具及桅杆拆除

塔架就位找正完毕,施焊牢固后,方可拆除全部索具及桅杆。拆除顺序如下:

①拆除耳绳及其索具。

②起扳索具拆除。

③扳吊索具拆除。

④将桅杆分段拆除,并及时运走。

⑤后溜索具拆除并清场,为后续施工创造条件。

9.6.6　安全技术要求及主要措施

(1)本吊装工程应遵守的工艺标准及规程、规范

①起重操作规范(标准)按照(SH/T 3536—2002)及(SH/T 3515—2003)执行。

②与本吊装工程有关的安全操作规程、规范、规定。

(2)主要安全技术措施

①吊装施工前,对所有参加吊装的人员进行详细的施工方案技术交底和安全技术交底,并让相关施工专业了解吊装程序,掌握相关要求。

②建立安全质量岗位责任制。定岗、定人、分工合作(见吊装工艺岗位职责一览表),绝对服从统一指挥。

③为确保吊装操作指挥能对吊装全过程、全方位进行指挥和控制,设 2 名副指挥协助。指挥信号为步话机喊号 + 哨音。

④成立吊装指挥组,对重大问题进行决策,对吊装中出现的应急问题进行决断,确认系统的安装是否符合要求,确认试吊是否合格,向吊装操作指挥发出正式起吊指令。

⑤成立应急小组(兼作预备小组),由高级起重工任组长,负责处理吊装过程中出现的故障及实施应急措施。

⑥设置专职质量安全员进行严格执法,杜绝违章操作。

⑦起扳和后溜地锚必须以起扳中心线为准用经纬仪放线定位,前后扳吊索具安装好后其最大相对偏差应≤200 mm。配备经纬仪对桅杆安装和塔架吊装进行全过程监测。

⑧前后扳吊索具预拉及两侧耳绳必须同时进行调整。

⑨在桅杆两侧安装角度指示器,以便于吊装指挥对扳转角进行监控。

⑩配备望远镜用于观察桅杆顶部和塔架捆绑点的受力情况,配备步话机以确保起扳和溜放卷扬机与指挥之间的联络,避免出现对拉现象。

⑪塔架四个柱脚起扳前用 $\phi203 \times 16$ 无缝钢管封固,以免起扳和落位时变形。

⑫4 个塔架基础用工字钢连成一个整体,并以此安装桅杆铰痤,以抵抗塔架起扳时的水平推力。

⑬基础周围 8 m 范围内必须填平、压实。

⑭严格试吊检查,存在任何不安全因素均不准正式起吊。

⑮用 2 台 50 t 吊车(布置在塔架 62.214 m 吊点两侧)辅助起扳,减少初始起扳时吊系的受力。

⑯试吊和正式吊装时,整个施工区域均为吊装警戒区域,无关人员不得进入,影响吊装的其他施工均应暂停作业,影响吊装的有关设施及道路均应暂停使用或临时拆除。

⑰烟囱吊装时,无平台段的施工必须搭设好跳板。上层施工的用具,材料等必须用绳具捆牢后吊运,严禁乱扔。

(3)主要应急措施

①成立应急小组(兼作预备小组),由高级起重工任组长,负责处理吊装过程中出现的故障及实施应急措施。

②2 台 50 t 吊车辅助起扳,脱钩后留场作应急之用。

③准备 20 t 条石备用,以应对地锚出现松动的现象。

④准备 2 台备用卷扬机;准备一定数量的型钢,以备必要时加固用。

⑤设置一套备用 50 t 滑车,以备脱杆角后继续起扳用。

⑥与当地供电部门事先联系,当意外停电时,能尽快恢复供电或提供备用电源。

⑦与当地医疗救治中心提前取得联系,以便出现意外时能及时救治。

9.7 东海大桥桥头堡钢结构吊装技术

9.7.1 工程概况

1)概述

东海大桥工程是上海国际航运中心洋山深水港一期工程的重要配套项目,可以满足洋山港近期、中期、远期的大宗集装箱运输需求。大桥全长 31.118 km,始于上海浦东南汇的芦潮港,跨越杭州湾北部海域,直达浙江省嵊泗县崎岖列岛的小洋山。

东海大桥桥头堡"虹之梦",由上海市政设计院负责方案设计。桥头堡造型采用现代化的动感构图,造型独特,寓意日出东海、定海神针,内涵深刻。整体造型简洁、明快、干脆、利落,仿佛一座现代版的日冕,又仿佛弯弓射日,造型构图富有张力,弧形拱架为"弓",也似彩虹给人带来美的希望;倾斜的立柱为"剑"遥指天际,又似离弦之箭仿佛伴着七色彩带整装待发飞跃冲天,动感十足。

东海大桥桥头堡由同济大学承担结构施工图设计。该桥头堡位于东海大桥芦潮港入海段 71#~74#桥墩,桥头堡的钢结构由圆环、针、连接拉索和主拉索几部分组成。"针"矗立在桥面中央,其一侧是圆环,另一侧是主拉索,针体和圆环通过连接拉索联系。圆环与桥面成 55°角,针与桥面成 45°角,主拉索与桥面成 65°角,整个系统依靠拉索维持平衡。桥头堡的正面、侧面视图如图 9.45 所示。

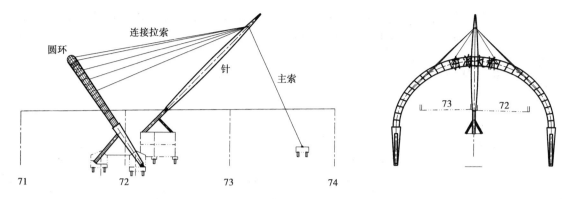

图9.45 东海大桥桥头堡正面、侧面视图

2)结构特点

东海大桥桥头堡钢结构由圆环、针、连接拉索和主拉索几部分组成,各部分结构的详细构成如下:

①圆环。圆环由圆环体、支腿(一)、支腿(二)3个部分组成,总重量约为120 t。其中,圆环体是一个 $R = 22\ 500$ mm 的半圆拱,它是一个由6根 $\phi 273 \times 16/12$ 和6根 $\phi 159 \times 8$ 主管及29组 $\phi 273 \times 16/12$ 的圆环组合而成的桁架结构。顶部截面中心尺寸是 $\phi 2\ 477$ mm,底部截面中心尺寸是 $\phi 1\ 724$ mm,中部逐渐过渡。圆环本体重量约为67 t。

支腿(一)直接与圆环体通过圆环体最下部的环管和主管筋板连接。支腿(一)主体由 $\delta = 30$ mm、$L \approx 13\ 062$ mm、$\phi 2\ 340/1\ 000$ mm 的锥形管,$\delta = 40$ mm、$\phi 2\ 470$ mm 的顶板和 $\delta = 50$ mm、$\phi 1\ 200$ mm 的底板组成,其内部为增强支腿转轴支耳的刚度设置了内部加固肋。支腿(一)埋入混凝土部分设置 $\phi 22$ mm、$L = 110$ 的栓钉,间隔距离为150 mm。支腿(一)的重量约为18 000 kg。

支腿(二)逆着圆环倾斜的方向与水平面成49°角,和支腿(一)连接以承受圆环的倾覆力矩。支腿(二)主体由 $\delta = 30$ mm、$L \approx 10\ 010$ mm、$\phi 800$ 的直管和 $\delta = 40$ mm、$\phi 1\ 200$ mm 的底板组成。支腿(二)埋入混凝土部分设置 $\phi 22$ mm、$L = 110$ 的栓钉,间隔距离为150 mm。支腿(二)的重量约为10 000 kg。

②针。针由针体、销轴铰和三棱形针体基础支撑几部分组成。

其中,针体为 $\delta = 30$ mm、$L = 38\ 253$ 的纺锤体形锥管和 $R = 163$ mm 的球帽组成,针体内部设置16道肋环,针体重量约为47 t。

销轴铰由 $\phi 250$ mm 销轴和 $\delta = 60$ mm $\times 3$ 块上支耳和 $\delta = (60 + 40 + 40)$ mm $\times 2$ 块下支耳组成。上支耳通过 $\delta = 60$ mm、$\phi 1\ 000$ mm 的底板与针体连接,下支耳通过 $\delta = 60$ mm、$\phi 800$ mm 的底板与三棱形针体基础支撑相联接。

三棱形针体基础支撑由一条主钢腿和两条副钢腿组成,主钢腿与水平面成45°角,由 $\delta = 30$ mm、$L \approx 8\ 689$ mm、$\phi 800$ mm 的钢管和 $\delta = 40$ mm、1 500 mm $\times 1\ 200$ mm 的底板组成;两条副钢腿与水平面成45°角,逆向支撑主钢腿,由 $\delta = 16$ mm、$L \approx 5\ 657$ mm、$\phi 426$ mm 的钢管和 $\delta = 40$ mm、900 mm $\times 700$ mm 的底板组成。

③连接拉索和主拉索。东海大桥桥头堡依靠拉索来维系整个系统的平衡,拉索全部选用Q/IMAA03 建筑工程用热铸锚拉索(上海浦江缆索股份有限公司企业标准)。连接拉索共有9

根,固定端连接针体,调节端连接圆环;主拉索 1 根,与水平面成 65°角,固定端连接针体,调节端连接主拉索基础。拉索总重量约为 6 000 kg。

9.7.2 施工方案

1)基本方法

图 9.46 为施工总平面布置图,吊装主圆环采用一台 500 t 汽车式起重机为主起重机、两台 50 t 履带式起重机为辅助起重机联合吊装。当主圆环直立后,500 t 汽车式起重机旋转到主圆环的铰支中心线后下落,使主圆环两腿就位,并与其铰支座连接。检查无误后,继续下落,使主圆环向主圆环就位中心线方向倾斜,达到规定角度后,与支腿(二)连接,形成稳定系统。为保证施工安全,采用临时缆风绳对主圆环进行稳定。

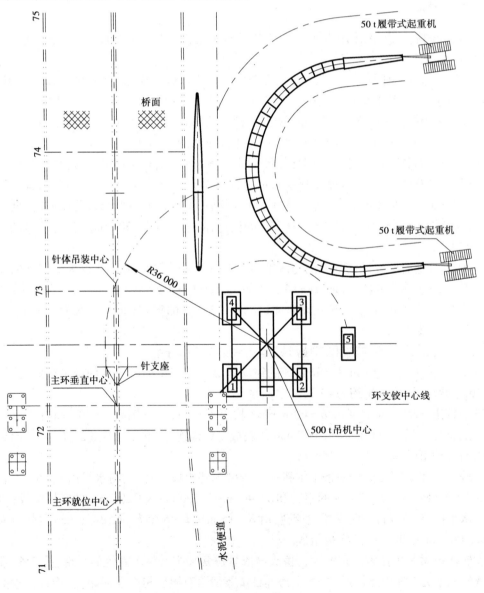

图 9.46 施工总平面布置图

采用一台500 t汽车式起重机为主起重机,一台50 t履带式起重机为辅助起重机,联合吊装"针"体。当"针"体直立后,旋转500 t汽车式起重机,使"针"体就位于其铰支座并连接,检查无误后,继续下落,使"针"体倾斜,达到规定角度后与支腿连接,形成稳定系统。为保证施工安全,采用临时缆风绳对"针"体进行稳定。

连接拉索,使主圆环和"针"体形成平衡系统。

2)主起重机的选择

经设计计算,选用 TC2600 吊机,使用 SSL 工况:主臂 90 m,SSL 工况,吊臂与水平夹角为 69.38°,回转半径为 36 m,提升高度为

$$h_1 = 90 \times \sin 69.38 + 2.97 = 87.2(\text{m})$$

吊钩、滑轮的最小高度为 5 m,有效提升高度为:

$$h = h_1 - 5 = 87.2 - 5 = 82.2(\text{m})$$

车身配重149 t,超提配重250 t,吊重144 t,支腿为 15.5 m×15.5 m,单个支腿最大载荷为302 t,支腿支承部位要求承压力为 25 t/m²。满足吊装要求。主圆环吊装立面示意图如图 9.47 所示。

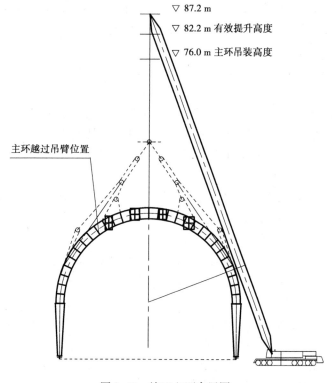

图 9.47　施工立面布置图

3)主圆环吊装吊索布置

为保证吊装过程中各吊点受力均匀,在本吊装方案中采用了特殊的自平衡吊索系统,如图 9.48 所示。

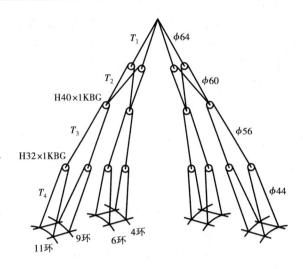

图9.48　吊索布置图

9.7.3　吊装安全注意事项

①吊机需经过检查,运行可靠,性能满足方案选定的工况要求(要有见证资料)。

②吊机司机起重指挥必须持有效的资格证书,方可上岗操作。

③吊具、索具需经过检查,确认安全可靠。

④吊装前需及时与气象部门联系,吊装时最大风速不超过 9.8 m/s,许用风压为 60 N/m² (相当于5级风)。

⑤以 500 t 吊机回转半径为圆心,将 120 m 半径范围内划为吊装区域。在 500 t 吊机作业期间,需沿周围设置红白旗安全标志。在吊装区域内禁止其他工程施工,封锁桥面及地面道路,禁止车辆及闲杂人员进入,安全部门需派安全员现场巡视。如有无关人员进入,必须立即停止吊装,待清场后方可施工。

⑥在 500 t 吊机吊装前,现场项目部必须通知厂、公司安全部门会同业主一起进行安全检查,确认安全、可靠后,方可实施吊装作业。

⑦吊装前,必须项目经理签发吊装令后,方可吊装。

⑧从地面至桥面,需搭设安全可靠的临时梯子,便于施工人员上下。

⑨本工程有高空作业,必须遵守高空作业有关规定。高空作业时,必须搭设安全可靠的脚手架,操作人员带好安全带。

⑩500 t 吊机支撑位置基础要认真做好,保证承载力不少于 25 t/m²。在基础施工时,项目部应认真检查制作全过程,以保证基础承载力。

⑪起重指挥应与吊机驾驶员互通情况,统一指挥信号。总指挥要站在驾驶员能观察到的地方,指挥明确,信号响亮。应用对讲机保持吊装总指挥与各岗位的通讯联络。

⑫吊机在起吊、回转等动作时,指挥人员必须察看周围情况,确认安全后,方可向驾驶员发出信号。

⑬吊装过程中,应设置水准仪,对 500 t 吊机支承地基进行沉降监控,并将监控情况随时报告吊装领导小组。

⑭严格执行起重"十不吊"规定。

10

吊装方法的选择与方案编制

10.1 吊装方法的选择原则及步骤

10.1.1 吊装方法的选择原则

吊装方法的选择原则遵循 8 字方针,即:安全、快捷、经济、有序。

重型设备或构件的吊装,具有较大的风险,一旦发生事故,不仅会导致国家、集体的财产的重大损失,也会导致施工队伍在声誉和经济上的重大损失。吊装工程的安全关键在于合理地选择吊装方法,所以在选择吊装方法时,首先应考虑"安全"二字,特别不能因工期、成本的原因而忽视安全。

在工程中,进度和成本常常是一对矛盾。在保证安全和质量的前提下,在选择吊装方法时,应根据该吊装项目在整个施工进度网络中的节点位置进行,如果处于关键线路上,为保证工期,不影响其他工序的进行,应以进度要求为准,选择尽可能快捷的方法,而在一定程度上损失成本。但如处于非关键线路上,对工期的要求不高,则应尽可能选择低成本的方案。

吊装工程必须有序进行,才能最大限度地保证安全,在选择吊装方法时,应加以充分考虑,尤其在有较多设备或构件需要吊装的情况下,更要充分考虑各吊装项目的先后次序和相互的影响。

10.1.2 吊装方法的步骤

科学地选择吊装方法,应遵循以下步骤:

(1)技术可行性论证

每一种吊装方法都不可避免地存在其技术局限,每一种设备都具有其独特的要求,每一次吊装施工,现场环境条件都不同,因此必须进行技术可行性论证,即根据设备特点、现场条件,研究在技术上可行的吊装方法。例如进行超高层建筑的上部塔楼结构或设备吊装,由于超高层建筑的群楼面积较大,如果采用自行式起重机进行吊装,会因起重机无法靠近塔楼,从技术上不可行。同理,进行桥梁结构的吊装,采用自行式起重机从技术上也不可行。

(2)安全性分析

吊装工作,安全第一。必须结合具体情况,对每一种技术可行的方法从技术上进行安全分析和比较,找出不安全的因素、解决的办法,分析这些解决的办法的可靠性。

安全性分析包括质量安全(设备或构件在吊装过程中的变形、破坏)和人身安全(造成人身伤亡的重大事故)两部分。例如采用自行式起重机吊装体长卧式构件,若不采取措施,构件会发生平面外弯曲和扭转变形而破坏,在不采取措施或采取措施不当时,其安全性不好;又如,在软地基上采用汽车式起重机吊装重型设备,若不对地基进行特殊处理,则可能在吊装过程中发生地基沉陷而导致起重机倾覆,发生重大吊装事故,其安全性较差。

(3)进度分析

不同的吊装方法,其施工需要的工期不一样,例如采用桅杆吊装的工期要比采用自行式起重机吊装的工期长得多。而在实际工程中,吊装工作往往制约着整个工程的进度,所以必须对不同的吊装方法进行工期分析。所采用的吊装方法,不到万不得以,不能影响整个工程的进度。

(4)成本分析

以较低的成本完成工程、获取合理利润,是承接工程建设项目的目的,因此,必须对安全和进度均符合要求的方法进行最低成本核算。选择其中成本较低的吊装方法,但是要注意,决不允许为降低成本而采用安全性不好的吊装方法。特别不允许为降低成本而省略安全措施。

做完上述工作后,再根据具体情况作综合选择。

10.2 吊装方案的编制依据及其主要内容

10.2.1 吊装方案的编制依据

吊装方案的编制依据包括以下内容:

①有关规程、规范,它们对吊装工程提出了技术要求。

②施工总组织设计,它们对吊装工程提出了进度要求。

③被吊装设备(构件)的设计图纸及有关参数、技术要求等。

④施工现场条件,包括场地、道路、障碍等。

⑤机具情况,包括现有的和附近可租赁的情况,以及租赁的价格、进场的道路、桥梁和涵洞等。

⑥工人技术状况和施工习惯等。

编制的吊装方案只有满足上述各项要求,才可能是一份切实可行的方案。

10.2.2 吊装方案的主要内容

一份吊装方案的主要内容包括：

（1）工程概况

本项反映整个方案的总体情况，要求反映出：

①工程的规模、地点、施工季节、业主、设计者。

②现场环境条件、现场平面布置。（一般用图纸表达）

③设备的工艺作用、工艺特点、特性、几何形状、尺寸、重量、重心等。（一般用图纸和表格表达）

④机具情况（自有和可租赁）、工人技术状况。

⑤执行的国家法律、法规、规范、标准等。要特别注意规范中的强制性条文。

⑥整个方案中的所有原始数据。

（2）方案选择

按方案选择的原则和步骤进行比较、选择，并得出结论，确定采用的方案。（注意应包括选择过程中的必要的计算、分析和表格）

（3）工艺分析与工艺布置

针对已确定的方案进行工艺分析和计算，在工艺分析和计算的基础上进行工艺布置。进行此项时应特别注意对安全性的分析和安全措施的可靠性分析。

（4）吊装施工平面布置图

包括平面布置图和立面布置图，该图是工人施工的依据，必须详细绘制。特别注意警戒区设置。

（5）施工步骤与工艺岗位分工

该项是指导施工的技术文件。在施工步骤中，必须详细写明吊装施工的每一施工步骤，以及该步骤的技术要求、操作要领和注意事项。例如"试吊"步骤中，须详细写明：吊起设备的高度、停留时间、检查部位、是否合格的判断标准、调整的方法和要求等。

在工艺岗位分工中，应明确每一个参加吊装施工的人员的岗位任务和职责，以做到施工有序。

（6）工艺计算

工艺计算包括受力分析与计算、机具选择、被吊设备（构件）校核等。本项是整个吊装方案的核心，虽不直接面对施工工人，但它是方案审查的依据。在本项的计算中的每一个数据都必须有根据，来源清楚、可靠。

（7）安全技术措施

完整的安全技术措施，既是整个吊装施工安全的保证，在发生意外事故时也是保护方案设计者的手段。

编制安全技术措施，首先必须针对本方案的每一个工艺细节进行具体分析，措施必须具体、明确。同时，吊装工程安全操作规程中，与本方案有关的部分也应该加入。

（8）进度计划

应针对方案编制进度计划，工程中，一般采用"时标网络图"编制。

（9）资源计划

资源计划包括人力、机具、材料计划等。

（10）成本核算

吊装施工的直接成本包括内容较多、较复杂，主要包括：起重机械、辅助机械的使用费（包括租赁费和运行费）、起重机械基础及运行路线处理费、设备或结构施工场地内的二次运输费、消耗材料费、人工费、临时设施费、监测仪器使用费等,应根据方案的具体情况进行核算。

（11）方案小结

吊装施工具有较大的安全风险,一般来说,吊装方案应针对危险源和可能发生的事故专门编制配套的安全施工方案和应急预案。在吊装方案中,也应加入其关键内容,如一旦事故发生,首先应如何做,怎样组织抢救,怎么与外界联系和报告等。

（12）方案小结

上述各项内容完成后,应对方案作简要的总结,主要内容包括本方案的优、缺点,主要注意事项和存在的问题,对方案进行客观的评价。

附 录

下列附录仅供学生学习和作初步方案参考,做正式方案请以具有法定效力的国家标准为准。

附录 1 QY25A 型汽车式起重机性能参数表

臂长/m	10.2			17.6			25		
工作半径	起升高度/m	起重量/t		起升高度/m	起重量/t		起升高度/m	起重量/t	
3.2	10.0	25.0							
3.5	9.83	25.0		17.75	15.8				
4.0	9.55	23.0		17.60	14.3				
4.5	9.23	21.0		17.43	13.1				
5.0	8.86	19.0		17.25	12.1		25.0	9.6	
5.5	8.45	17.0		17.05	11.2		24.87	8.8	
6.0	7.98	15.0		16.84	10.4		24.73	8.2	
7.0	6.79	12.35		16.35	9.1		24.4	7.1	
8.0	5.1	10.2		15.77	8.0		24.03	6.2	
9.0				15.11	7.1		23.6	5.5	
10.0				14.34	6.38		23.13	4.9	
11.0				13.35	5.62		22.59	4.4	
12.0				12.38	4.93		22.0	4.0	
14.0				9.59	3.25		20.61	3.3	
16.0				4.29	2.95		18.9	2.7	
18.0							16.75	2.25	

续表

臂长/m	10.2		17.6		25	
工作半径	起升高度/m	起重量/t	起升高度/m	起重量/t	起升高度/m	起重量/t
20.0					13.97	1.84
22.0					9.99	1.42

附录2　QY32型汽车式起重机性能参数表

臂长/m	10.4		17.6		24.8		32	
工作半径/m	起重量/t	起升高度/m	起重量/t	起升高度/m	起重量/t	起升高度/m	起重量/t	起升高度/m
3.0	32.0	10.6						
3.5	27.0	10.4						
4.0	23.7	10.1	17.0	17.98				
4.5	21.5	9.6	17.0	17.8				
5.0	19.6	9.49	16.5	17.63				
5.5	18.0	8.9	15.15	17.4	10.0	24.9		
6.0	16.5	8.82	13.85	17.21	10.0	24.8	7.0	32.35
6.5	15.15	7.65	12.7	16.92	10.0	24.7	7.0	32.17
7.0	13.8	7.49	11.7	16.72	10.0	24.56	7.0	32.0
8.0	11.2	5.89	10.2	16.14	8.75	24.18	7.0	31.8
8.5	9.6	4.3	9.1	15.8	8.1	23.96	6.6	31.64
9.0			8.1	15.47	7.65	23.75	6.5	31.49
10.0			6.6	14.69	6.85	23.27	6.0	31.13
11.0			5.6	13.79	6.00	22.73	5.4	30.73
12.0			4.6	12.73	5.2	22.13	4.85	30.29
14.0			3.3	9.91	3.9	20.71	4.2	29.3
16.0			2.3	4.49	2.85	18.96	3.4	28.11
18.0					2.2	16.77	2.5	26.72
20.0					1.5	13.9	2.0	25.07
22.0					1.05	9.7	1.5	23.13
24.0							1.00	20.79

附录 3　QY50 型汽车式起重机性能参数表

臂长/m	11		18.5		26		33.5	
工作半径/m	起重量/t	起升高度/m	起重量/t	起升高度/m	起重量/t	起升高度/m	起重量/t	起升高度/m
3.0	50.0	11.2						
4.0	38.0	10.7	25.0	18.8				
5.0	30.5	10.0	25.0	18.5				
6.0	24.0	9.2	21.4	18.1	14.0	26.0		
7.0	18.5	8.2	18.0	17.6	13.0	25.7	10.0	33.5
8.0	14.5	6.8	14.0	17.0	11.5	25.4	10.0	33.3
9.0	11.5	4.6	11.5	16.4	10.2	24.9	9.4	33.0
10.0			9.6	15.7	9.2	24.5	8.4	32.6
11.0			7.9	14.8	8.3	24.0	7.6	32.2
12.0			6.6	13.8	7.5	23.4	6.95	31.8
13.0			5.6	12.7	6.5	22.7	6.35	31.4
14.0			4.7	11.3	5.7	22.0	5.85	30.9
15.0			4.0	9.6	5.01	21.3	5.4	30.3
16.0			3.4	7.3	4.5	20.4	4.8	29.7
18.0					3.3	18.4	3.8	28.4
20.0					2.5	15.8	3.3	26.9
22.0					1.9	12.4	2.4	25.0
24.0							1.85	22.9
26.0							1.45	20.3
28.0							1.05	17.1

附录 4   P&H670-TC 汽车式起重机特性曲线

（1）起升高度曲线

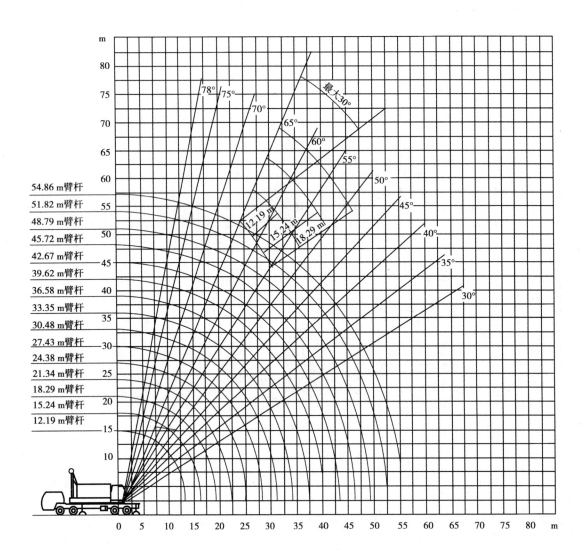

（2）起重量特性曲线

起重性能表　　　　　　　　　　　　　　　　　　　　　　　　单位:t

作业半径/m	臂　杆/m							
	12.19 (40′)	15.24 (50′)	18.29 (60′)	21.34 (70′)	24.38 (80′)	27.43 (90′)	30.48 (100′)	33.53 (110′)
3.5	70	—	—	—	—	—	—	—
3.65	70	—	—	—	—	—	—	—
4.0	66.6	66.4	—	—	—	—	—	—
4.5	61.8	61.6	61.4	—	—	—	—	—
5	57.1	56.9	56.7	56.8	—	—	—	—
6	48.3	48.1	47.9	47.7	47.5	42	—	—
7	38.9	38.7	38.5	38.3	38.1	37.9	35	—
8	30.7	30.5	30.3	30.1	29.9	29.5	29.3	29.1
9	24.9	24.8	24.7	24.6	24.5	24.3	24.2	24.0
10	24.9	21.1	21.0	20.9	20.8	20.7	20.6	20.5
12	21.2	16.1	16.0	15.9	15.8	15.7	15.6	15.5
14	16.2	13.4	13.2	13.0	12.8	12.6	12.5	12.4
16	—	—	11.2	11.0	10.8	10.6	10.4	10.2
18	—	—	9.6	9.4	9.2	9.0	8.8	8.6
20	—	—	—	8.2	8.0	7.8	7.6	7.4
25	—	—	—	—	—	5.7	5.5	5.3
30	—	—	—	—	—	—	—	4.1
35	—	—	—	—	—	—	—	—
40	—	—	—	—	—	—	—	—
45	—	—	—	—	—	—	—	—
50	—	—	—	—	—	—	—	—

作业半径/m	臂　杆/m						
	36.58 (120′)	39.62 (130′)	42.67 (140′)	45.72 (150′)	48.77 (160′)	51.82 (170′)	54.86 (180′)
3.5	—	—	—	—	—	—	—
3.65	—	—	—	—	—	—	—
4.0	—	—	—	—	—	—	—
4.5	—	—	—	—	—	—	—
5	—	—	—	—	—	—	—
6	—	—	—	—	—	—	—
7	—	—	—	—	—	—	—
8	28	—	—	—	—	—	—
9	23.8	23.6	23	—	—	—	—
10	20.4	20.2	19.9	19.6	—	—	—
12	15.4	15.3	15.2	15	14.8	14.5	14.0
14	12.3	12.2	12.1	12	11.9	11.7	11.4
16	10.1	10	9.9	9.8	9.7	9.6	9.4
18	8.5	8.4	8.3	8.2	8.1	8.0	7.8
20	7.3	7.2	7.1	7.0	6.9	6.8	6.6
25	5.7	5.1	5.0	4.9	4.8	4.6	4.4
30	3.9	3.7	3.6	3.5	3.4	3.3	3.2
35	3.2	3.1	3.0	2.9	2.8	2.7	2.6
40	—	—	2.4	2.3	2.2	2.1	2.0
45	—	—	—	—	1.5	1.4	1.3
50	—	—	—	—	—	—	0.8

附录5 TG-900E汽车式起重机特性曲线

（1）起升高度曲线

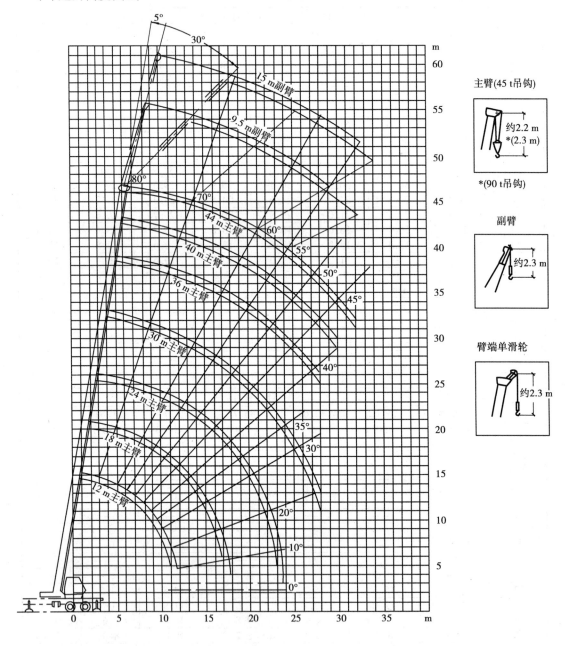

主臂(45 t吊钩)

约2.2 m
*(2.3 m)

*(90 t吊钩)

副臂

约2.3 m

臂端单滑轮

约2.3 m

（2）起重量特性曲线（部分）

起重性能表

单位：t

	支腿全伸						
	使用前支腿（沿全周360°）下用前支腿（侧方、后方区）						
主臂长度/m　　工作半径/m	12.0	18.0	24.0	30.0	36.0	40.0	44.0
3.2	90.0	—	—	—	—	—	—
3.5	80.0	45.0	—	—	—	—	—
4.0	70.0	45.0	—	—	—	—	—
4.5	62.0	45.0	36.0	—	—	—	—
5.0	56.0	45.0	36.0	—	—	—	—
5.5	50.0	45.0	36.0	—	—	—	—
6.0	45.0	42.0	36.0	27.0	—	—	—
6.5	41.0	39.4	34.0	27.0	—	—	—
7.0	38.0	37.0	32.2	25.7	22.0	—	—
7.5	35.0	34.5	30.6	24.2	22.0	—	—
8.0	32.5	32.5	29.0	22.9	20.7	18.0	—
9.0	26.8	26.6	26.0	20.4	18.5	16.6	12.0
10.0	21.5	21.9	22.0	18.4	16.6	15.8	12.0
11.0	17.8	18.4	18.6	16.6	15.0	14.0	—
11.5	—	—	—	—	—	—	12.0
12.0	—	15.7	15.8	15.2	13.8	12.8	11.4
14.0	—	11.7	11.8	11.8	11.3	10.8	9.7
16.0	—	8.9	9.9	9.1	9.1	9.2	8.4
18.0	—	—	7.0	7.1	7.1	7.6	7.4
20.0	—	—	5.5	5.5	5.5	6.1	6.3
22.0	—	—	4.2	4.3	4.3	4.8	5.2
24.0	—	—	—	3.3	3.3	3.9	4.2
26.0	—	—	—	2.5	2.5	3.0	3.4
28.0	—	—	—	1.7	1.8	2.3	2.7
30.0	—	—	—	—	—	1.7	2.0
32.0	—	—	—	—	—	—	1.5

附录6 HK-1200 汽车式起重机特性曲线

（1）起升高度曲线

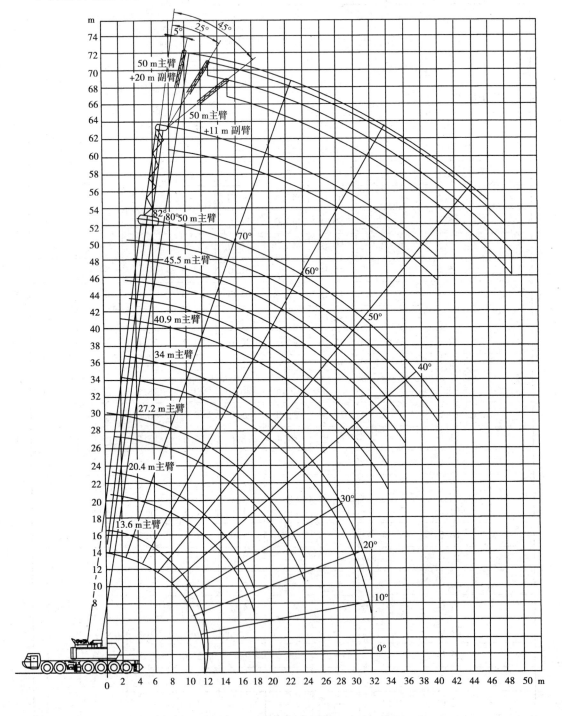

（2）起重量特性曲线

起重性能表

单位:t

工作半径/m	13.6 m 吊臂		20.4 m 吊臂		27.2 m 吊臂		34 m 吊臂		40.9 m 吊臂		45.5 m 吊臂		50 m 吊臂	
	360°	后面吊重	360°	后面吊重	360°	后面吊重	360°	后面吊重	361°	后面吊重	361°	后面吊重	360°	后面吊重
3.35	120	120	50	50	40	40	—	—	—	—	—	—	—	—
4	100	100	50	50	40	40	—	—	—	—	—	—	—	—
4.5	87.2	87.2	50	50	40	40	32	32	—	—	—	—	—	—
5.5	72.3	72.3	50	50	40	40	32	32	26	26	—	—	—	—
6.5	59	59	50	50	40	40	32	32	26	26	20	20	—	—
7.5	49.4	49.4	44.05	44.05	40	40	32	32	26	26	20	20	15	15
8.5	42.5	42.5	39.15	39.15	35.6	35.6	32	32	26	26	20	20	15	15
9.5	37.5	37.5	35.8	35.8	32.05	32.05	28.75	28.75	26	26	20	20	15	15
10	35.3	35.3	34.25	34.25	30.5	30.5	27.35	27.35	24.55	24.55	20	20	15	15
10.5	32.85	32.85	32.85	32.85	29.05	29.05	26.05	26.05	23.25	23.25	20	20	15	15
11	31.3	31.3	31.3	31.3	27.75	27.75	24.95	24.95	22	22	19.25	19.25	15	15
12	26.6	27.1	26.6	27.1	25.4	25.4	22.95	22.95	19.9	19.9	17.6	17.6	15	15
13	—	—	22.7	23.45	22.7	23.45	21.15	21.15	18.3	18.3	16.3	16.3	13.8	13.8
14	—	—	19.5	20.4	19.5	20.4	19.5	19.5	17	17	15.1	15.1	12.8	12.8
15	—	—	17.05	17.95	17.05	17.95	17.05	17.95	15.8	15.8	14.1	14.1	11.95	11.95
16	—	—	14.9	15.8	14.9	15.8	14.9	15.8	14.75	14.75	13.27	13.27	11.51	11.51
18	—	—	11.55	12.45	11.55	12.45	11.55	12.45	11.55	12.45	11.75	11.75	9.9	9.9
20	—	—	—	—	9.05	9.9	9.05	9.9	9.05	9.9	9.85	10.5	8.8	8.8
22	—	—	—	—	7.1	7.9	7.1	7.9	7.1	7.9	7.9	8.65	7.9	7.9
24	—	—	—	—	5.55	6.3	5.55	6.3	5.55	6.3	6.3	7.05	7.05	7.2
26	—	—	—	—	—	—	4.25	5	4.25	5	5	5.7	5.7	6.4
28	—	—	—	—	—	—	3.2	3.9	3.2	3.9	3.95	4.6	4.6	5.25
30	—	—	—	—	—	—	2.3	2.95	2.3	2.95	3	3.65	3.7	4.3
32	—	—	—	—	—	—	1.5	2.15	1.5	2.15	2.2	2.85	2.9	3.5
34	—	—	—	—	—	—	—	—	0.85	1.45	1.55	2.15	2.2	2.75
36	—	—	—	—	—	—	—	—	—	—	1	1.55	1.6	2.15
38	—	—	—	—	—	—	—	—	—	—	—	—	1.05	1.6
40	—	—	—	—	—	—	—	—	—	—	—	—	0.6	1.1
标准吊钩	120 t 吊钩		50 t 吊钩										17 t 吊钩	
吊钩重量	1 050 kg		600 kg										330 kg	
倍率	14		6		5		4		3		3		2	

（3）起重量特性曲线（续）

主臂角度	50 m 主臂 +11 m 副臂5°				50 m 主臂 +20 m 副臂5°				50 m 主臂 +20 m 副臂25°				50 m 主臂 +20 m 副臂45°			
	360°		后面吊重		360°		后面吊重		360°		后面吊重		360°		后面吊重	
	半径/m	载荷	半径/m	载荷	半径/m	载荷	半径/m	载荷	半径/m	载荷	半径/m	载荷	半径/m	载荷	半径/m	载荷
79°	15.0	7.50	15.0	7.50	18	4.7	18	4.7	20.5	3.4	20.5	3.4	22.2	2.3	22.2	2.3
77.5°	16.6	7.05	16.6	7.05	19.6	4.45	19.6	4.45	22.3	3.3	22.3	3.3	24	2.3	24	2.3
76°	18.2	6.55	18.2	6.55	21.6	4.15	21.6	4.15	24	3.05	24	3.05	25.7	2.25	25.7	2.25
74°	20.2	5.90	20.2	5.90	23.9	3.75	23.9	3.75	26.3	2.8	26.3	2.8	27.8	2.2	27.8	2.2
72°	22.1	5.30	22.1	5.30	26	3.4	26	3.4	28.5	2.6	28.5	2.6	30	2.15	30	2.15
70°	24.0	4.80	24.0	4.80	28.2	3.05	28.2	3.05	30.7	2.4	30.7	2.4	32.2	2.1	32.2	2.1
68°	26.0	4.40	26.0	4.40	30.5	2.75	30.5	2.75	32.9	2.2	32.9	2.2	34.3	2.05	34.3	2.05
66°	28.0	4.05	28.0	4.05	32.8	2.5	32.8	2.5	35.1	2.05	35.1	2.05	36.5	1.9	36.5	1.9
64°	29.9	3.75	29.9	3.75	34.9	2.3	34.9	2.3	37.2	1.9	37.2	1.9	38.4	1.8	38.4	1.8
62°	32.1	3.40	32.1	3.5	37	2.1	37	2.1	39.1	1.8	39.1	1.8	40.1	1.7	40.1	1.7
60°	33.4	2.75	33.4	3.35	39	1.95	39	1.95	41.1	1.7	41.1	1.7	42	1.6	42	1.6
58°	35.0	2.20	35.1	2.75	41	1.75	41	1.8	43	1.6	43	1.6	43.9	1.5	43.9	1.5
56°	36.6	1.75	36.8	2.2	43	1.35	43	1.85	44.8	1.3	44.8	1.5	45.8	1.35	48.8	1.4
54°	38.0	1.35	38.3	1.8	44.8	1	44.9	1.45	46.5	1	46.6	1.4	47.5	1.05	47.8	1.35
52°	39.5	0.95	39.8	1.4	46.4	0.7	46.6	1.1	48.1	0.8	48.3	1.2	49	0.75	49	1.2
50°	41.0	0.65	41.3	1.1	—	—	—	—	—	—	—	—	—	—	—	—
使用吊钩	7.5 t 吊钩(质量:320 kg)															
臂杆最小角度	48°				50°				50°				50°			

附录7　LS-248RH5履带式起重机特性曲线

（1）起升高度曲线

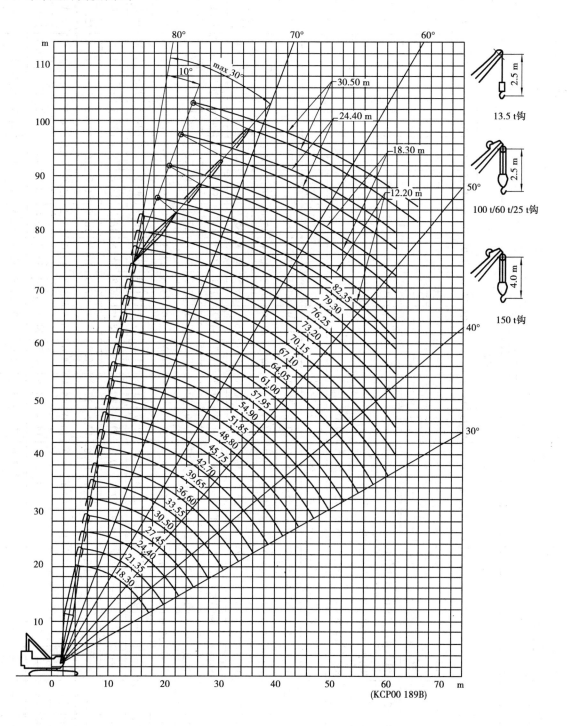

(KCP00 189B)

（2）起重量特性曲线表（部分）

主臂工况起重性能

单位：t

工作半径/mm	主臂长度/m																					
	18.30	21.35	24.40	27.45	30.50	33.55	36.60	39.65	42.70	45.75	48.80	51.85	54.90	57.95	61.00	64.05	67.10	70.15	73.20	76.25	79.30	82.35
5.0	150.0	—	—	—	—	—	—	—	—	—	—	—	—	—	—	—	—	—	—	—	—	—
6.0	140.0	128.1	116.8	—	—	—	—	—	—	—	—	—	—	—	—	—	—	—	—	—	—	—
7.0	123.6	121.7	111.5	102.5	94.4	—	—	—	—	—	—	—	—	—	—	—	—	—	—	—	—	—
8.0	99.2	98.9	98.8	96.2	90.7	83.8	77.8	—	—	—	—	—	—	—	—	—	—	—	—	—	—	—
9.0	83.7	83.5	84.0	83.8	82.8	78.9	75.2	69.6	64.0	—	—	—	—	—	—	—	—	—	—	—	—	—
10.0	72.1	71.9	71.8	71.7	71.6	71.5	69.3	66.5	62.3	57.8	52.3	—	—	—	—	—	—	—	—	—	—	—
12.0	55.9	55.5	55.4	55.6	55.4	55.3	55.1	54.9	53.3	52.4	49.7	46.9	43.5	40.0	—	—	—	—	—	—	—	—
14.0	45.3	44.9	45.0	44.9	44.9	44.8	44.8	44.4	44.5	44.4	44.3	41.8	40.3	38.1	37.0	36.2	33.5	30.3	—	—	—	—
16.0	38.2	37.8	37.7	37.7	37.7	37.6	37.5	37.4	37.0	36.9	36.8	36.7	35.8	35.7	35.6	35.2	32.7	29.6	27.1	25.0	22.8	20.3
18.0	—	32.4	32.4	32.4	32.1	32.0	32.0	31.9	31.8	31.5	31.3	31.2	31.1	30.7	31.3	31.2	31.1	28.8	26.4	24.4	22.1	19.7
20.0	—	28.2	28.3	28.3	28.0	28.1	28.0	27.7	27.6	27.5	27.2	27.1	27.0	26.7	27.1	27.0	26.7	26.6	25.9	23.8	21.6	19.2
22.0	—	—	25.0	25.1	24.9	24.7	24.7	24.4	24.3	24.2	24.0	23.9	23.6	23.3	23.7	23.6	23.3	23.2	23.0	22.4	21.0	18.6
24.0	—	—	—	22.4	22.1	22.0	22.0	21.8	21.7	21.5	21.2	21.1	21.0	20.7	20.9	20.9	20.6	20.5	20.3	20.0	19.9	18.0
26.0	—	—	—	—	19.9	19.9	19.9	19.7	19.4	19.3	19.1	18.9	18.8	18.5	18.7	18.6	18.4	18.1	18.0	17.7	17.6	16.9
28.0	—	—	—	—	18.1	17.9	17.9	17.6	17.5	17.5	17.2	17.1	17.0	16.6	16.9	16.7	16.4	16.3	16.1	15.8	15.7	15.5
30.0	—	—	—	—	16.4	16.4	16.4	16.1	16.0	15.8	15.6	15.5	15.3	15.0	15.2	15.0	14.8	14.5	14.5	14.2	14.1	13.8
32.0	—	—	—	—	—	14.9	14.9	14.8	14.7	14.5	14.3	14.1	14.0	13.7	13.8	13.6	13.4	13.2	13.1	12.8	12.7	12.4
34.0	—	—	—	—	—	—	—	13.6	13.4	13.3	13.0	12.9	12.7	12.4	12.5	12.3	12.0	11.9	11.9	11.6	1.4	11.2

36.0	10.0	10.3	10.4	10.8	10.9	11.0	11.4	11.5	11.4	11.7	11.8	12.0	12.2	12.4	12.5	—	—	—	—	—	—
38.0	9.1	9.4	9.4	9.7	9.9	10.1	10.3	10.5	10.5	10.7	10.9	11.0	11.3	11.5	—	—	—	—	—	—	—
40.0	8.2	8.5	8.6	8.9	9.2	9.2	9.4	9.6	9.6	9.9	10.0	10.2	10.5	—	—	—	—	—	—	—	—
42.0	7.5	7.7	7.9	8.1	8.3	8.4	8.7	8.9	8.9	9.2	9.4	9.4	—	—	—	—	—	—	—	—	—
44.0	6.7	7.0	7.1	7.4	7.6	7.8	8.0	8.2	8.2	8.5	8.6	—	—	—	—	—	—	—	—	—	—
46.0	6.2	6.5	6.6	6.8	6.9	7.1	7.3	7.5	7.6	7.8	8.0	—	—	—	—	—	—	—	—	—	—
48.0	5.6	5.8	6.0	6.2	6.5	6.6	6.8	6.9	7.0	7.3	—	—	—	—	—	—	—	—	—	—	—
50.0	5.0	5.3	5.4	5.7	5.9	6.0	6.3	6.5	6.5	—	—	—	—	—	—	—	—	—	—	—	—
52.0	4.5	4.8	4.9	5.2	5.4	5.5	5.8	6.0	—	—	—	—	—	—	—	—	—	—	—	—	—
54.0	4.1	4.3	4.4	4.7	4.9	5.0	5.3	5.5	—	—	—	—	—	—	—	—	—	—	—	—	—
56.0	3.7	4.0	4.1	4.3	4.5	4.6	4.9	—	—	—	—	—	—	—	—	—	—	—	—	—	—
58.0	3.3	3.6	3.7	4.0	4.2	4.2	—	—	—	—	—	—	—	—	—	—	—	—	—	—	—
60.0	2.9	3.4	3.3	3.6	3.8	—	—	—	—	—	—	—	—	—	—	—	—	—	—	—	—
62.0	2.5	2.8	3.0	3.3	3.4	—	—	—	—	—	—	—	—	—	—	—	—	—	—	—	—

附录8　金属管式直立桅杆截面选择参考表

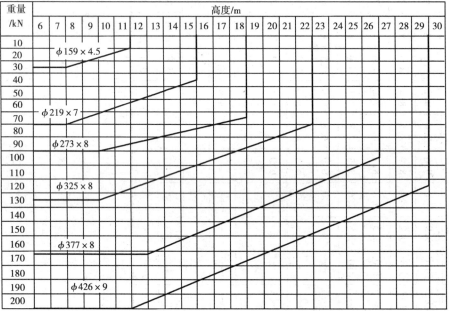

附录9　金属管式直立桅杆(用 75×75×8 角钢加强)截面选择参考表

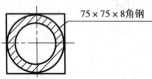

附录 10　金属管式直立桅杆(用 $100 \times 100 \times 10$ 角钢加强)截面选择参考表

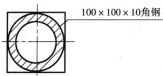

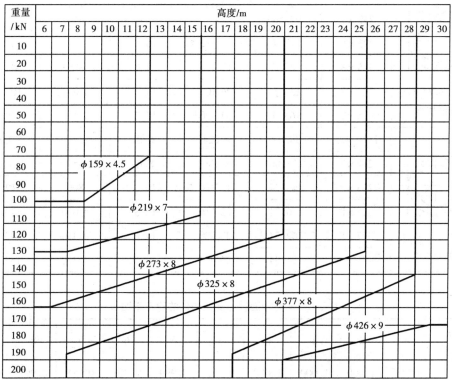

附录 11　几种常用无缝钢管及用角钢加强管子截面力学特性数值表

图　形	管子截面尺寸 $d \times \delta$ /mm	截面面积 F/cm^2	惯性矩 J/cm^4	惯性半径 i/mm	截面系数 W/mm^3	每米管子重量 G_0/kg
	159×4.5	21.845	652	5.462	82	17.15
	219×7	46.82	2 635	7.5	241	36.75
	273×8	66.7	5 856	9.37	429	52.28
	325×8	79.7	10 013	11.21	616	62.54
	377×8	92.5	15 620	13.05	830	72.8
	426×9	117.9	25 662	14.74	1 204.8	92.55

续表

图 形	管子截面尺寸 $d \times \delta$ /mm	截面面积 F/cm^2	惯性矩 J/cm^4	惯性半径 i/mm	截面系数 W/mm^3	每米管子重量 G_0/kg
用 75×75×8 角钢加强	159×4.5	67.8	2 960	6.6	242	53.27
	219×7	92.83	6 430	8.4	418	70.87
	273×8	112.7	11 572	10.1	637	88.4
	325×8	125.7	17 980	12.0	843	98.66
	377×8	138.5	26 100	13.7	1 050	108.92
	426×9	163.5	37 800	15.2	1 430	128.67
用 100×100×10 角钢加强	159×4.5	98.89	4 324	6.6	343	77.63
	217×7	123.86	9 186	8.6	557	97.23
	273×8	143.74	15 380	10.3	800	112.76
	325×8	156.74	23 656	12.3	1 050	123.02
	377×8	169.54	33 380	14.0	1 350	133.28
	426×9	194.94	46 960	15.5	1 720	153.03

附录 12 a 类截面轴心受压构件的稳定系数 φ

$\lambda\sqrt{\dfrac{f_y}{235}}$	0	1	2	3	4	5	6	7	8	9
0	1.000	1.000	1.000	1.000	0.999	0.999	0.998	0.998	0.997	0.996
10	0.995	0.994	0.993	0.992	0.991	0.989	0.988	0.986	0.985	0.983
20	0.981	0.979	0.977	0.976	0.974	0.972	0.970	0.968	0.966	0.964
30	0.963	0.961	0.959	0.957	0.955	0.952	0.950	0.948	0.946	0.944
40	0.941	0.939	0.937	0.934	0.932	0.929	0.927	0.924	0.921	0.919
50	0.916	0.913	0.910	0.907	0.904	0.900	0.897	0.894	0.890	0.886
60	0.883	0.879	0.875	0.871	0.867	0.863	0.858	0.854	0.849	0.844
70	0.839	0.834	0.829	0.824	0.818	0.813	0.807	0.801	0.795	0.789
80	0.783	0.776	0.770	0.763	0.757	0.750	0.743	0.736	0.728	0.721
90	0.714	0.706	0.699	0.691	0.684	0.676	0.668	0.661	0.653	0.645
100	0.638	0.630	0.622	0.615	0.607	0.600	0.592	0.585	0.577	0.570
110	0.563	0.555	0.548	0.541	0.534	0.527	0.520	0.514	0.507	0.500
120	0.494	0.488	0.481	0.475	0.469	0.463	0.457	0.451	0.445	0.440
130	0.434	0.429	0.423	0.418	0.412	0.407	0.402	0.397	0.392	0.387
140	0.383	0.378	0.373	0.369	0.364	0.360	0.356	0.351	0.347	0.343

$\lambda\sqrt{\dfrac{f_y}{235}}$	0	1	2	3	4	5	6	7	8	9
150	0.339	0.335	0.331	0.327	0.323	0.320	0.316	0.312	0.309	0.305
160	0.302	0.298	0.295	0.292	0.289	0.285	0.282	0.279	0.276	0.273
170	0.270	0.267	0.264	0.262	0.259	0.256	0.253	0.251	0.248	0.246
180	0.243	0.241	0.238	0.236	0.233	0.231	0.229	0.226	0.224	0.222
190	0.220	0.218	0.215	0.213	0.211	0.209	0.207	0.205	0.203	0.201
200	0.199	0.198	0.196	0.194	0.192	0.190	0.189	0.187	0.185	0.183
210	0.182	0.180	0.179	0.177	0.175	0.174	0.172	0.171	0.169	0.168
220	0.166	0.165	0.164	0.162	0.161	0.159	0.158	0.157	0.155	0.154
230	0.153	0.152	0.150	0.149	0.148	0.147	0.146	0.144	0.143	0.142
240	0.141	0.140	0.139	0.138	0.136	0.135	0.134	0.133	0.132	0.131
250	0.130	—	—	—	—	—	—	—	—	—

注:截面分类见附录16。

附录 13　b 类截面轴心受压构件的稳定系数 φ

$\lambda\sqrt{\dfrac{f_y}{235}}$	0	1	2	3	4	5	6	7	8	9
0	1.00	1.000	1.000	0.999	0.999	0.998	0.997	0.996	0.995	0.994
10	0.992	0.991	0.989	0.987	0.985	0.983	0.981	0.978	0.976	0.973
20	0.970	0.967	0.963	0.960	0.957	0.953	0.950	0.946	0.943	0.939
30	0.936	0.932	0.929	0.925	0.922	0.918	0.914	0.910	0.906	0.903
40	0.899	0.895	0.891	0.887	0.882	0.878	0.874	0.870	0.865	0.861
50	0.856	0.852	0.847	0.842	0.838	0.833	0.828	0.823	0.818	0.813
60	0.807	0.802	0.797	0.791	0.786	0.780	0.774	0.769	0.763	0.757
70	0.751	0.745	0.739	0.732	0.726	0.720	0.714	0.707	0.701	0.694
80	0.688	0.681	0.675	0.668	0.661	0.655	0.648	0.641	0.635	0.628
90	0.621	0.614	0.608	0.601	0.594	0.588	0.581	0.575	0.568	0.561
100	0.555	0.549	0.542	0.536	0.529	0.523	0.517	0.511	0.505	0.499
110	0.493	0.487	0.481	0.475	0.470	0.464	0.458	0.453	0.447	0.442
120	0.437	0.432	0.426	0.421	0.416	0.411	0.406	0.402	0.397	0.392
130	0.387	0.383	0.378	0.374	0.370	0.365	0.361	0.357	0.353	0.349
140	0.345	0.341	0.337	0.333	0.329	0.326	0.322	0.318	0.315	0.311
150	0.308	0.304	0.301	0.298	0.295	0.291	0.288	0.258	0.282	0.279
160	0.276	0.273	0.270	0.267	0.265	0.262	0.259	0.256	0.254	0.251

续表

$\lambda\sqrt{\dfrac{f_y}{235}}$	0	1	2	3	4	5	6	7	8	9
170	0.249	0.246	0.244	0.241	0.239	0.236	0.234	0.232	0.229	0.227
180	0.225	0.223	0.220	0.218	0.216	0.214	0.212	0.210	0.208	0.206
190	0.204	0.202	0.200	0.198	0.197	0.195	0.193	0.191	0.190	0.188
200	0.186	0.184	0.183	0.181	0.180	0.178	0.176	0.175	0.173	0.172
210	0.170	0.169	0.167	0.166	0.165	0.163	0.162	0.160	0.159	0.158
220	0.156	0.155	0.154	0.153	0.151	0.150	0.149	0.148	0.146	0.145
230	0.144	0.143	0.142	0.141	0.140	0.138	0.137	0.136	0.135	0.134
240	0.133	0.132	0.131	0.130	0.129	0.128	0.127	0.126	0.125	0.124
250	0.123	—	—	—	—	—	—	—	—	—

注:截面分类见附录16。

附录14　c类截面轴心受压构件的稳定系数 φ

$\lambda\sqrt{\dfrac{f_y}{235}}$	0	1	2	3	4	5	6	7	8	9
0	1.000	1.000	1.000	0.999	0.999	0.998	0.997	0.996	0.995	0.993
10	0.992	0.990	0.988	0.986	0.983	0.981	0.978	0.976	0.973	0.970
20	0.966	0.959	0.953	0.947	0.940	0.934	0.928	0.921	0.915	0.909
30	0.902	0.896	0.890	0.884	0.877	0.871	0.865	0.858	0.852	0.846
40	0.839	0.833	0.826	0.820	0.814	0.807	0.801	0.794	0.788	0.781
50	0.775	0.768	0.762	0.755	0.748	0.742	0.735	0.729	0.722	0.715
60	0.709	0.702	0.695	0.689	0.628	0.676	0.669	0.662	0.656	0.649
70	0.643	0.636	0.629	0.623	0.616	0.610	0.604	0.597	0.591	0.584
80	0.578	0.572	0.566	0.559	0.553	0.547	0.514	0.535	0.529	0.523
90	0.517	0.511	0.505	0.500	0.494	0.488	0.483	0.477	0.472	0.467
100	0.463	0.458	0.454	0.449	0.445	0.441	0.436	0.432	0.428	0.423
110	0.419	0.415	0.441	0.407	0.403	0.399	0.395	0.391	0.387	0.383
120	0.379	0.375	0.371	0.367	0.364	0.360	0.356	0.353	0.349	0.346
130	0.342	0.339	0.335	0.332	0.328	0.325	0.322	0.319	0.315	0.312
140	0.309	0.306	0.303	0.300	0.297	0.249	0.291	0.288	0.285	0.282
150	0.280	0.277	0.274	0.271	0.269	0.266	0.264	0.261	0.258	0.256
160	0.254	0.251	0.249	0.246	0.244	0.242	0.239	0.237	0.235	0.233
170	0.230	0.228	0.226	0.224	0.222	0.220	0.218	0.216	0.214	0.212
180	0.210	0.208	0.206	0.205	0.203	0.201	0.199	0.197	0.196	0.194

续表

$\lambda\sqrt{\dfrac{f_y}{235}}$	0	1	2	3	4	5	6	7	8	9
190	0.192	0.190	0.189	0.187	0.186	0.184	0.182	0.181	0.179	0.178
200	0.176	0.175	0.173	0.172	0.170	0.169	0.168	0.166	0.165	0.163
210	0.162	0.161	0.159	0.158	0.157	0.156	0.154	0.153	0.152	0.151
220	0.150	0.148	0.147	0.146	0.145	0.144	0.143	0.142	0.140	0.139
230	0.138	0.137	0.136	0.135	0.134	0.133	0.132	0.131	0.130	0.129
240	0.128	0.127	0.126	0.125	0.124	0.124	0.123	0.122	0.121	0.120
250	0.119	—	—	—	—	—	—	—	—	—

注:截面分类见附录16。

附录15　d类截面轴心受压构件的稳定系数 φ

$\lambda\sqrt{\dfrac{f_y}{235}}$	0	1	2	3	4	5	6	7	8	9
0	1.00	1.000	0.999	0.999	0.998	0.996	0.994	0.992	0.990	0.987
10	0.984	0.981	0.978	0.974	0.969	0.965	0.960	0.955	0.949	0.944
20	0.937	0.927	0.918	0.909	0.900	0.891	0.883	0.874	0.865	0.857
30	0.848	0.840	0.831	0.823	0.815	0.807	0.799	0.790	0.782	0.774
40	0.766	0.759	0.751	0.743	0.735	0.728	0.720	0.712	0.705	0.697
50	0.690	0.683	0.675	0.668	0.661	0.654	0.646	0.639	0.632	0.625
60	0.168	0.612	0.605	0.598	0.591	0.585	0.578	0.572	0.565	0.559
70	0.552	0.546	0.540	0.534	0.528	0.522	0.516	0.510	0.504	0.498
80	0.493	0.487	0.481	0.476	0.470	0.465	0.460	0.454	0.449	0.444
90	0.439	0.434	0.429	0.424	0.419	0.414	0.410	0.405	0.401	0.397
100	0.394	0.390	0.387	0.383	0.380	0.376	0.373	0.370	0.366	0.363
110	0.359	0.356	0.353	0.350	0.346	0.343	0.340	0.337	0.334	0.331
120	0.328	0.325	0.322	0.319	0.316	0.313	0.310	0.307	0.304	0.301
130	0.299	0.296	0.293	0.290	0.288	0.285	0.282	0.280	0.277	0.275
140	0.272	0.270	0.267	0.265	0.262	0.260	0.258	0.255	0.253	0.251
150	0.248	0.246	0.244	0.242	0.240	0.237	0.235	0.233	0.231	0.229
160	0.227	0.225	0.223	0.221	0.219	0.217	0.215	0.213	0.121	0.210
170	0.208	0.206	0.204	0.203	0.201	0.199	0.197	0.196	0.194	0.192
180	0.191	0.189	0.188	0.186	0.184	0.183	0.181	0.180	0.178	0.177
190	0.176	0.174	0.173	0.171	0.170	0.168	0.167	0.166	0.164	0.163
200	0.162	—	—	—	—	—	—	—	—	—

注:截面分类见附录16。

附录 16　截面分类表
轴心受压构件的截面分类(板厚 $t < 40\ \text{mm}$)

截面形式			对 x 轴	对 y 轴
	轧制		a 类	a 类
	轧制,$b/h \leqslant 0.8$		a 类	b 类
轧制,$b/h > 0.8$	焊接,翼缘为焰切边	焊接	b 类	b 类
轧制		轧制等边角钢		
轧制,焊接(板件宽厚比 >20)	轧制或焊接			
焊接		轧制截面和翼缘为焰切边的焊接截面		

续表

截面形式		对 x 轴	对 y 轴
格构式	焊接,板件边缘焰切	b 类	b 类
焊接,翼缘为轧制或剪切边		b 类	c 类
焊接,板件边缘轧制或剪切	焊接,板件宽厚比≤20	c 类	c 类

参考文献

[1] 中华人民共和国建设部. GB 50017—2003 钢结构设计规范[S]. 北京:中国计划出版社,2003.

[2] 魏明钟. 钢结构[M]. 武汉:武汉工业大学出版社,2000.

[3] 樊兆馥. 重型设备吊装手册[M]. 北京:冶金工业出版社,2001.

[4] 李自光. 桥梁施工成套机械设备[M]. 北京:人民交通出版社,2003.

[5] 田复兴. 工程建设常用最新国内外大型起重机械实用技术性能手册[M]. 北京:中国水利水电出版社,2004.

[6] 张应立. 起重机司机安全操作技术[M]. 北京:冶金工业出版社,2002.

[7] 崔碧海. 安装技术[M]. 北京:机械工业出版社,2002.

[8] 崔碧海. 高耸结构滑移法整体吊装过程控制[J]. 重庆大学学报,2004(6):124-127.

[9] 崔碧海. 扳倒法吊装塔架结构的危险工况分析[J]. 重庆建筑大学学报,2000(1):109-114.

[10] 崔碧海. 扳倒法吊装塔架结构的运动分析及临界角计算[J]. 四川建筑,1998(3):47-48.